教育部高等学校计算机类专业教学指导委员会-华为ICT产学合作项目

数据科学与大数据技术专业系列规划教材

**华为信息与网络
技术学院指定教材**

大数据
技术基础

薛志东 ◉ 主编

吕泽华 陈长清 黄浩 ◉ 副主编

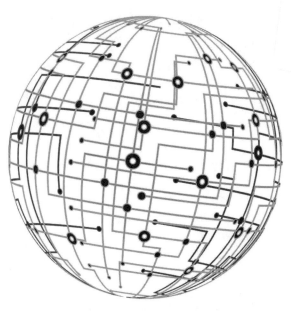

人民邮电出版社

北 京

图书在版编目（ＣＩＰ）数据

大数据技术基础 / 薛志东主编. —— 北京 ：人民邮
电出版社，2018.8（2023.8重印）
数据科学与大数据技术专业系列规划教材
ISBN 978-7-115-48307-2

Ⅰ．①大… Ⅱ．①薛… Ⅲ．①数据处理软件 Ⅳ.
①TP274

中国版本图书馆CIP数据核字(2018)第097274号

内 容 提 要

本书系统、全面地介绍了大数据技术的基础知识，期望读者通过对本书的学习和实践了解大数据技术的概貌，掌握 Hadoop 生态圈大数据技术中最为基础和关键的知识。本书主要内容包括大数据概述、大数据软件基础、大数据存储技术、MapReduce 分布式编程、数据采集与预处理、数据仓库与联机分析处理、大数据分析与挖掘技术、Spark 分布式内存计算框架、数据可视化技术、大数据安全。

本书可作为数据科学与大数据、软件工程、计算机科学与技术等专业的大数据概论课程的教材，也可供大数据工程技术人员阅读使用。

◆ 主　　编　薛志东
　　副 主 编　吕泽华　陈长清　黄　浩
　　策划编辑　戴思俊
　　责任编辑　邹文波
　　责任印制　焦志炜

◆ 人民邮电出版社出版发行　　北京市丰台区成寿寺路 11 号
　　邮编　100164　　电子邮件　315@ptpress.com.cn
　　网址　http://www.ptpress.com.cn
　　三河市兴达印务有限公司印刷

◆ 开本：787×1092　1/16
　　印张：20　　　　　　　　　2018 年 8 月第 1 版
　　字数：526 千字　　　　　2023 年 8 月河北第 10 次印刷

定价：55.00 元

读者服务热线：(010)81055256　印装质量热线：(010)81055316
反盗版热线：(010)81055315
广告经营许可证：京东市监广登字 20170147 号

教育部高等学校计算机类专业教学指导委员会-华为 ICT 产学合作项目
数据科学与大数据技术专业系列规划教材

编　委　会

毫无疑问，我们正处在一个新时代。新一轮科技革命和产业变革正在加速推进，技术创新日益成为重塑经济发展模式和促进经济增长的重要驱动力量，而"大数据"无疑是第一核心推动力。

当前，发展大数据已经成为国家战略，大数据在引领经济社会发展中的新引擎作用更加突显。大数据重塑了传统产业的结构和形态，催生了众多的新产业、新业态、新模式，推动了共享经济的蓬勃发展，也给我们的衣食住行带来根本改变。同时，大数据是带动国家竞争力整体跃升和跨越式发展的巨大推动力，已成为全球科技和产业竞争的重要制高点。可以大胆预测，未来，大数据将会进一步激起全球科技和产业发展浪潮，进一步渗透到我们国计民生的各个领域，其发展扩张势不可挡。可以说，我们处在一个"大数据"时代。

大数据不仅仅是单一的技术发展领域和战略新兴产业，它还涉及科技、社会、伦理等诸多方面。发展大数据是一个复杂的系统工程，需要科技界、教育界和产业界等社会各界的广泛参与和通力合作，需要我们以更加开放的心态，以进步发展的理念，积极主动适应大数据时代所带来的深刻变革。总体而言，从全面协调可持续健康发展的角度，推动大数据发展需要注重以下五个方面的辩证统一和统筹兼顾。

一是要注重"长与短结合"。所谓"长"就是要目标长远，要注重制定大数据发展的顶层设计和中长期发展规划，明确发展方向和总体目标；所谓"短"就是要着眼当前，注重短期收益，从实处着手，快速起效，并形成效益反哺的良性循环。

二是要注重"快与慢结合"。所谓"快"就是要注重发挥新一代信息技术产业爆炸性增长的特点，发展大数据要时不我待，以实际应用需求为牵引加快推进，力争快速占领大数据技术和产业制高点；所谓"慢"就是防止急功近利，欲速而不达，要注重夯实大数据发展的基础，着重积累发展大数据基础理论与核心共性关键技术，培养行业领域发展中的大数据思维，潜心培育大数据专业人才。

三是要注重"高与低结合"。所谓"高"就是要打造大数据创新发展高地，要结合国家重大战略需求和国民经济主战场核心需求，部署高端大数据公共服务平台，组织开展国家级大数据重大示范工程，提升国民经济重点领域和标志性行业的大数据技术水平和应用能力；所谓"低"就是要坚持"润物细无声"，推进大数据在各行各业和民生领域的广泛应用，推进大数据发展的广度和深度。

四是要注重"内与外结合"。所谓"内"就是要向内深度挖掘和深入研究大数据作为一门学科领域的深刻技术内涵，构建和完善大数据发展的完整理论体系和技术支撑体系；所谓"外"就是要加强开放创新，由于大数据涉及众多学科领域和产业行业门类，也涉及国家、社会、个人等诸多问题，因此，需要推动国际国内科技界、产业界的深入合作和各级政府广泛参与，共同研究制定标准规范，推动大数据与人工智能、云计算、物联网、网络安全等信息技术领域的协同发展，促进数据科学与计算机科学、基础科学和各种应用科学的深度融合。

五是要注重"开与闭结合"。所谓"开"就是要坚持开放共享，要鼓励打破现有体制机制障碍，推动政府建立完善开放共享的大数据平台，加强科研机构、企业间技术交流和合作，推动大数据资源高效利用，打破数据壁垒，普惠数据服务，缩小数据鸿沟，破除数据孤岛；所谓"闭"就是要形成价值链生态闭环，充分发挥大数据发展中技术驱动与需求牵引的双引擎作用，积极运用市场机制，形成技术创新链、产业发展链和资金服务链协同发展的态势，构建大数据产业良性发展的闭环生态圈。

总之，推动大数据的创新发展，已经成为了新时代的新诉求。刚刚闭幕的党的十九大更是明确提出要推动大数据、人工智能等信息技术产业与实体经济深度融合，培育新增长点，为建设网络强国、数字中国、智慧社会形成新动能。这一指导思想为我们未来发展大数据技术和产业指明了前进方向，提供了根本遵循。

习近平总书记多次强调"人才是创新的根基""创新驱动实质上是人才驱动"。绘制大数据发展的宏伟蓝图迫切需要创新人才培养体制机制的支撑。因此，需要把高端人才队伍建设作为大数据技术和产业发展的重中之重，需要进一步完善大数据教育体系，加强人才储备和梯队建设，将以大数据为代表的新兴产业发展对人才的创新性、实践性需求渗透融入人才培养各个环节，加快形成我国大数据人才高地。

国家有关部门"与时俱进，因时施策"。近期，国务院办公厅正式印发《关于深化产教融合的若干意见》，推进人才和人力资源供给侧结构性改革，以适应创新驱动发展战略的新形势、新任务、新要求。教育部高等学校计算机类专业教学指导委员会、华为公司和人民邮电出版社组织编写的《教育部高等学校计算机类专业教学指导委员会-华为 ICT 产学合作项目——数据科学与大数据技术专业系列规划教材》的出版发行，就是落实国务院文件精神，深化教育供给侧结构性改革的积极探索和实践。它是国内第一套成专业课程体系规划的数据科学与大数据技术专业系列教材，作者均来自国内一流高校，且具有丰富的大数据教学、科研、实践经验。它的出版发行，对完善大数据人才培养体系，加强人才储备和梯队建设，推进贯通大数据理论、方法、技术、产品与应用等的复合型人才培养，完善大数据领域学科布局，推动大数据领域学科建设具有重要意义。同时，本次产教融合的成功经验，对其他学科领域的人才培养也具有重要的参考价值。

我们有理由相信，在国家战略指引下，在社会各界的广泛参与和推动下，我国的大数据技术和产业发展一定会有光明的未来。

是为序。

中国科学院院士　郑志明

2018 年 4 月 16 日

在 500 年前的大航海时代，哥伦布发现了新大陆，麦哲伦实现了环球航行，全球各大洲从此连接了起来，人类文明的进程得以推进。今天，在云计算、大数据、物联网、人工智能等新技术推动下，人类开启了智能时代。

面对这个以"万物感知、万物互联、万物智能"为特征的智能时代，"数字化转型"已是企业寻求突破和创新的必由之路，数字化带来的海量数据成为企业乃至整个社会最重要的核心资产。大数据已上升为国家战略，成为推动经济社会发展的新引擎。如何获取、存储、分析、应用这些大数据将是这个时代最热门的话题。

国家大数据战略和企业数字化转型成功的关键是培养多层次的大数据人才，然而，根据计世资讯的研究，2018 年中国大数据领域的人才缺口将超过 150 万人，人才短缺已成为制约产业发展的突出问题。

2018 年初，华为公司提出新的愿景与使命，即"把数字世界带入每个人、每个家庭、每个组织，构建万物互联的智能世界"，它承载了华为公司的历史使命和社会责任。华为企业 BG 将长期坚持"平台+生态"战略，协同生态伙伴，共同为行业客户打造云计算、大数据、物联网和传统 ICT 技术高度融合的数字化转型平台。

人才生态建设是支撑"平台+生态"战略的核心基石，是保持产业链活力和持续增长的根本，华为以 ICT 产业长期积累的技术、知识、经验和成功实践为基础，持续投入，构建 ICT 人才生态良性发展的使能平台，打造全球有影响力的 ICT 人才认证标准。面对未来人才的挑战，华为坚持与全球广大院校、伙伴加强合作，打造引领未来的 ICT 人才生态，助力行业数字化转型。

一套好的教材是人才培养的基础，也是教学质量的重要保障。本套教材的出版，是华为在大数据人才培养领域的重要举措，是华为集合产业与教育界的高端智力，全力奉献的结晶和成果。在此，让我对本套教材的各位作者表示由衷的感谢！此外，我们还要特别感谢教育部高等学校计算机类专业教学指导委员会副主任、北京大学陈钟教授以及秘书长、北京航空航天大学马殿富教授，没有你们的努力和推动，本套教材无法成型！

同学们、朋友们，翻过这篇序言，开启学习旅程，祝愿在大数据的海洋里，尽情展示你们的才华，实现你们的梦想！

华为公司董事、企业 BG 总裁　阎力大

2018 年 5 月

　　大数据已经进入我们社会生活的各个层面，学习、使用大数据成为社会各行各业的共识。掌握大数据技术成为数据科学、计算机科学与技术、软件工程、管理科学与工程等相关领域大数据工作者的一种内在要求。

　　我们希望本书能结合大学教学的实际情况，向学生介绍大数据技术的基础知识，帮助学生了解大数据技术的概貌。主要内容安排如下。

　　第 1 章　大数据概述。在介绍目前主流大数据技术前，本章概括介绍了诸如分布式、虚拟化与云计算、数据库与数据仓库等与大数据技术密切相关的概念。

　　第 2 章　大数据软件基础。考虑到大学授课的特点，本章把在前序课程中可能忽视的 Linux 基础操作、Java 基础和 SQL 语法等与后续大数据实践相关的重点知识作为大数据软件技术基础进行了补充，避免因为学生基础知识的不足而导致学习困难等方面的问题。此外，本章还介绍了如何安装 Linux 集群，为后续章节的内容做铺垫。

　　第 3 章　大数据存储技术。重点介绍 Hadoop 分布式文件系统 HDFS 以及常见的 NoSQL 数据库，并对 Hadoop 和 HBase 的安装配置及 API 开发进行了介绍。

　　第 4 章　MapReduce 分布式编程。重点介绍 Hadoop 的 MapReduce 编程及其基本原理。

　　第 5 章　数据采集与预处理。重点介绍大数据采集与传输数据的工具，包括 Flume、Sqoop 和 Kafka。

　　第 6 章　数据仓库与联机分析处理。本章首先讨论被业界广泛接受的数据仓库的概念和定义，研究应用于数据仓库和 OLAP 的多维数据模型——数据立方体，然后详细介绍基于 Hadoop 平台的数据仓库工具与相应的联机分析技术，包括 Hive、Kylin 及 Superset 等。

　　第 7 章　大数据分析与挖掘技术。本章对数据挖掘与分析的基本原理进行讨论，并对 Hadoop 家族中的重要成员——Mahout 进行介绍，描述其在具体应用中的使用方法。

　　第 8 章　Spark 分布式内存计算框架。本章立足于实战，重点介绍 Spark 的编程模型和 RDD 统一抽象模型、Spark 的工作和调度机制以及以 Spark 为核心衍生的生态系统——SparkSQL、流式计算、机器学习、图计算等，最后对 Zeppelin 数据分析工具进行简要介绍。

　　第 9 章　数据可视化技术。本章首先简单介绍数据可视化的发展历史、可视化工具分类，然后重点结合 ECharts 介绍 Web 可视化组件生成方法，并给出 JavaWeb 开发与相关大数据组件的数据集成，以展现数据可视化结果。

第 10 章　大数据安全。本章首先介绍大数据安全的挑战与对策，然后结合企业界成熟的华为公司大数据技术安全解决方案，对大数据基础设施安全、安全管理技术、安全分析、隐私保护等内容进行了介绍。

本书的编写得益于华中科技大学软件学院数据科学中心师生的共同努力，其中薛志东负责本书的策划并主要编写了第 2 章、第 3 章、第 4 章、第 5 章和第 9 章；陈长清主要编写了第 1 章；吕泽华主要编写了第 6 章、第 7 章和第 8 章；黄浩主要编写了第 10 章。此外，姚益阳、杜海朋、董英豪、卢璟祥、张双双、邹小威、张学清、郭映中、汪元也参加了本书部分内容的编写工作。曾辉、余晨晨、奉俊丰参加了本书部分代码的整理工作。

在本书的编写过程中，编者参考、引用了华为技术有限公司 ICT 学院提供的资料、相关技术的官方文档和大量互联网资源，在此向有关单位、作者表示感谢，并尽量在参考文献部分一一列出，若有遗漏和不妥之处，敬请相关作者指正。

感谢华为技术有限公司刘洁、张志峰，华中科技大学软件学院陈传波教授、肖来元教授、沈刚教授，以及陈维亚博士、区士颀博士、石强博士对图书编写工作予以的支持与帮助。

由于时间仓促，编者水平有限，书中难免存在不足之处，敬请读者批评指正。

编者

2018 年 5 月于华中科大软件学院

目 录 CONTENTS

01

第1章　大数据概述

　　大数据技术已经进入我们社会生活的各个层面，我们不仅在消费大数据，也在源源不断地产生大数据。数以亿计的移动互联网用户将位置、微博、朋友圈、打车、外卖、邮件、网购、社交等信息源源不断地上传到服务商的服务器上，而这些服务商也非常乐意为用户保存各种信息，因为他们意识到了这些数据的价值。与此同时，各行各业都受到大数据的影响，涌现出了诸如工业大数据、金融大数据、环境大数据、医疗健康大数据、教育大数据等，人们开始结合行业与领域的特点和优势，通过大数据技术进行领域改进和升级。在实践中，人们也逐渐对大数据的概念、价值、范围有了清醒的认识，应对各种需求的大数据技术也逐渐走向成熟，大数据处理技术体系也越来越完备。

　　本章主要介绍大数据的基本概念、相关技术和目前的应用现状。

1.1 大数据的相关概念

大数据是指在一定时间内无法用常规软件工具对其内容进行抓取、处理、分析和管理的数据集合。大数据一般会涉及两种以上的数据形式，数据量通常是 100TB 以上的高速、实时数据流，或者从每年增长速度快的小数据开始。

1. 大数据的特征

大数据有 4 个特性，简称 4V：Volume、Variety、Velocity、Value，如图 1.1 所示。

图 1.1　大数据的 4V 特征

（1）Volume（规模性）：大数据的特征首先体现为"数据量大"，存储单位从过去的 GB 到 TB，直至 PB、EB。随着网络及信息技术的高速发展，数据开始爆发性增长。社交网络、移动网络、各种智能终端等，都成为数据的来源，企业也面临着数据量的大规模增长，IDC 的一份报告预测称，到 2020 年，全球数据量将扩大 50 倍。此外，各种意想不到的来源都能产生数据。

（2）Variety（多样性）：一个普遍观点认为，人们使用互联网搜索是形成数据多样性的主要原因，这一看法部分正确。大数据大体可分为三类：一是结构化数据，如财务系统数据、信息管理系统数据、医疗系统数据等，其特点是数据间因果关系强；二是非结构化的数据，如视频、图片、音频等，其特点是数据间没有因果关系；三是半结构化数据，如 HTML 文档、邮件、网页等，其特点是数据间的因果关系弱。

（3）Velocity（高速性）：数据被创建和移动的速度快。在网络时代，通过高速的计算机和服务器，创建实时数据流已成为流行趋势。企业不仅需了解如何快速创建数据，还必须知道如何快速处理、分析并返回给用户，以满足他们的实时需求。

（4）Value（价值性）：相比于传统的小数据，大数据最大的价值在于通过从大量不相关的各种类型的数据中，挖掘出对未来趋势与模式预测分析有价值的数据，并通过机器学习方法、人工智能方法或数据挖掘方法进行深度分析，发现新规律和新知识，并运用于农业、金融、医疗等各个领域，从而最终达到改善社会治理、提高生产效率、推进科学研究的效果。

2. 大数据的构成

大数据分为结构化数据、非结构化数据和半结构化数据三种，如图 1.2 所示。结构化数据是指信息经过分析后可分解成多个互相关联的组成部分，各组成部分间有明确的层次结构，其使用和维护通过数据库进行管理，并有一定的操作规范。通常，信息系统涉及生产、业务、交易、客户等方面的数据，采用结构化方式存储。一般来讲，结构化数据只占全部数据的 20%以内，但是就是这 20%以内的数据浓缩了很久以来企业各个方面的数据需求，发展也已经成熟。而无法完全数字化的文档文件、图片、图纸资料、缩微胶片等信息就属于非结构化数据，非结构化数据中往往存在大量的有价值的信息，特别是随着移动互联网、物联网的发展，非结构化数据正以成倍速度快速增长。

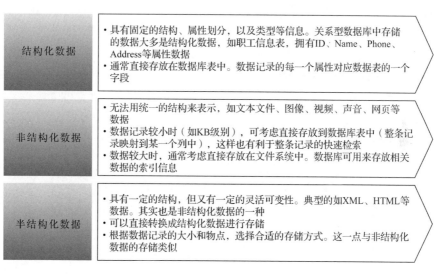

结构化数据
- 具有固定的结构、属性划分，以及类型等信息。关系型数据库中存储的数据大多是结构化数据，如职工信息表，拥有ID、Name、Phone、Address等属性数据
- 通常直接存放在数据库表中。数据记录的每一个属性对应数据表的一个字段

非结构化数据
- 无法用统一的结构来表示，如文本文件、图像、视频、声音、网页等数据
- 数据记录较小时（如KB级别），可考虑直接存放到数据库表中（整条记录映射到某一个列中），这样也有利于整条记录的快速检索
- 数据较大时，通常考虑直接存放在文件系统中。数据库可用来存放相关数据的索引信息

半结构化数据
- 具有一定的结构，但又有一定的灵活可变性。典型的如XML、HTML等数据。其实也是非结构化数据的一种
- 可以直接转换成结构化数据进行存储
- 根据数据记录的大小和物点，选择合适的存储方式。这一点与非结构化数据的存储类似

图 1.2 三种数据结构的简单总结

（1）结构化数据

结构化数据是由二维表结构来逻辑表达和实现的数据，也称作行数据，严格地遵循数据格式与长度规范，有固定的结构、属性划分和类型等信息，主要通过关系型数据库进行存储和管理，数据记录的每一个属性对应数据表的一个字段。

（2）非结构化数据

与结构化数据相对的是不适于由数据库二维表来表现的非结构化数据，包括所有格式的办公文档、各类报表、图片和音频、视频信息等。在数据较小的情况下，可以使用关系型数据库将其直接存储在数据库表的多值字段和变长字段中；若数据较大，则存放在文件系统中，数据库则用于存放相关文件的索引信息。这种方法广泛应用于全文检索和各种多媒体信息处理领域。

（3）半结构化数据

半结构化数据既具有一定的结构，又灵活多变，其实也是非结构化数据的一种。和普通纯文本、图片等相比，半结构化数据具有一定的结构性，但和具有严格理论模型的关系数据库的数据相比，其结构又不固定。如员工简历，处理这类数据可以通过信息抽取、转换等步骤，将其转化为半结构化数据，采用 XML、HTML 等形式表达；或者根据数据的大小，采用非结构化数据存储方式，结合关系数据存储。

随着大数据技术的发展，对非结构化数据的处理越来越重要。据 IDC 的一项调查报告显示，企业中 80%的数据都是非结构化数据，这些数据每年都按 60%的比例增长。在利用传统的关系型数据库技术存储、检索非结构化数据的技术上，近年来逐渐发展出多种 NoSQL 数据库来应对非结构化数据处理的需求，但 NoSQL 数据库无法替代关系型数据在结构化数据处理上的优势，可以预见关系型数据库和 NoSQL 数据库将在大数据处理领域共同存在，在各自擅长的领域继续发挥各自的优势。

1.2 大数据处理的基础技术

　　大数据的存储、处理与分析依赖于分布式计算机系统,理解分布式系统基本理论对掌握以 Hadoop 为代表的计算机分布式系统体系架构、MapReduce 分布式计算框架以及 HDFS 分布式文件系统有重要帮助。

　　分布式计算机系统是指由多台分散的、硬件自治的计算机，经过互联的网络连接而形成的系统，系统的处理和控制功能分布在各个计算机上。分布式系统由许多独立的、可协同工作的 CPU 组成，从用户的角度看，整个系统更像一台独立的计算机。分布式系统是从分散处理的概念出发来组织计算机系统，冲破了传统的集中式单机局面，具有较高的性价比，灵活的系统可扩展性，良好的实时性、可靠性与容错性。

　　此外，组成分布式系统的各计算机节点由分布式操作系统管理，以便让各个节点共同承担整个计算功能。分布式操作系统由内核以及提供各种系统功能的模块和进程组成，不仅包括了单机操作系统的主要功能，还包括分布式进程通信、分布式文件系统、分布式进程迁移、分布式进程同步和分布式进程死锁等功能。系统中的每一台计算机都保存分布式操作系统的内核，以实现对计算机系统的基本控制。常见的分布式系统有分布式计算系统、分布式文件系统和分布式数据库系统等。

　　下面先介绍大数据的处理流程，然后简要介绍与大数据处理流程相关的基础技术，如分布式技术、数据库技术和云计算技术等。

1.2.1 大数据处理流程

　　一般而言，大数据处理流程可分为四步：数据采集、数据清洗与预处理、数据统计分析和挖掘、结果可视化，如图 1.3 所示。这四个步骤看起来与现在的数据处理分析没有太大区别，但实际上数据集更大，相互之间的关联更多，需要的计算量也更大，通常需要在分布式系统上，利用分布式计算完成。

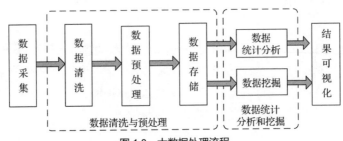

图 1.3 大数据处理流程

1. 数据采集

数据的采集一般采用 ETL（Extract-Transform-Load）工具将分布的、异构数据源中的数据（如关系数据、平面数据以及其他非结构化数据等）抽取到临时文件或数据库中。大数据的采集不是抽样调查，它强调数据尽可能完整和全面，尽量保证每一个数据准确有用。

2. 数据清洗与预处理

采集好的数据，肯定有不少是重复的或无用的，此时需要对数据进行简单的清洗和预处理，使得不同来源的数据整合成一致的、适合数据分析算法和工具读取的数据，如数据去重、异常处理和数据归一化等，然后将这些数据存储到大型分布式数据库或者分布式存储集群中。

3. 数据统计分析和挖掘

统计分析需要使用工具（如 SPSS 工具、一些结构算法模型）来进行分类汇总。这个过程最大的特点是目的清晰，按照一定规则去分类汇总，才能得到有效的分析结果。这部分处理工作需要大量的系统资源。

分析数据的最终目的是通过数据来挖掘数据背后的联系，分析原因，找出规律，然后应用到实际业务中。与统计分析过程不同的是，数据挖掘一般没有什么预先设定好的主题，主要是在现有数据上面进行基于各种算法的计算，通过分析结果达到预测趋势的目的，以满足一些高级别数据分析的需求。比较典型的算法有用于聚类的 Kmeans、用于统计学习的 SVM 和用于分类的 NaiveBayes，主要使用的工具有 Hadoop 的 Mahout 等。

4. 结果可视化

大数据分析最基本的要求是结果可视化，因为可视化结果能够直观地呈现大数据的特点，非常容易被用户所接受，就如同看图说话一样简单明了。

大数据处理流程基本是这四个步骤，不过其中的处理细节、工具的使用、数据的完整性等需要结合业务和行业特点而不断变化更新。

1.2.2　分布式计算

分布式计算是相对于集中式计算而言的，它将需要进行大量计算的项目数据分割成小块，由分布式系统中多台计算机节点分别计算，再合并计算结果并得出统一的数据结论。要达到分布式计算的目的，需要编写能在分布式系统上运行的分布式计算机程序。分布式程序可以基于通用的并行分布式程序开发接口进行设计，例如 MPI、Corba、OpenMP、MapReduce 和 Spark 等。

分布式计算的目的在于分析海量的数据，例如，从雷达监测的海量历史信号中分析异常信号，淘宝"双十一"实时计算各地区的消费习惯等。SETI@home 是比较有代表性的分布式计算项目，是由美国加州大学伯克利分校创立的一项利用全球联网的计算机共同搜寻地外文明（SETI）的科学实验计划。该项目通过互联网进行数据传输，利用世界各地志愿者计算机的闲置计算能力，分析地外无线电信号，搜索外星生命迹象。该项目数据基数很大，有着千万位数的数据量，已有百余万志愿者加入这个项目。他们通过运行一个免费程序下载并分析从射电望远镜传来的数据。

人们最初是通过提高单机计算能力性能（如使用大型机、超级计算机）来处理海量数据。但由于单机的性能无法跟上数据爆发式增长的需要，分布式计算应运而生。由于计算需要拆分在多个计算机上并行运行，也会出现一致性、数据完整性、通信、容灾、任务调度等一系列问题。

术语"分布式计算（Distributed Computing）"与"并行计算（Parallel Computing）"没有特别明确的区别，同一个系统可能同时被特指为"并行的（Parallel）"和"分布式的（Distributed）"。一个典型的分布式系统中的各处理器是以并行的形式运作的，可以称为并行分布式计算（Parallel Distributed Computing）。此时，并行计算也可能以分布式计算的一种密集形式出现，而分布式计算也可能以并行计算的一种较松散形式出现。不过，可利用下列标准粗略地将"并行系统"与"分布式系统"区分开。

（1）若所有的处理器共享内存，共享的内存可以让多个处理器彼此交换信息，是并行计算。

（2）若每个处理器都有其独享的内存（分布式内存），数据交换通过处理器跨网络完成信息传递，则为分布式计算或分布式并行计算。

1.2.3　分布式文件系统

分布式文件系统是将数据分散存储在多台独立的设备上，采用可扩展的系统结构，多台存储服务器分担存储负荷，利用元数据定位数据在服务器中的存储位置，具有较高的系统可靠性、可用性和存取效率，并且易于扩展。而传统的网络存储系统则采用集中的存储服务器存放所有数据，这样存储服务器就成为了整个系统的瓶颈，也成为了可靠性和安全性的焦点，不能满足大数据存储应用的需要。

分布式文件系统利用分布式技术将标准 X86 服务器的本地 HDD、SSD 等存储介质组织成一个大规模存储资源池，同时，对上层的应用和虚拟机提供工业界标准的 SCSI、iSCSI 和对象访问接口，进而打造一个虚拟的分布式统一存储产品。常见的分布式存储系统有谷歌的 GFS 系统、Hadoop 的 HDFS 系统、加州大学圣克鲁兹分校提出的 Ceph 系统等。

分布式文件系统的关键技术如下。

1. 元数据管理

元数据（Metadata）为描述数据的数据，主要是描述数据属性的信息，用来支持存储位置描述、历史数据描述、资源查找、文件记录等功能。

在大数据环境下，要求数据分布式存储，描述数据的元数据的体量也会非常大，所以如何管理好元数据、并保证元数据的存取性能是整个分布式文件系统性能的关键。集中式管理架构和分布式管理架构是两种常见的元数据管理方式。集中式元数据管理采用单一的元数据服务器框架，实现简单，但是存在单点故障等问题。分布式元数据管理则将元数据分散在多个节点上，解决了元数据服务器的性能瓶颈等问题，并提高了元数据管理的可扩展性，但实现较为复杂，并引入了元数据一致性的问题。

另外，可以通过在线算法组织数据，建立无元数据服务器的分布式架构，但是该架构实现复杂，而且很难保证数据一致性，文件目录遍历操作的效率低下，缺乏文件系统全局监控管理功能。

2. 系统高可扩展技术

在大数据环境下，数据规模的增长和复杂度的增加往往成指数上升，这对系统的扩展性提出了较高的要求。实现存储系统的高可扩展性需要解决元数据的分配和数据的透明迁移两个方面的问题。元数据的分配主要通过静态子树划分技术实现，透明迁移则侧重数据迁移算法的优化。

大数据存储体系规模庞大，节点失效率高，因此还需要提供一定的自适应管理功能。系统必须能够根据数据量和计算的工作量估算所需要的节点个数，并动态地将数据在节点间进行迁移，以实现负载均衡；在节点失效时，数据必须能够通过副本等机制进行恢复，不能对上层应用产生影响。

3. 存储层级内的优化技术

大数据的规模大，因此需要在保证系统性能的前提下，降低系统能耗和构建成本，即从性能和成本两个角度对存储层次进行优化，数据访问局部性原理是进行这两方面优化的重要依据，通常采用多层不同性价比的存储器件组成存储层次结构。从提高性能的角度，可以通过分析应用特征，识别热点数据并对其进行缓存或预取，通过高效的缓存预取算法和合理的缓存容量配比，以提高访问性能。从降低成本的角度，采用信息生命周期管理方法，将访问频率低的冷数据迁移到低速廉价存储设备上，可以在小幅牺牲系统整体性能的基础上，大幅降低系统的构建成本和能耗。

4. 针对应用和负载的存储优化技术

针对应用和负载来优化存储，就是将数据存储与应用耦合，简化或扩展分布式文件系统的功能，根据特定应用、特定负载、特定的计算模型对文件系统进行定制和深度优化，使应用达到最佳性能。这类优化技术可在诸如谷歌、Facebook 等互联网公司的内部存储系统上，高效地管理超过千万亿字节级别的大数据。

1.2.4 分布式数据库

分布式数据库的基本思想是将原来集中式数据库中的数据分散存储到多个通过网络连接的数据存储节点上，以获取更大的存储容量和更高的并发访问量。分布式数据库系统可以由多个异构、位置分布、跨网络的计算机节点组成。每台计算机节点中都可以有数据库管理系统的一份完整或部分拷贝副本，并具有自己局部的数据库。多台计算机节点利用高速计算机网络将物理上分散的多个数据存储单元相互连接起来，共同组成一个完整的、全局的、逻辑上集中、物理上分布的大型数据库系统。

随着数据量的高速增长，分布式数据库技术得到了快速的发展。传统的关系型数据库开始从集中式模型向分布式架构发展，基于关系型的分布式数据库在保留了传统数据库的数据模型和基本特征下，从集中式存储走向分布式存储，从集中式计算走向分布式计算。

为了快速处理海量的数据，分布式数据库系统在数据压缩和读写方面进行了优化，并行加载技术和行列压缩存储技术是两种常用技术。并行加载技术利用并行数据流引擎，数据加载完全并行，并且可以直接通过 SQL 语句对外部表进行操作。行列压缩存储技术的压缩表通过利用空闲的 CPU 资源而减少 I/O 资源占用，除了支持主流的行存储模式外，还支持列存储模式。如果常用的查询中只取表中少量字段，则列模式效率更高；如果需要取表中的大量字段，则行模式效率更高，可以根据不同的应用需求提高查询效率。

应对大数据处理的分布式数据库系统可以归纳为关系型和非关系型两种。随着数据量越来越大，关系型数据库开始在高可扩展性、高并发性等方面暴露出一些难以克服的缺点，而 Key-Value 存储系统、文档型数据库等 NoSQL 非关系型数据库，逐渐成为大数据时代下分布式数据库领域的主力，如 HBase、MongoDB、VoltDB、ScaleBase 等。

适应于大数据存储的分布式数据库应具有高可扩展性、高并发性、高可用性三方面的特征。

（1）高可扩展性：分布式数据库具有高可扩展性，能够动态地增添存储节点以实现存储容量的线性扩展。

（2）高并发性：分布式数据库能及时响应大规模用户的读/写请求，能对海量数据进行随机读/写。

（3）高可用性：分布式数据库提供容错机制，能够实现对数据的冗余备份，保证数据和服务的高度可靠性。

1.2.5　数据库与数据仓库

数据库和数据仓库在概念上有很多相似之处，但是有本质上的差别。数据仓库（Data Warehouse）是一个面向主题的（Subject Oriented）、集成的（Integrated）、相对稳定的（Non-Volatile）、反映历史变化（Time Variant）的数据集合，用于支持管理决策。而数据库是按照一定数据结构来组织、存储和管理数据的数据集合。数据仓库所在层面比数据库更高，换言之，一个数据仓库可以采用不同种类的数据库实现。两者差异主要归结为以下几点：

（1）在结构设计上，数据库主要面向事务设计，数据仓库主要面向主题设计。所谓面向主题设计，是指数据仓库中的数据按照一定的主题域进行组织；

（2）在存储内容上，数据库一般存储的是在线数据，对数据的变更历史往往不存储，而数据仓库一般存储的是历史数据，以支持分析决策；

（3）在冗余上，数据库设计尽量避免冗余以维持高效快速的存取，数据仓库往往有意引入冗余；

（4）在使用目的上，数据库的引入是为了捕获和存取数据，数据仓库是为了分析数据。

在大数据处理分析方面，往往沿着从非结构数据中抽取特定结构化数据存储在关系数据库中，再从关系数据库抽取数据形成数据仓库，以支持最终的决策与分析从而体现大数据的价值。

1.2.6　云计算与虚拟化技术

云计算是硬件资源的虚拟化，而大数据是海量数据的高效处理，云计算作为计算资源的底层，支撑着上层的大数据存储和处理。本小节将概要介绍云计算、虚拟化及它们的关系。

1.　云计算

云计算（Cloud Computing）是基于互联网的相关服务的增加、使用和交付模式，通常涉及通过互联网来提供动态、易扩展且虚拟化的资源。云是网络、互联网的一种比喻说法。以前往往用云来表示电信网，后来也用来表示互联网和底层基础设施的抽象。因此，云计算甚至可以让你体验每秒10万亿次的运算能力，这么强大的计算能力甚至于可以模拟核爆炸、预测气候变化和市场发展趋势等。用户只需通过 PC、笔记本电脑、手机等方式接入云端，就可按自己的需求进行运算。

对云计算的定义有多种说法，现阶段被业界广为接受的是美国国家标准与技术研究院（National Institute of Standards and Technology，NIST）给出的定义：云计算是一种按使用量付费的模式，这种模式提供可用的、便捷的、按需的网络访问，进入可配置的计算资源共享池（资源包括网络、服务器、存储、应用软件和服务）。用户只需投入较少的管理工作，或与服务供应商进行轻量级的交互，就能快速获取这些资源。

2.　虚拟化

虚拟化一般是指将物理的实体，通过软件模式，形成若干虚拟存在的系统，其实际运作还是在实体上，只是划分了若干区域或者时域。虚拟化大致分为四类：内存虚拟化、网络虚拟化、存储虚拟化、服务器虚拟化。

内存虚拟化：是指利用虚拟化技术实现对计算机内存的管理。从上层应用来看，内存虚拟化系统使得其具有连续可用的内存，即一个连续而完整的地址空间。从物理层来看，通常被分割成多个物理内存碎片。内存虚拟化的作用更多的是满足对内存的分配，对必要的数据进行交换。

存储虚拟化：存储虚拟化是将存储资源的逻辑视图和物理存储分离，从而为系统提供无缝的资源管理。由于存储标准化程度低，存储兼容是必须要考虑的一个问题，如果存储虚拟化技术源自不同的厂商，那么，就会增加后续升级和更新的难度。

网络虚拟化：网络虚拟化是利用软件从物理网络元素中分离网络的一种方式，网络虚拟化与其他形式的虚拟化有很多共同之处。网络虚拟化也面临着技术挑战，网络设备和服务器不同，一般需要执行高 I/O 任务，在数据处理方面往往有专用的硬件模块。

服务器虚拟化：服务器虚拟化是将服务器的 CPU、内存、磁盘等硬件集中管理，通过集中式的动态按需分配，提高资源的利用率。

KVM（Kernel-based Virtual Machine）虚拟机是开源 Linux 原生的全虚拟化解决方案，它基于 X86 硬件的虚拟化扩展（Intel VT 或者 AMD-V 技术）。在 KVM 中，虚拟机被实现为常规的 Linux 进程，由标准 Linux 调度程序进行调度；而虚拟机的每个虚拟 CPU 则被实现为一个常规的 Linux 进程。这使得 KMV 能够使用 Linux 内核的已有功能。

3. 云计算与虚拟化的关系

云计算是个概念，而不是具体技术。虚拟化是一种具体技术，指把硬件资源虚拟化，实现隔离性、可扩展性、安全性、资源可充分利用等。这两者之间看似不相关，但背后却依然有千丝万缕的联系。云计算的基础是虚拟化，但虚拟化只是云计算的一部分，云计算是在虚拟化出若干资源池以后的应用。

基于上面的观点，很多人认为虚拟化不过是云计算的基础，是云计算快速发展的嫁衣，助推了云计算的发展，而且虚拟化只是云计算后面的一个小小的助推力。其实，虚拟化并不只有这些作用，虚拟化广泛应用于 IT 领域中，针对不同的资源，有着相应的虚拟化技术。云计算的原理更多的是利用了虚拟化，但是虚拟化并不仅仅只服务云计算。

1.2.7　虚拟化产品介绍

1. VMware

VMware 是全球桌面到数据中心虚拟化解决方案的领导厂商，在虚拟化和云计算基础架构领域处于全球领先地位，VMware 工作站（VMware Workstation）是 VMware 公司的商业软件产品之一，该工作站软件包含一个用于英特尔 X86 兼容计算机的虚拟机套装，允许多个 X86 虚拟机同时被创建和运行，每个虚拟机实例可以运行自己的客户机操作系统，如 Windows、Linux、BSD 变生版本。

运行 VMware 工作站进程的计算机和操作系统实例被称为宿主机，在一个虚拟机中运行的操作系统实例被称为虚拟机客户（又称客户机）。类似仿真器，VMware 工作站为客户操作系统提供完全虚拟化的硬件集。例如，客户机只会检测到一个 AMD PCnet 网络适配器，而和宿主机上真正安装的网络适配器的制造商和型号无关。VMware 在虚拟环境中将所有设备都虚拟化了，包括显卡、网卡和硬盘，它还为串行和并行设备提供传递驱动程序（Pass-Through Drivers），通过该驱动程序可以将对这些虚拟设备的访问传递到真实物理设备。

由于与宿主机的真实硬件无关，虚拟机使用的都是相同的硬件驱动程序，因此虚拟机对各种计算机都是高度可移植的。例如，一个运行中的虚拟机可以被暂停下来，并被拷贝到另外一台作为宿主机的真实计算机上，然后从其被暂停的确切位置恢复运行。借助 VMware 的 VirtualCenter 产品中的 Vmotion 功能，甚至可以在移动一个虚拟机时不必将其暂停就可以向不同的宿主机上进行移植。

2．VirtualBox

VirtualBox 是由德国 Innotek 公司开发，由 Sun Microsystems 公司出品的软件，在 Sun 公司被 Oracle 公司收购后正式更名成 Oracle VM VirtualBox。Innotek 以 GNU General Public License（GPL）发布 VirtualBox，并提供二进制版本及 OSE 版本的代码。使用者可以在 VirtualBox 上安装并且执行 Solaris、Windows、DOS、Linux、OS/2 Warp、BSD 等系统作为客户端操作系统。现在则由 Oracle 公司进行开发，是 Oracle 公司 xVM 虚拟化平台技术的一部分。

VirtualBox 号称是最强的免费虚拟机软件，它不仅特色明显，而且性能也很优异，简单易用。与同性质的 VMware 及 Virtual PC 相比，VirtualBox 的独到之处包括远端桌面协定（RDP）、对 iSCSI 及 USB 的支持等。

本书采用 VirtualBox 搭建实验环境，详见 2.4 节。

3．OpenStack

OpenStack 是一个由美国国家航空航天局（NASA）和 Rackspace 合作研发并发起的项目，是一个开源的云计算平台，由来自世界各地的云计算开发人员共同创建。OpenStack 通过一组相关的服务提供一个简单，大规模可伸缩，功能丰富的基础设施，即服务（IaaS）解决方案，其各组件之间的关系如图 1.4 所示。

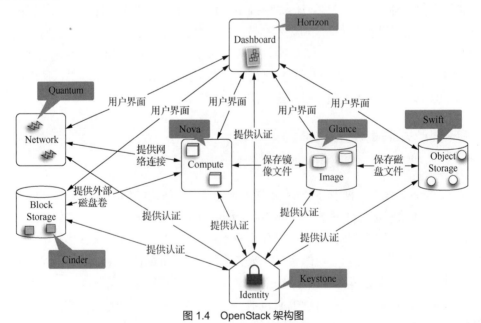

图 1.4　OpenStack 架构图

（1）Keystone 认证服务

Keystone 管理用户目录以及用户可以访问的 OpenStack 服务的目录，其目的是跨所有

OpenStack 组件暴露一个中央身份验证机制。Keystone 本身没有提供身份验证，但它可以集成其他各种目录服务，如 Pluggable Authentication Module、Lightweight Directory Access Protocol（LDAP）或 OAuth。通过这些插件，它能够实现多种形式的身份验证，包括简单的用户名密码和复杂的多因子系统。

（2）Nova 计算服务

Nova 控制云计算架构（基础架构服务的核心组件），它是用 Python 编写的，创建了一个抽象层，让 CPU、内存、网络适配器和硬盘驱动器等服务器资源实现虚拟化管理（但并不实现具体的虚拟化技术），并具有提高利用率和自动化的功能。它的实时 VM 管理具有启动、调整大小、挂起、停止和重新引导的功能。这是通过集成一组受支持的虚拟机管理程序来实现的。还有一个机制可以在计算节点上缓存 VM 镜像，以实现更快的配置。在运行镜像时，可以通过应用程序编程接口（API）以编程方式存储和管理文件。

（3）Neutron 网络服务

Neutron 提供了管理局域网的能力，具有适用于虚拟局域网（VLAN）、动态主机配置协议和 IPv6 的一些功能。用户可以定义网络、子网和路由器，以配置其内部拓扑，然后向这些网络分配 IP 地址和 VLAN，浮动 IP 地址允许用户向 VM 分配（和再分配）固定的外部 IP 地址。

（4）Swift 对象存储服务

Swift 是一个分布式存储系统，主要用于静态数据，比如 VM 镜像、备份和存档，将文件和其他对象写入可能分布在一个或多个数据中心的一组磁盘驱动器，在整个集群内确保数据复制和完整性。

（5）Glance 镜像服务

Glance 为 VM 镜像提供了支持，除了发现、注册和激活服务之外，它还有快照和备份功能。Glance 镜像可以充当模板，快速并且一致地部署新的服务器，其 API 服务器提供具象状态传输（Representational State Transfer，REST）接口，用户可以利用它来列出并获取可分配给一组可扩展后端存储（包括 OpenStack Object Storage）的虚拟磁盘镜像。

（6）Cinder 块存储服务

Cinder 管理计算实例所使用的块级存储，块存储非常适用于有严格性能约束的场景，比如数据库和文件系统。与 Cinder 配合使用的最常见存储是 Linux 服务器存储，但也有一些面向其他平台的插件，其中包括 Ceph、NetApp、Nexenta 和 SolidFire。

（7）Horizon Web 界面管理服务

Horizon Web 是图形用户界面，管理员可以很方便地使用它来管理所有项目。

4. Docker

Docker 是一个开源的引擎，可以轻松地为任何应用创建一个轻量级的、可移植的、自给自足的容器，通过容器可以在生产环境中批量地部署，包括 VM（虚拟机）、Bare Metal、OpenStack 集群和其他基础的应用平台。

Docker 可以解决虚拟机能够解决的问题，同时也能够解决虚拟机由于资源要求过高而无法解决的问题。利用 Docker 可以隔离应用依赖，创建应用镜像并进行复制，允许实例简单、快速地扩展，Docker 背后的想法就是创建软件程序可移植的轻量级容器，让其可以在任何安装了 Docker 的机器上运行，而不用关心底层操作系统。下面介绍 Docker 中最为重要的几个概念。

（1）镜像

Docker 的镜像类似虚拟机的快照，但更轻量。创建 Docker 镜像有很多方式，多数是在一个现有镜像基础上创建新镜像，在一个文件中指定一个基础镜像及完成需要的修改；或者通过运行一个镜像，对其进行修改并提交。镜像拥有唯一的 ID，以及一个供人阅读的名字和标签对。

（2）容器

制作好镜像后，就可以从镜像中创建容器了，这相当于从快照中创建虚拟机一样，不过更轻量，应用是由容器运行的。

容器与虚拟机一样，是隔离的，它们也拥有一个唯一的 ID 和唯一的供人阅读的名字。容器对外公开服务是必要的，因此 Docker 允许公开容器的特定端口。与虚拟机相比，容器有一个很大的差异，它们被设计用来运行单进程，无法很好地模拟一个完整的环境，Docker 设计者极力推崇"一个容器一个进程的方式"。

容器是设计用来运行一个应用的，而非一台机器。你也可以把容器当作虚拟机使用，但是会失去很多灵活性，因为 Docker 提供了用于分离应用与数据的工具，使得你可以快捷地更新运行中的代码/系统，而不影响数据。

（3）数据卷

数据卷可以使一些数据在不受容器生命周期的影响下进行数据持久化。数据卷表现为容器内的空间，但实际保存在容器之外，从而允许用户在不影响数据的情况下销毁、重建、修改、丢弃容器。Docker 允许用户定义应用部分和数据部分，并提供工具将它们分开，使用 Docker 的思想是：容器应该是短暂和一次性的。

卷是针对容器的，用户可以使用同一个镜像创建多个容器并定义不同的卷。卷保存在运行 Docker 的宿主机文件系统上，用户可以指定卷存放的目录，或让 Docker 保存在默认位置。卷还可以用来在容器间共享数据。

（4）链接

容器启动时，将被分配一个随机的私有 IP，其他容器可以通过这个 IP 与其进行通信，这样就为容器间的相互通信提供了渠道。要开启容器间的通信，Docker 允许用户在创建一个新容器的时候引用其他现存容器，在刚创建的容器里被引用的容器将获得一个别名，就使两个容器就链接到了一起。Docker 要求声明容器在被链接时要开放哪些端口给其他容器，否则将没有端口可用。

1.3 流行的大数据技术

流行的大数据技术涉及大数据处理的各个阶段，包括：架构、采集、存储、计算处理和可视化等，而 Hadoop 则是一个集合了大数据不同阶段技术的生态系统。下面重点对 Hadoop 生态做介绍。

Hadoop 的核心是 Yarn、HDFS 和 MapReduce。Hadoop 生态系统如图 1.5 所示，其中集成了 Spark 生态圈，在未来一段时间内，Hadoop 将与 Spark 共存，Hadoop 与 Spark 都能部署在 Yarn 和 Mesos 的资源管理系统之上。Hadoop 由许多元素构成，其中，分布式文件系统 HDFS、MapReduce 分布式计算框架，以及数据仓库工具 Hive 和分布式数据库 Hbase，基本涵盖了 Hadoop 分布式平台的所有技术核心。

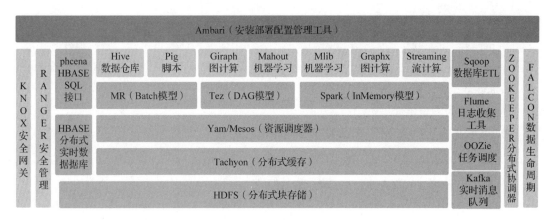

图 1.5 Hadoop 生态系统

下面分别对图 1.5 中的各元素进行简要介绍。

1. HDFS（Hadoop 分布式文件系统）

HDFS 是 Hadoop 体系中数据存储管理的基础，它是一个高度容错的系统，能检测和应对硬件故障，用于在低成本的通用硬件上运行。HDFS 简化了文件的一致性模型，通过流式数据访问，提供高吞吐量数据访问能力，适合带有大型数据集的应用程序。HDFS 提供了一次写入多次读取的机制，数据以块的形式，同时分布在集群的不同物理机器上。HDFS 的架构是基于一组特定的节点构建的，这是由它自身的特点决定的。这些节点包括 NameNode（仅一个），在 HDFS 内部提供元数据服务；若干个 DataNode 为 HDFS 提供存储块。

2. MapReduce（分布式计算框架）

MapReduce 是一种分布式计算模型，用于大数据计算，它屏蔽了分布式计算框架细节，将计算抽象成 Map 和 Reduce 两部分。其中，Map 对数据集上的独立元素进行指定的操作，生成键-值对形式的中间结果；Reduce 则对中间结果中相同"键"的所有"值"进行规约，以得到最终结果。MapReduce 非常适合在大量计算机组成的分布式并行环境里进行数据处理。

MapReduce 提供了以下的主要功能：

（1）数据划分和计算任务调度；

（2）数据/代码互定位；

（3）系统优化；

（4）出错检测和恢复。

3. HBase（分布式列存储数据库）

HBase 是一个建立在 HDFS 之上，面向列的针对结构化数据的可伸缩、高可靠、高性能、分布式数据库。HBase 采用了 BigTable 的数据模型：增强的稀疏排序映射表（Key/Value），其中，键由行关键字、列关键字和时间戳构成。HBase 提供了对大规模数据的随机、实时读写访问，同时，HBase 中保存的数据可以使用 MapReduce 来处理，它将数据存储和并行计算完美地结合在一起。与 FUJITSU Cliq 等商用大数据产品不同，HBase 是 Google Bigtable 的开源实现，类似 Google Bigtable 利用 GFS 作为其文件存储系统，HBase 利用 HDFS 作为其文件存储系统，并利用 MapReduce 来处理 HBase 中的海量数据，利用 Zookeeper 提供协同服务。

4. Zookeeper（分布式协同服务）

Zookeeper 是一个为分布式应用提供协同服务的软件，提供包括配置维护、域名服务、分布式同步、组服务等功能，用于解决分布式环境下的数据管理问题。Hadoop 的许多组件依赖于 Zookeeper，用于管理 Hadoop 操作。ZooKeeper 的目标就是封装好复杂易出错的关键服务，将简单易用的接口和性能高效、功能稳定的系统提供给用户。

5. Hive（数据仓库）

Hive 是基于 Hadoop 的一个数据仓库工具，由 Facebook 开源，最初用于解决海量结构化日志数据的统计问题。Hive 使用类 SQL 的 HiveQL 来实现数据查询，并将 HQL 转化为在 Hadoop 上执行的 MapReduce 任务。Hive 用于离线数据分析，可让不熟悉 MapReduce 的开发人员，使用 HQL 实现数据查询分析，降低了大数据处理的应用门槛。Hive 本质上是基于 HDFS 的应用程序，其数据都存储在 Hadoop 兼容的文件系统（如 Amazon S3、HDFS）中。

Hive 可以将结构化的数据文件映射为一张数据库表，并且提供简单的 SQL 查询功能，具有学习成本低，快速实现简单的 MapReduce 统计的优点，十分适合数据仓库的统计分析。Hive 提供了一系列的工具，可以用来进行数据的提取转化加载。Hive 将在 6.3 节重点讲解。

6. Pig（ad–hoc 脚本）

Pig 是由 Yahoo!提供的开源软件，设计动机是提供一种基于 MapReduce 的 ad-hoc（计算在 Query 时发生）数据分析工具。Pig 定义了一种叫做 Pig Latin 的数据流语言，是 MapReduce 编程复杂性的抽象，其编译器将 Pig Latin 翻译成 MapReduce 程序序列，将脚本转换为 MapReduce 任务在 Hadoop 上执行。Pig 是一种编程语言，它简化了 Hadoop 常见的工作任务，Pig 可加载数据、表达转换数据以及存储最终结果。Pig 内置的操作使得半结构化数据变得有意义（如日志文件），同时 Pig 可扩展使用 Java 中添加的自定义数据类型并支持数据转换。与 Hive 类似，Pig 通常用于进行离线分析。

7. Sqoop（数据 ETL/同步工具）

Sqoop 是 SQL-to-Hadoop 的缩写，是一个 Apache 项目，主要用于传统数据库和 Hadoop 之间传输数据，可以将一个关系型数据库（如 MySQL、Oracle、Postgres 等）中的数据导入到 Hadoop 的 HDFS 中，也可以将 HDFS 的数据导入到关系型数据库中。Sqoop 利用数据库技术描述数据架构，并充分利用了 MapReduce 的并行化和容错性。

8. Flume（日志收集工具）

Flume 是 Cloudera 公司提供的开源日志收集系统，具有分布式、高可靠、高容错、易于定制和扩展等特点。它将数据从产生、传输、处理并最终写入目标路径的过程抽象为数据流，在具体的数据流中，Flume 支持在数据源中定制数据发送方，从而支持收集各种不同协议的数据。同时，Flume 数据流提供对日志数据进行简单处理的能力，如过滤、格式转换等。此外，Flume 还具有将日志写往各种数据目标（可定制）的能力。总的来说，Flume 是一个可扩展、适合复杂环境的海量日志收集系统，当然也可以用于收集其他类型数据。

9. Mahout（数据挖掘算法库）

Mahout 最初是 Apache Lucent 的子项目，在极短的时间内取得了长足的发展，现在是 Apache 的顶级项目。Mahout 的主要目标是创建一些可扩展的机器学习领域经典算法的实现，旨在帮助开发人员更加方便快捷地创建智能应用程序。Mahout 现在已经包含了聚类、分类、推荐引擎（协同过滤）

和频繁集挖掘等广泛使用的数据挖掘方法。除了算法，Mahout 还包含数据的输入/输出工具、与其他存储系统（如关系数据库、MongoDB 或 Cassandra）集成等数据挖掘支持架构。

10. Oozie（工作流调度器）

Oozie 是一个可扩展的工作体系，集成于 Hadoop 的堆栈，用于协调多个 MapReduce 作业的执行，它能够管理一个复杂的系统，基于外部事件来执行。Oozie 工作流是放置在控制依赖有向无环图（Direct Acyclic Graph，DAG）中的一组动作（例如，Hadoop 的 MapReduce 作业、Pig 作业等），其中指定了动作执行的顺序。Oozie 工作流通过 hPDL 定义（hPDL 是一种 XML 的流程定义语言），工作流操作通过远程系统启动，当任务完成后，远程系统会进行回调来通知任务已经结束，然后再开始下一个操作。

11. Yarn（分布式资源管理器）

Yarn 是下一代 MapReduce，即 MR V2，是在第一代经典 MapReduce 调度模型基础上演变而来的，主要是为了解决原始 Hadoop 扩展性较差，不支持多计算框架而提出的。Yarn 是一个通用的运行时框架，用户可以在该运行环境中运行自己编写的计算框架。用户自己编写的框架作为客户端的一个库，在提交作业时打包即可。

12. Mesos（分布式资源管理器）

Mesos 诞生于 UC Berkeley 的一个研究项目，现已成为 Apache 项目，当前有一些公司使用 Mesos 管理集群资源，比如 Twitter。与 Yarn 类似，Mesos 是一个资源统一管理和调度的平台，同样支持 MapRedcue、Steaming 等多种运算框架。Mesos 作为数据中心的内核，其设计原则是资源分配和任务调度的分离，为大量不同类型的负载提供可靠服务。

13. Tachyon（分布式内存文件系统）

Tachyon 是以内存为中心的分布式文件系统，拥有高性能和容错能力，并具有类 Java 的文件 API、插件式的底层文件系统、兼容 Hadoop MapReduce 和 Apache Spark 等特点，能够为集群框架（如 Spark、MapReduce）提供可靠的内存级速度的文件共享服务。Tachyon 充分使用内存和文件对象之间的血统（Lineage）信息，因此速度很快，官方号称最高比 HDFS 吞吐量高 300 倍。

14. Tez（DAG 计算模型）

Tez 是 Apache 开源的支持 DAG 作业的计算框架，它直接源于 MapReduce 框架，核心思想是将 Map 和 Reduce 两个操作进一步拆分，即 Map 被拆分成 Input、Processor、Sort、Merge 和 Output，Reduce 被拆分成 Input、Shuffle、Sort、Merge、Processor 和 Output 等，这些分解后的元操作可以任意灵活组合，产生新的操作，这些操作经过一些控制程序组装后，可形成一个大的 DAG 作业。

15. Spark（内存 DAG 计算模型）

Spark 是一个 Apache 项目，它被标榜为"快如闪电的集群计算"，拥有一个繁荣的开源社区，并且是目前最活跃的 Apache 项目之一。Spark 提供了一个更快、更通用的数据处理平台。和 Hadoop 相比，Spark 可以让程序在内存中运行时速度提升 100 倍，或者在磁盘上运行时速度提升 10 倍。我们将在第 8 章进一步介绍 Spark 及 Spark 有关组件的知识。

16. Giraph（图计算模型）

Apache Giraph 是一个可伸缩的分布式迭代图处理系统，基于 Hadoop 平台，并得到 Facebook 的支持，获得多方面的改进。

17. MLlib（机器学习库）

MLlib 是一个机器学习库，它提供了各种各样的算法，这些算法在集群上针对分类、回归、聚类、协同过滤等。MLlib 是 Spark 对常用的机器学习算法的实现库，同时包括相关的测试和数据生成器。Spark 的设计初衷就是为了支持一些迭代的作业，这正好符合很多机器学习算法的特点。MLlib 基于弹性分布式数据集（Resilient Distributed Datasets，RDD），可以与 Spark SQL、GraphX、Spark Streaming 无缝集成，以 RDD 为基石，4 个子框架可联手构建大数据计算中心。

18. Spark Streaming（流计算模型）

Spark Streaming 支持对流数据的实时处理，以"微批"的方式对实时数据进行计算，它是构建在 Spark 上处理 Stream 数据的框架，基本原理是将 Stream 数据分成小的片段，以类似 Batch（批量处理）的方式来处理每个片断数据。Spark 的低延迟执行引擎（100ms+）虽然比不上专门的流式数据处理软件，但也可以用于实时计算，而且相比基于 Record 的其他处理框架（如 Storm），一部分窄依赖的 RDD 数据集可以从源数据重新计算达到容错处理的目的。此外小批量处理的方式使得 Spark Streaming 可以同时兼容批量和实时数据处理的逻辑和算法，方便了一些需要历史数据和实时数据联合分析的特定应用场合。

19. Kafka（分布式消息队列）

Kafka 是 Linkedin 于 2010 年开源的消息系统，它主要用于处理活跃的流式数据。活跃的流式数据在 Web 网站应用中非常常见，包括网站的点击量、用户访问内容、搜索内容等。这些数据通常以日志的形式记录下来，然后每隔一段时间进行一次统计处理。Kafka 的目的是通过 Hadoop 的并行加载机制来统一线上和离线的消息处理，也是为了通过集群来提供实时的处理。

20. Phoenix（HBase SQL 接口）

Apache Phoenix 是 HBase 的 SQL 驱动，Phoenix 使得 Hbase 支持通过 JDBC 的方式进行访问，并将 SQL 查询转换成 HBase 的扫描和相应的动作。Phoenix 是构建在 HBase 上的一个 SQL 层，能让用户使用标准的 JDBC API 而不是 HBase 客户端 API 来操作 HBase，例如创建表、插入数据和查询数据等。

21. Kylin+Druid

Kylin 是一个开源的分布式分析引擎，它提供 Hadoop 之上的 SQL 查询接口及多维分析（Online Analytical Processing，OLAP）能力以支持大规模数据，能够处理 TB 乃至 PB 级别的分析任务，能够在亚秒级查询巨大的 Hive 表，并支持高并发。

Druid 是目前最好的数据库连接池，在功能、性能、扩展性方面，都超过其他数据库连接池，包括 DBCP、C3P0、BoneCP、Proxool 和 JBoss DataSource。

22. Superset

Superset 是 Airbnb 开源的数据挖掘平台，最初是在 Druid 的基础上设计的，能快速创建可交互的、直观形象的数据集合，有丰富的可视化方法来分析数据，具有灵活的扩展能力，与 Druid 深度结合，可快速地分析大数据。6.4 节将介绍 SuperSet 的使用。

23. Storm

Storm 是一个分布式实时大数据处理系统，用于在容错和水平可扩展方法中处理大量数据，它是一个流数据框架，具有较高的摄取率。类似于 Hadoop，Apache Storm 是用 Java 和 Clojure 编写的。

1.4 大数据解决方案

目前很多企业都提供了大数据解决方案，典型有 Cloudera、Hortonworks、MapR 和 FusionInsight 等，下面分别介绍。

1. Cloudera

在 Hadoop 生态系统中，规模最大、知名度最高的是 Cloudera，它既是公司的名字，也代表 Hadoop 的一种解决方案。Cloudera 可以为开源 Hadoop 提供支持，同时将数据处理框架延伸到一个全面的"企业数据中心"范畴，这个数据中心可以作为管理企业所有数据的中心点，它可以作为目标数据仓库、高效的数据平台、或现有数据仓库的 ETL 来源。

2. Hortonworks

Hortonworks 数据管理解决方案使组织可以实施下一代现代化数据架构。Hortonworks 是基于 Apache Hadoop 开发的，可以从云的边缘以及内部来对数据资产进行管理，无论数据是静态还是动态的。Hortonworks 数据平面服务（DPS）可以轻松地配置和操作分布式数据系统（不管是数据科学、自助服务分析，还是数据仓储优化）。由于治理功能是内置的，并且基于开放源码技术（如 Apache Atlas），所以 Hortonworks DPS 用户可以轻松访问防火墙、公有云（或两者的组合）背后的可信数据（无论类型或来源如何），这使得组织能够从源到目标获得受信任的沿袭。Hortonworks DataFlow（HDF）能够收集、组织、整理和传送来自于全联网（设备、传感器、点击流、日志文件等）的实时数据。Hortonworks Data Platform（HDP）能够用于创建安全的企业数据池，为企业提供信息分析，实现快速创新和实时深入了解业务动态。

3. MapR

MapR 是一个比现有 Hadoop 分布式文件系统还要快三倍的产品，并且也是开源的。MapR 配备了快照，并号称不会出现单节点故障，且与现有 HDFS 的 API 兼容，因此非常容易替换原有的系统。MapR 使 Hadoop 变为一个速度更快、可靠性更高、更易于管理、使用更加方便的分布式计算服务和存储平台，并扩大了 Hadoop 的使用范围和方式。MapR 包含了开源社区的许多流行工具和功能，例如 HBase、Hive 以及和 Apache Hadoop 兼容的 API。

4. 华为 FusionInsight

华为 FusionInsight 大数据平台，能够帮助企业快速构建海量数据信息处理系统，通过对企业内部和外部的巨量信息数据实时与非实时的分析挖掘，发现全新价值点和企业商机。FusionInsight 是完全开放的大数据平台，可运行在开放的 X86 架构服务器上，它以海量数据处理引擎和实时数据处理引擎为核心，并针对金融和运营商等数据密集型行业的运行维护及应用开发等需求，打造了敏捷、智慧、可信的平台软件和建模中间件，让企业可以更快、更准、更稳地从各类繁杂无序的海量数据中发现价值。

基于华为对电信运营商网络和业务的长期专注和深刻理解，FusionInsight 大数据平台还集成了企业知识引擎和实时决策支持中心等能力。企业级的实时知识引擎是电信运营商大数据解决方案的核心，数据在这里经过分析和挖掘形成真正有价值的知识。实时决策中心是事件适配和策略生成的核心，数据在这里经过适配生成对应的策略，满足特定场景的决策需求。丰富的知识库和分析套件工具、全方位企业实时知识引擎和决策中心，能够帮助运营商在瞬息万变的数字商业环境中快速决策，实现敏捷的商业成功。开发者可以在华为 FusionInsight 大数据平台上，基于大数据的各类商业应用场景，比如增强型 BI、客户智能和数据开放，为金融、运营商等客户实现数据的价值——效率提升和收入提升。

FusionInsight 解决方案由四个子产品 FusionInsight HD、FusionInsight MPPDB、FusionInsight Miner、FusionInsight Farmer 和一个操作运维系统 FusionInsight Manager 构成，如图 1.6 所示。

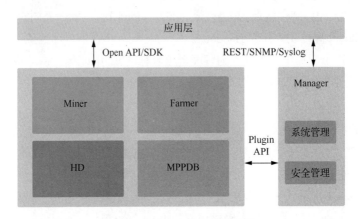

图 1.6　FusionInsight 的构成

- FusionInsight HD：企业级的大数据处理环境，是一个分布式数据处理系统，对外提供大容量的数据存储、分析查询和实时流式数据处理分析能力。
- FusionInsight MPPDB：企业级的大规模并行处理关系型数据库。FusionInsight MPPDB 采用 MPP（Massive Parallel Processing）架构，支持行存储和列存储，提供 PB（Petabyte，2^{50} 字节）级别数据量的处理能力。
- FusionInsight Miner：企业级的数据分析平台，基于华为 FusionInsight HD 的分布式存储和并行计算技术，提供从海量数据中挖掘出价值信息的能力。
- FusionInsight Farmer：企业级的大数据应用容器，为企业业务提供统一开发、运行和管理的平台。
- FusionInsight Manager：企业级大数据的操作运维系统，提供高可靠、安全、容错、易用的集群管理能力，支持大规模集群的安装部署、监控、告警、用户管理、权限管理、审计、服务管理、健康检查、问题定位、升级和补丁等功能。

5. 云上大数据解决方案

云上大数据解决方案主要有阿里云与亚马逊云。

阿里云创立于 2009 年，是全球领先的云计算及人工智能科技公司，致力于以在线公共服务的方式，提供安全、可靠的计算和数据处理能力，让计算和人工智能成为普惠科技。

阿里云为制造、金融、政务、交通、医疗、电信、能源等众多领域的企业提供服务，包括中国联通、12306、中石化、中石油、飞利浦、华大基因等大型企业客户，以及微博、知乎、锤子科技等明星互联网公司。甚至在天猫双 11 全球狂欢节、12306 春运购票等极富挑战的应用场景中，阿里云保持着良好的运行纪录。

亚马逊云（Amazon Web Services，AWS）是亚马逊提供的专业云计算服务，于 2006 年推出，以 Web 服务的形式向企业提供 IT 基础设施服务，通常称为云计算，其中一个优势是能够根据业务发展需要以较低可变成本来替代前期基础设施的大量投入。

亚马逊云提供服务包括：亚马逊弹性计算网云（Amazon EC2）、亚马逊简单储存服务（Amazon S3）、亚马逊简单数据库（Amazon SimpleDB）、亚马逊简单队列服务（Amazon Simple Queue Service）以及 Amazon CloudFront 等。

1.5 大数据发展现状和趋势

当前大数据应用主要以企业为主，企业成为大数据应用的主体。大数据的应用已广泛深入到我们的生活，涵盖医疗、交通、金融、教育、体育、零售等各行各业。在众多大数据应用领域中，电子商务、电信领域应用成熟度较高，政府公共服务、金融等领域市场吸引力最大，其他领域也是方兴未艾。随着互联网普及，互联网+医疗、互联网+工业制造等得到越来越大的推广，更多的数据将会得到记录，数据源范围也正不断扩大。据预测至 2020 年全球所产生的数据量将会达到 40 万亿 GB（约为 40EB），将催生强大的大数据存储、处理与分析需求。

1.5.1 大数据现状分析

全球大数据解决方案正不断成熟，各领域大数据应用全面展开，为大数据发展带来强劲动力。全球大数据市场结构从垄断竞争向完全竞争格局演化，企业数量迅速增多，产品和服务的差异度增大，技术门槛逐步降低，市场竞争越发激烈。权威机构发布的大数据分析报告显示，2015 年全球大数据厂商的产品和服务营收规模已经高达 238 亿美元，2016 年大数据市场规模为 340 亿美元，2017 年大数据市场规模为 530 亿美元，年增长率达 40%，远超此前 IDC 的预测。

大数据已上升至我国的国家战略，国内大数据产业发展非常迅速，行业应用得到快速推广，市场规模增速明显。2016 年国内大数据产业市场规模已突破 100 亿元，2017 年市场规模超过 200 亿元。专家预计未来 3~4 年，中国大数据市场规模增长率将保持在年均 45%以上，2018 年营收规模有可能突破 300 亿元，如图 1.7 所示。

图 1.7 2011~2020 年中国大数据市场规模增长趋势图（此图来自首席数据官联盟）

目前中国大数据产业仍处于起步阶段，产业供给远小于市场需求，且已经出现的产品和服务在思路、内容、应用、效果等方面差异化程度不高，加之缺乏成熟的商业模式，导致大数据市场竞争不够充分。国内大数据发展还面临诸多问题，主要表现在如下几个方面。

1. **数据孤岛问题突出**

当前，由于政府部门相互间信息不对称、制度法律不具体、缺乏公共平台、共享渠道等多重因素，导致大量政府数据存在"不愿开、不敢开、不能开、不会开"的问题，而已开放的数据也因格式标准缺失无法进行关联融合，成为"开放的孤岛"。

2. **大数据安全和隐私令人担忧**

数据资源相关配套法律法规和监管机制尚不健全，多数企业对数据的管理能力不足。在各种数据与个人隐私信息"裸奔"的大数据时代，出台关于信息采集与信息安全保护的基本法规迫在眉睫。

3. **人才缺乏，大数据技术创新能力不足**

相关数据显示，未来 3～5 年，中国需要 180 万数据人才，截止 2017 年 5 月中国大数据从业人员只有约 30 万人。此外，技术壁垒、产品和解决方案不成熟等也限制了大数据应用创新的成效。大数据领域的高端人才稀缺。高端人才来源主要以海归人员和传统行业跨界人才为主，完全满足不了目前国内市场的大量需求。大数据人才分布如图 1.8 所示。

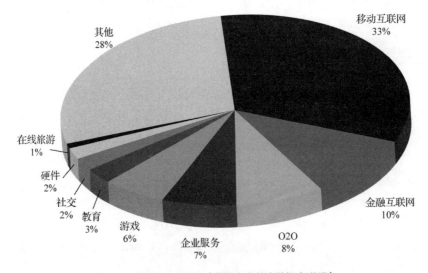

图 1.8　大数据人才分布（此图来自首席数据官联盟）

大数据人才目前主要分布在移动互联网行业，其次是金融互联网、O2O、企业服务、游戏、教育、社交等领域，涉及 ETL 研发、Hadoop 开发、系统架构、数据仓库研究等偏软件的工作，以 IT 背景的人才居多。随着大数据往各垂直领域的延伸发展，未来大数据领域的需求会转向跨行跨界的综合型人才，以及商务模式专家、资源整合专家，以及大数据相关法律领域的专家等，对统计学、数学专业的人才，主要从事数据分析、数据挖掘、人工智能等偏算法和模型工作的人才需求同时加大。

针对大数据人才供应不足的现象，各大高校和各种培训机构也开始强化大数据人才的培养。截至 2018 年 3 月，全国共有两百多所大学获批建设大数据专业，大数据人才培养正在提速。但培养大数据人才需要时间，短期内大数据领域的高端人才仍然会呈现出供不应求的现象。

1.5.2　大数据发展趋势

随着大数据相关的基础设施、服务器、软件系统和理论体系的持续发展，目前大数据分析方面的解决方案已经逐渐成熟，并且越来越普及，而不像前几年那样还是少数科技极客眼中的新领域。随着技术的成熟，自助和自动化的信息服务也将越来越受到重视，大数据分析工具和相关的解决方案会变得越来越简单易用。

1. 技术发展趋势

（1）数据分析成为大数据技术的核心

数据分析在数据处理过程中占据十分重要的位置，随着时代的发展，数据分析会逐渐成为大数据技术的核心。大数据的价值体现在通过对大规模数据集合的智能处理获取有用的信息。这就必须对数据进行分析和挖掘，而数据的采集、存储和管理都是数据分析的基础步骤。数据分析得到的结果将应用于大数据相关的各个领域，未来大数据技术的进一步发展，与数据分析技术是密切相关的。

（2）广泛采用实时性的数据处理方式

人们获取信息的速度越来越快，为了更好地满足人们的需求，大数据系统的处理方式也需要不断地与时俱进。大数据强调数据的实时性，因而对数据处理也要体现出实时性，如在线个性化推荐、股票交易处理、实时路况信息等数据处理时间要求在分钟甚至秒级。将来实时性的数据处理方式将会成为主流，不断推动大数据技术的发展和进步。

（3）基于云的数据分析平台将更加完善

近年来，云计算技术的发展越来越快，与此相应的应用范围也越来越广，云计算的发展为大数据技术的发展提供了一定的数据处理平台和技术支持。云计算为大数据提供了分布式的计算方法以及可以弹性扩展、相对便宜的存储空间和计算资源，这些都是大数据技术发展中十分重要的组成部分。此外，云计算具有十分丰富的 IT 资源，分布较为广泛，为大数据技术的发展提供了技术支持。随着云计算技术的不断发展和完善，平台的日趋成熟，大数据技术相应也会得到快速提升。

（4）开源将会成为推动大数据发展的新动力

开源软件是在大数据技术发展的过程中不断研发出来的，这些开源软件对大数据各个领域的发展具有十分重要的作用。开源软件的发展可以适当地促进商业软件的发展推动商业软件更好地服务程序开发、应用、服务等。虽然商业化软件的发展也十分迅速，但是二者之间并不会产生矛盾，可以优势互补，从而共同进步。开源软件自身在发展的同时，也为大数据技术的发展贡献力量。

2. 产业发展趋势

纵观国内外，大数据已经形成产业规模，并上升到国家战略层面，大数据技术和应用呈现纵深发展趋势。面向大数据的云计算技术、大数据计算框架等不断推出，新型大数据挖掘方法和算法大量出现，大数据新模式、新业态层出不穷，传统产业开始利用大数据实现转型升级。传统产业利用大数据主要有如下五种方法。

（1）以时效性更高的方式向用户提供大数据。在公共领域，跨部门提供大数据能大幅减少检索与处理时间。在制造业，集成来自研发、工程、制造单元的数据可以实现并行工程，缩短产品投放市场的时间。

（2）通过开展数据分析和实验寻找变化因素并改善产品性能。由于越来越多的交易数据都以数字形式存在，企业可以收集有关产品或用户的更加精确和详尽的数据。

（3）区分用户群，提供个性化服务。大数据能帮助企业对用户群进行更加细化的区分，并针对用户的不同需求提供更加个性化的服务，这是营销和危机管理方面常用的方法，对公共领域同样适用。

（4）利用自动化算法支持或替代人工决策。复杂分析能极大改善决策效果，降低风险，并挖掘出其他方法无法发现的宝贵信息，此类复杂分析可用于税务机构、零售商等。

（5）商业模式、产品与服务创新。制造商正在利用产品使用过程中获得的数据来改善下一代产品开发，以及提供创新性售后服务。实时位置数据的兴起带来了一系列基于位置的移动服务，例如导航和人物跟踪等。

1.6 教学建议及教辅资料

大数据涉及基础技术较多，要在一本书中涵盖所有知识点是非常困难的。本书内容围绕 Hadoop 生态圈中核心技术展开，旨在让读者掌握大数据的基本概念、原理与方法。通过本课程的学习能够做简单的应用开发，为深入学习后续相关课程打下坚实基础。

若要掌握大数据基础技术，读者应学习 Java 语言、数据结构、熟练 Linux 命令并了解 TCP/IP 协议的相关知识。根据以往的教学经验，本书在第 2 章增加了 Linux 基本操作一节，并在假设读者学习过 Java 语言的基础上补充了可能在学习中被忽略的泛型、Java 集合类、反射等 Java 语言知识。同时考虑到本书中多处使用 SQL 或类 SQL，在第 2 章也增加了 SQL 基础内容。本书适合作为教材使用，教师可以根据学生实际情况增删，但不建议学生在没有掌握相关基础的情况下贸然开始学习 3 章以后的内容。建议课堂教学 48 学时，上机 32 学时，教师可根据实际教学情况进行调整。例如第 8 章有关 Spark 的知识，相对独立，可以略讲或不讲；第 9 章，若学生没有 Javascript 和 Web 开发经验也可以略过。具体建议如下。

第 1 章　大数据概述　　　　　　2 学时
第 2 章　大数据软件技术基础　　4 学时 + 上机 4 学时
第 3 章　大数据存储技术　　　　6 学时 + 上机 4 学时
第 4 章　MapReduce 分布式编程　6 学时 + 上机 4 学时
第 5 章　数据采集与预处理　　　4 学时 + 上机 4 学时
第 6 章　数据仓库与联机分析技术　6 学时 + 上机 4 学时
第 7 章　数据挖掘与分析技术　　4 学时 + 上机 4 学时
第 8 章　Spark 分布式内存计算框架　6 学时 + 上机 4 学时
第 9 章　数据可视化技术　　　　6 学时 + 上机 4 学时
第 10 章　大数据安全　　　　　　4 学时

本书配套教辅资料和实验环境等资料，可以通过人民邮电出版社的人邮教育社区（www.ryjiaoyu.com）下载或者通过 Email 与作者联系：zdxue@isyslab.org。

习题

1. 大数据的 4V 特征是什么?

2. Cloudera、Hortonworks 与 MapR 三者之间有什么区别与联系。

3. 除了书中提及的应用领域,你预计未来有哪个领域需要大数据技术?

4. 分布式计算在大数据分析处理中有哪些作用?

5. 查阅有关资料,比较 VMware、VirutalBox、Openstack 和 Docker 等虚拟化产品的异同。

6. 通过互联网查阅 Hadoop 生态圈相关技术,并浏览 Google 相关论文。

02

第2章　大数据软件基础

本章主要对学习大数据技术所必需的计算机基础进行介绍，包括大数据平台所依赖的 Linux 基本操作、Java 语言、SQL 等，以及目前常见的虚拟化产品，并对基于 Virtual Box 安装 Linux 集群进行重点介绍。

2.1　Linux 基础

　　Linux 是一套自由、免费、开源的类 UNIX 操作系统，是一个支持抢占式多任务、多线程、虚拟内存、换页、动态链接和 TCP/IP 协议簇的现代操作系统，已经成为大数据处理系统的软件基础。大数据所需的大数据计算、文件系统、数据库系统等通常由多台装有 Linux 操作系统的计算机组成。熟悉 Linux 安装、配置和基本操作成为学习、掌握大数据技术的必不可缺的环节。

2.1.1　Linux 简介

　　Linux 系统核心最初是由芬兰赫尔辛基大学学生 Linus Torvalds 在 1990 年设计。经过多年发展，Linux 成为了一个功能完善，稳定可靠的操作系统，并演化出如 RedHat、CentOS、Ubuntu、Debian 等多个 Linux 版本。Linux 具有以下几个特点：

　　（1）设计简洁，仅提供数百个有明确设计目的的系统调用；

　　（2）所有的设备都被当做文件对待，可通过一套相同的系统调用接口对数据和设备进行操作；

　　（3）内核和相关的系统工具软件都是用 C 语言编写的，Linux 在各种硬件体系架构面前具备非常好的移植能力；

　　（4）将所有的进程都当做线程，而创建线程速度快、开销少；

　　（5）提供了一套非常简单但又非常稳定的进程间通信元语，快速简洁的进程创建过程使得 Linux 程序能高质量地完成任务，而简单稳定的进程间通信机制可以保证一组单一目的的程序方便地组合在一起，去解决更为复杂的任务。

　　Linux 系统的基础是内核、C 库、工具集和系统的基本工具（如登录程序和 Shell）。内核是运行程序和管理硬件设备的核心程序。Shell 是系统的用户界面，提供了一种用户和内核进行交互操作的接口。同时，Linux 系统也支持现代的图形化用户桌面环境，如 GNOME。

2.1.2　Linux 基本操作

　　本节以 CentOS 7.x 为例，介绍一些在大数据环境中可能会用到的 Linux Shell 命令，例如，用户管理、文件管理、磁盘管理、网络配置、安全设置等基本操作，相关命令详细参数和高级用法，请读者查阅相关资料。安装 CentOS 操作系统的过程，将在 2.4 节安装 VirtualBox 虚拟机部分详细讲解，读者也可以先学习 2.4 节 Linux 安装的有关内容，再学习本节内容，并上机练习。以下命令在 CentOS 提供的默认控制台命令窗口执行。若需要对文件进行编辑，可以使用 Vim 或 Gedit（Gedit 需要图像化界面支持）。

　　1. 修改主机名和 hosts 文件

　　（1）查看主机名

　　可以使用 hostname 查看当前主机名称，命令如下：

```
$ hostname
```

　　（2）永久修改主机名

　　可以使用 hostnamectl 永久设置主机名，修改后的主机名存储在/etc/hostname 文件中。命令如下（#后面的内容为注释，全书 Linux 命令注释都如此约定）：

```
$ hostnamectl set-hostname controller    # 设置主机名为 controller
$ cat /etc/hostname                       # 用 cat 命令在控制台显示文件内容为 controller
```

也可以通过直接修改/etc/hosts 文件中的主机名来修改主机名称。还可以使用 Vim 等编辑工具编辑该文件，修改对应 IP 地址后的主机名称。

```
$ vim /etc/hosts                          # 注意：在打开文件，并修改主机名称后，保存
$ cat /etc/hosts
```

执行命令后，内容如下：

```
127.0.0.1    localhost localhost.localdomain localhost4 localhost4.localdomain4
::1          localhost localhost.localdomain localhost6 localhost6.localdomain6
192.168.142.106 controller    # 修改对应的主机名称为 controller
192.168.142.107 compute
```

注意：画下划线部分为对应的修改内容。

2. 文件与目录操作

（1）切换目录

切换工作文件目录用 cd 命令，命令的用法如下：

```
$ cd /home              # 进入 '/home' 目录
$ cd ..                 # 返回上级目录
$ cd ../..              # 返回上两级目录
$ pwd                   # 显示当前工作目录名称
```

（2）查看目录中的文件信息

查看目录中的文件信息用 ls 命令，用法示例如下：

```
$ ls -a                 # 查看当前目录下的所有文件（包括隐藏文件）
$ ls -al                # 显示文件的详细信息
$ ls -alrt              # 按时间显示文件（l 表示详细列表，r 表示反向排序，t 表示按时间排序）
```

（3）文件复制

可以用 cp 命令进行文件复制，命令示例如下：

```
$ cp file1 file2        # 将 file1 复制为 file2
$ cp -a dir1 dir2       # 复制一个目录（包括目录下所有子目录和文件）
$ cp -a /tmp/dir1 .     # 复制一个目录到当前工作目录（.代表当前目录）
$ pwd                   # 显示当前目录名称
```

（4）目录的创建和删除

创建、修改、删除文件目录涉及 mkdir、mv 和 rm 三个命令。用法示例如下：

```
$ mkdir dir1            #创建 'dir1' 目录
$ mkdir dir1 dir2       #同时创建两个目录
$ mkdir -p /tmp/dir1/dir2  #创建一个目录树
$ mv dir1 dir2          #移动/重命名一个目录
$ rm -f file1           #删除文件名为 'file1' 的文件
$ rm -rf dir1           #删除 'dirt1' 目录及其子目录的内容
```

（5）查看文件内容

可以使用 cat、more 和 tac 查看文件内容。cat 按照文本文件的行顺序以此显示文件内容；tac 是 cat 反向拼写，表达从最后一行开始倒叙依次显示文本文件的内容。more 命令可以分页显示文本文件

内容。用法示例如下：

```
$ cat file1          # 从第一个字节开始正向查看文件的内容
$ tac file1          # 从最后一行开始反向查看一个文件的内容
$ more file1         # 查看一个长文件的内容
```

（6）文本内容处理

在 Linux 下经常需要从文本文件中查找相关字符串，或比较文件的差异。常用命令为 grep 和 diff 命令。用法示例如下：

```
$ grep str /tmp/test       # 在文件 '/tmp/test' 中查找 "str"
$ grep ^str /tmp/test       # 在文件 '/tmp/test' 中查找以"str"开始的行
$ grep [0-9] /tmp/test      # 查找 '/tmp/test' 文件中所有包含数字的行
$ grep str -r /tmp/*        # 在目录 '/tmp' 及其子目录中查找"str"
$ diff file1 file2          # 找出两个文件的不同处
$ sdiff file1 file2         # 以对比的方式显示两个文件的不同
```

（7）Vim 文件操作

Vim 是 Linux 系统常用的文本编辑器。Vim 有命令模式（Command Mode）、插入模式（Insert Mode）和底行模式（Last Line Mode）三种工作模式。

命令模式：在此模式下只能控制屏幕光标的移动，进行文本的删除、复制等文字编辑工作，以及进入插入模式，或者回到底行模式。

插入模式：只有在插入模式下，才可以输入文字。按[Esc]键可回到命令模式。打开 Vim 编辑器时 Vim 处于命令模式，需要按 i 键进入插入模式。

底行模式：在此模式下可以保存文件或退出 Vim，同时也可以设置编辑环境和进行一些编译工作，如列出行号、搜索字符串、执行外部命令等。

例如，打开一个文件：

```
$ vim test.txt
```

进入 Vim 界面后，单击[i]键，Vim 进入插入模式，用户就可以像使用其他编辑器一样编辑文件。编辑完毕后按[Esc]退出插入模式。并按[：]键进入底行命令模式。常用底行操作命令如下：

```
:w    保存当前修改
:q!   不保存并强制退出 Vim
:wq   保存当前修改并退出 Vim
```

（8）查询操作

可以通过 find 命令查找相关的文件或文件目录。命令示例如下：

```
$ find / -name file1            # 从'/'开始进入根文件系统查找文件和目录
$ find / -user user1            # 查找属于用户'user1'的文件和目录
$ find /home/user1 -name *.bin  # 在目录'/ home/user1'中查找以'.bin'为扩展名的文件
```

（9）压缩、解压

可以利用 tar 命令对文件进行压缩、解压。tar 可以解压缩*.tar，*.tar.gz，*tar.bz2 文件，其参数 z 和 j 分别代表*.tar.gz 和*.bz2 文件，示例如下：

```
$ tar -cvf archive.tar file1    # 把 file1 打包成 archive.tar（-c: 建立压缩档案; -v: 显
```
示所有过程; -f: 使用档案名字，是必须的，也是最后一个参数）

```
$ tar -tf archive.tar           # 显示一个包中的内容
```

```
$ tar -xvf archive.tar                # 释放一个包（-x 解压；）
$ tar -xzvf archive.tar.gz            # 释放一个 gz 压缩包（-x 解压；z 表示解压或压缩的为*.gz 文件）
$ tar -xjvf archive.tar.bz2  -C /tmp  # 把 archive.tar.bz2 压缩包释放到 /tmp 目录下
```

（10）修改文件或目录权限

创建 Linux 文件时，文件所有者自动拥有对该文件的读、写和可执行权限，而其他用户则需要通过权限设置获取相应的文件访问权限。

Linux 系统因对文件安全的设置将用户分成文件所有者、同组用户和其他用户三种不同的类型。文件所有者默认是文件的创建者。所有者能设置同组用户和其他用户对该文件的访问权限。

每一个文件或目录的访问权限都有三组，分别表示文件所有者、同组所有者和其他用户的访问权限；每组三位分别表示读、写和执行权限。使用 ls-l 命令可以显示文件或目录的访问权限。可以使用 chown、chgrp、chmod 分别修改文件所有者、文件所有者用户组和文件对应各种用户的读、写、执行的权利。命令示例如下：

```
$ chmod 777 test              # 把 test 文件修改为所有用户可读、写、执行，chmod 的数字设定法
                              # 777 为三组数字 111 111 111 的十进制表示形式

$ chmod a+rwx test            # 同上，是 chmod 的文字设定法（a: 所有用户；u: 用户；g: 组用户；
o:其他用户；r: 读；w: 写；x: 执行）
$ chgrp student  /opt/book    # 把/opt/book 的用户组修改为 student（需要 root 权限）
$ chown zhangsan /opt/book    # 把/opt/book 的用户所有者修改为 zhangsan（需要 root 权限）
```

3. 新建与删除用户和用户组

（1）新建用户

为 Linux 系统创建用户的基本命令为 useradd 和 passwd，分别创建用户和设置用户密码。使用 su 切换到 root 账号创建 nathan 账号的示例命令如下：

```
$ useradd nathan
$ passwd nathan
```

（2）新建用户组

Linux 义件系统的安全管理权限有组管理权限，可以通过 groupadd 命令创建用户组，方便用户管理。命令示例如下：

```
$ groupadd testgroup          # 新建 test 用户组
```

（3）新建用户的同时增加用户组

在创建用户时为用户 xathan 增加用户组，testgroup 的命令如下：

```
$ useradd -g testgroup xathan   # 新建 xathan 用户并增加到 testgroup 工作组
# 参数说明：-g 所属组，-d 家目录，-s 所用的 Shell
```

（4）给已有的用户增加用户组

若用户已经存在，可以使用 usermod 命令把指定用户增加到相应的用户组中。命令如下：

```
$ usermod -G groupname username
# 参数说明：-G 必须是现有 group 组中存在的组名
```

（5）永久删除用户账号和用户组

可以使用 userdel 和 groupdel 删除用户账号和用户组，命令示例如下：

```
$ userdel testuser
$ groupdel testgroup
$ userdel -r testuser         # 删除用户的主目录和邮件池
```

4. 硬盘分区、查看与挂载

Linux 用户可以使用 df、fdisk、mnt 等命令查看、分区及挂载硬盘。

（1）查看硬盘的使用状况

使用 df 命令查看当前硬盘的使用状况，命令如下：

```
$ df -h           # -h:将容量显示为易读的格式（如1K、234M、2G等）
```

系统返回信息如下：

```
文件系统            容量 已用 可用     已用% 挂载点
/dev/sda2          800G  5.6G  795G    1% /
devtmpfs           24G     0   24G     0% /dev
tmpfs              24G    96K  24G     1% /dev/shm
tmpfs              24G   9.4M  24G     1% /run
tmpfs              24G     0   24G     0% /sys/fs/cgroup
/dev/sda1          1014M 219M 796M    22% /boot
tmpfs              4.7G   16K  4.7G    1% /run/user/1000
tmpfs              4.7G    0   4.7G    0% /run/user/0
```

（2）硬盘分区

使用 fdisk 命令可以对硬盘进行分区。查看分区命令如下：

```
$ fdisk -l          # 查看所有分区
```

列出所有分区后，可以通过以下命令来实现对指定分区的操作：

```
$ fdisk /dev/sda3 # 使用 fdisk 管理/dev/sda3
```

此时会进入 fdisk 的命令行界面，输入 m 后回车可以看到帮助信息，使用 w 或者 q 命令可以保存或放弃 fdisk 的分区操作。分区操作完成后通常要使用 mkfs 命令进行文件系统的格式化（请读者自行查阅相关资料）。

（3）使用 mount 命令挂载硬盘

把/media/rhel-server-5.3-x86_64-dvd.iso 挂在到/mnt/vcdrom 的命令如下：

```
$ mkdir /mnt/vcdrom
$ mount -o loop -t iso9660 /media/rhel-server-5.3-x86_64-dvd.iso /mnt/vcdrom
# 注：-o loop 允许用户以一个普通磁盘文件虚拟一个块设备
# -t iso9660 指定挂载格式为 iso 镜像
```

挂载 NFS 分区（需要配置好 NFS 服务），命令如下：

```
$ mount -t nfs 192.168.123.2:/tmp /mnt
# 192.168.123.2 为 NFS 服务器地址
```

挂载 FAT32 分区 U 盘（假设 U 盘已经插入，且通过 fdisk 命令得知 U 盘标识为/dev/sdb1），命令如下：

```
$ mkdir /mnt/usb
$ mount -t vfat /dev/sdb1 /mnt/usb
```

2.1.3　网络配置管理

1. 基本网络配置管理

CentOS 中的 nmcli 网络管理命令行工具（Network Manager Command Tools），比传统网络管理命令 ifconfig 的功能要更加强大。其命令语法如下：

```
nmcli [OPTIONS] OBJECT { COMMAND | help }
```

其中，OBJECT 指的是 device 和 connection。device 指的是网络接口，是物理设备；而 connection

是连接，偏重于逻辑设置。多个 connection 可以应用到同一个 device，但同一时间只能启用该 device 对应的一个 connection。其优点是针对一个物理的网络接口，可以设置多个网络连接，比如静态 IP 和动态 IP，再根据需要启用相应 connection。COMMAND 指的是具体命令。

网络配置常用命令如下。

（1）查看网络连接

命令如下：

```
$ nmcli connection show
```

返回结果如下：

```
名称      UUID                                类型设备
ens33    99e3fb4f-4463-47cb-a39f-7bd668ff8398  802-3-ethernet  ens33
virbr0   d81abc0b-89a8-43a6-8558-8b864af3da7b  bridge          virbr0
testcon  eaf77c26-764a-3d89-a3fc-5c1efbaf5a61  802-3-ethernet  --
```

（2）删除连接

命令如下：

```
$ nmcli connection delete ens33 testcon
```

返回结果如下：

成功删除连接'testcon'（eaf77c26-764a-3d89-a3fc-5c1efbaf5a61）。

成功删除连接 'ens33'（99e3fb4f-4463-47cb-a39f-7bd668ff8398）。

（3）添加网络连接

命令如下：

```
$ nmcli connection add type ethernet con-name conn1 ifname ens33
```

返回结果如下：

成功添加的连接'conn1'（e887e2cf-6649-4a23-b753-e328355e5818）。

（4）配置网络信息

配置 connl 连接 IP 为 192.168.142.106，并标记前 24 位为子网掩码（255.255.255.0），网关为 192.168.142.2，dns 为 202.106.0.20。

命令如下：

```
$ nmcli connection modify conn1 ipv4.method manual ipv4.addresses 192.168.142.106/24
ipv4.gateway 192.168.142.2 ipv4.dns 202.106.0.20
```

启用 connl 连接命令如下：

```
$ nmcli connection up conn1
```

返回结果如下：

成功激活的连接（D-Bus 激活路径：/org/freedesktop/NetworkManager/ActiveConnection/33）

（5）查看网卡配置文件

命令如下：

```
$ cd /etc/sysconfig/network-scripts/
$ vim ifcfg-conn1
```

显示文件内容如下：

```
TYPE=Ethernet
BOOTPROTO=none
DEFROUTE=yes
IPV4_FAILURE_FATAL=no
IPV6INIT=yes
```

```
IPV6_AUTOCONF=yes
IPV6_DEFROUTE=yes
IPV6_FAILURE_FATAL=no
IPV6_ADDR_GEN_MODE=stable-privacy
NAME=conn1
UUID=e887e2cf-6649-4a23-b753-e328355e5818
DEVICE=ens33
ONBOOT=yes
IPADDR=192.168.142.106
PREFIX=24
GATEWAY=192.168.142.2
DNS1=202.106.0.20
IPV6_PEERDNS=yes
IPV6_PEERROUTES=yes
```

请注意下划线并加粗的地方，ONBOOT=yes 表明 Linux 启动后会主动激活网卡；IPADDR=192.168.142.106 指定网卡 IP 地址为 192.168.142.106。在 2.4 节使用虚拟机拷贝方法生成的新虚拟主机需要我们修改这个配置文件中的 IP 地址，保证环境中 IP 地址唯一。

2．关闭防火墙

（1）查看防火墙

命令如下：

```
$ firewall-cmd --list-all
```

（2）关闭防火墙/禁止开机启动

命令如下：

```
$ systemctl stop firewalld
$ systemctl disable firewalld
```

3．关闭 SELinux

SELinux（Security-Enhanced Linux）是美国国家安全局（NSA）对于强制访问控制的实现，是 Linux 历史上最杰出的新安全子系统。SELinux 默认安装在 CentOS、Fedora 和 Red Hat Enterprise Linux 上。然而，Selinux 会阻碍 Hadoop 组件的安装与配置，作为初学者，我们需要掌握关闭和启动 SElinux 的相关方法。

（1）查看状态

在命令行中敲入 getenfore 就可以查看 SElinux 的状态。

```
$ getenforce
```

命令相应如下：

```
Enforcing
```

（2）关闭 SELinux

可以临时或永久关闭 SELinux。临时关闭使用 setenforce 0 命令；永久关闭可以编辑/etc/selinux/config 文件，将 SELINUX=enforcing 修改为 SELINUX=disabled。修改后需要保存 config 文件并重启才能生效。

```
$ setenforce 0                    #（临时关闭）
$ vim /etc/selinux/config         #（永久关闭）
```

编辑并保存后的内容如下：

```
# This file controls the state of SELinux on the system.
# SELINUX= can take one of these three values:
#     enforcing - SELinux security policy is enforced.
```

```
#    permissive - SELinux prints warnings instead of enforcing.
#    disabled - No SELinux policy is loaded.
SELINUX=disabled                        # 需要修改
# SELINUXTYPE= can take one of three two values:
#    targeted - Targeted processes are protected,
#    minimum - Modification of targeted policy. Only selected processes are protected.
#    mls - Multi Level Security protection.
SELINUXTYPE=targeted
```

可以看到，在/etc/selinux/config 文件中设置 SELINUX=disabled，重启后可以永久关闭 SElinux。需要说明的是为了降低环境配置难度和学习门槛，本书中默认关闭 Linux 防火墙和 SElinux。但这种做法存在严重的安全隐患，在生产环境中决不允许这样做，安全相关知识将在第 10 章进一步介绍。

2.1.4　其他常用网络命令

1.　系统服务管理指令 systemctl

Linux systemctl 是一个系统管理守护进程、工具和库的集合，主要负责控制 Systemd 系统和服务管理器。可通过 systemctl –help 查看该命令的用法，常用命令包括：查看所有服务、启动、重启、停止、重载服务以及检查服务状态，激活服务及开机启用或禁用服务等。

（1）列出所有服务

命令如下：

`$ systemctl list-unit-files –type=service`

（2）如何启动、重启、停止、重载服务以及检查服务状态

以 httpd.service（http 服务）为例，命令示例如下：

```
$ systemctl start httpd.service          # 启动服务
$ systemctl restart httpd.service        # 重启服务
$ systemctl stop httpd.service           # 停止服务
$ systemctl reload httpd.service         # 重载服务
$ systemctl status httpd.service         # 检查服务状态
```

使用 systemctl 的 start、restart、stop 和 reload 命令默认不会在终端输出任何内容，需要使用 status 命令在终端打印输出。

（3）激活服务并在开机时启用或禁用服务

以系统自启动 mysql.service 服务为例，命令如下：

```
$ systemctl enable mysql.service              # 设置服务的开机自启动
$ systemctl disable mysql.service             # 禁止服务的开机自启动
```

2.　jps 查看

jps（Java Virtual Machine Process Status Tool）是 JDK 1.5 提供的一个显示当前所有 Java 进程 pid 的命令，非常适合在 Linux/UNIX 平台上简单察看当前 Java 进程的一些简单情况。可以通过它来查看系统启动的 Java 进程，默认列出 JVM 的 ID 号和简单的 class 或 jar 名称，如图 2.1 所示。

```
[hadoop@master hadoop-2.7.3]$ jps
12408 ResourceManager
12168 SecondaryNameNode
28505 Jps
11851 NameNode
```

图 2.1　jps 查看结果图

其他示例命令如下：

```
$ jps -p            # 仅仅显示 VM 标示，不显示 jar、class、main 参数等信息
$ jps -l            # 输出应用程序主类完整 package 名称或 jar 完整名称
$ jps -v            # 列出 jvm 参数
```

3. rpcinfo 查看

远程过程调用（Remote Procedure Call，RPC）是一种通过网络从远程计算机程序上请求的服务，在 Hadoop 生态圈，RPC 是常见的远程通信方式。

rpcinfo 命令可查看有关系统上正在运行的 RPC 服务的信息。

```
$ rpcinfo -p [IP|hostname]
$ rpcinfo -t|-u IP|hostname 程序名称
```

选项与参数：

-p：针对某 IP（默认为本机）显示出所有的 port 与 porgram 的信息。

-t：针对某主机的指定程序检查其 TCP 封包所在的软件版本。

-u：针对某主机的指定程序检查其 UDP 封包所在的软件版本。

（1）显示出目前这部主机的 RPC 状态

命令如下：

```
$ rpcinfo -p localhost
```

返回结果如下：

```
program vers proto port service
100000 4 tcp 111 portmapper
100000 3 tcp 111 portmapper
100000 2 tcp 111 portmapper
100000 4 udp 111 portmapper
100000 3 udp 111 portmapper
100000 2 udp 111 portmapper
100011 1 udp 875 rquotad
100011 2 udp 875 rquotad
100011 1 tcp 875 rquotad
100011 2 tcp 875 rquotad
100003 2 tcp 2049 nfs
....（以下省略）....
# 程序代号 NFS 版本封包类型埠口服务名称
```

（2）针对 nfs 这个程序检查其相关的软件版本信息（仅察看 TCP 封包）

```
$ rpcinfo -t localhost nfs
```

返回结果如下：

```
program 100003 version 2 ready and waiting
program 100003 version 3 ready and waiting
program 100003 version 4 ready and waiting
# 可发现提供 nfs 的版本共有三种，分别是 2、3、4 版
```

4. 查看端口并杀死占用端口的进程

（1）使用 netstat 命令查看正在使用的端口及关联的进程/应用

普通用户也能够使用 netstat 命令，不过只有为 root 用户时才会显示端口对应的进程名称。

```
$ netstat -nap            # 列出所有正在使用的端口及关联的进程/应用
$ netstat -lnp | grep 53  # 检查特定某个端口被哪个进程占用（以 53 号端口为例）
```

返回结果如下：

```
tcp     0       0 192.168.122.1:53    0.0.0.0:*       LISTEN      1085/dnsmasq
udp     0       0 192.168.122.1:53    0.0.0.0:*                   1085/dnsmasq
udp     0       0 0.0.0.0:5353        0.0.0.0:*                   506/avahi-daemon: r
unix 2  [ ACC ]    STREAM   LISTENING   16036  538/abrtd    /var/run/abrt/abrt.socket
unix 2 [ ACC ] STREAM LISTENING 15300536/NetworkManager /var/run/NetworkManager/private-dhcp
```

（2）使用 lsof 命令直接列出具体端口号的使用进程/应用

lsof 命令可以列出当前网络端口的占用情况，也可查看指定端口的占用情况，命令的执行需要 root 权限。命令示例如下：

```
$ lsof -i :53
COMMAND PID   USER   FD   TYPE DEVICE SIZE/OFF NODE NAME
dnsmasq 1085 nobody  5u   IPv4 20548      0t0  UDP centos7:domain
dnsmasq 1085 nobody  6u   IPv4 20549      0t0  TCP centos7:domain (LISTEN)
```

（3）使用 ps 命令通过 PID 进程号查看进程的详细信息

命令如下：

```
$ ps 1085
 PID TTY       STAT   TIME COMMAND
1085 ?          S     0:00 /sbin/dnsmasq
--conf-file=/var/lib/libvirt/dnsmasq/default.conf --leasefile-ro
--dhcp-script=/usr/libexec/libvirt_leaseshelper
```

（4）使用 ps 命令查看 Java 进程的状态

使用 ps 命令查看 Java 进程的状态，-aux 显示所有状态，命令如下：

```
$ ps -ef | grep java
root     20556 20343  0 09:28 pts/0    00:00:00 grep --color=auto java
$ ps -aux | grep java
root     20558  0.0  0.0 112664   968 pts/0    S+   09:29   0:00 grep --color=auto java
```

（5）使用 kill-9 命令强制杀死进程（其中 1085 为进程的 pid 号）

命令如下：

```
$ kill -9 1085
```

2.2 Java 基础

在 Hadoop 为主导的大数据处理技术生态圈的编程语言中，Java 语言有不可撼动的地位。Hadoop 是用 Java 写的，不仅分布式编程框架 Map/Reduce 原生支持 Java，而且 Hbase、Spark 等都支持 Java API 开发。学习和掌握 Java 相关知识，对学习大数据相关技术十分重要。本节就本书中用到的 Java 概念（诸如面向对象和泛型、Java 数据结构、反射、内部类等）进行概述。读者可以根据本节提示复习或进一步学习相关知识。

2.2.1 面向对象与泛型

1. 类继承

在面向对象语言中，类继承是面向对象程序设计不可缺少的一部分。类继承实现了代码复用，使得代码结构更清晰。当一个类继承另一个类，不仅可以获取该类的一些方法，还可以在此基础上定义自身的方法，从而能够在已存在的类的基础上构建一个新类。例如，下面一段代码，其功能是读取本地的源文件，提交给 Hadoop 大数据平台处理后将结果存储到 HDFS 分布式文件系统中。

```
1.  public class FileCopyFromLocal{
2.  public static void main(String[] args) throws IOException {
3.      String source="/home/hadoop/test";
4.      String destination = "hdfs://master:9000/user/hadoop/test2";
5.      InputStream in = new BufferedInputStream(new FileInputStream(source));
6.      Configuration conf = new Configuration();
7.      FileSystem fs = FileSystem.get(URI.create(destination),conf);
8.      OutputStream out=fs.create(new Path(destination));
9.      IOUtils.copyBytes(in,out,4096,true);
10. }
11. }
```

其中，第 5 行代码利用了 java.io 包中的字节流输入类 InputStream 的实例将本地文件中的内容读到内存中。InputputStream 是整个 io 包中字节输入流的超类，此类的定义如下：

```
public abstract class InputStream extends Object implements Closeable
```

从以上的定义可以发现，此类是一个抽象类，如果要想使用此类的话，则首先必须通过子类实例化对象，那么现在要操作的是一个文件，则使用 FileInputStream 子类。通过向上转型之后，可以为 InputStream 实例化。再如第 8 行，out 变量存储 Hadoop HDFS 文件类型输出流对象，可以在第 9 行，直接使用 OutputStream 类型变量完成数据写入 HDFS 系统的过程。HDFS 文件系统的相关知识我们将在第 3 章介绍。通过面向对象类继承，可以在不关心子类具体实现，按照超类预先约定好的调用方法调用即可，而具体执行的代码却可以由子类对象方法提供。

2. 接口

接口以 interface 声明。在 Java 语言中，接口是一个抽象类型，是抽象方法的组合。与 Java 中的类不同，接口主要用来描述类具有的功能，并不涉及每个功能的具体实现。

当类实现接口时，必须实现接口中的所有方法。若只想实现接口中的部分方法，可使用抽象类。从程序员的角度，可以把接口理解为抽象类（虽然它们在语法上有诸多不同）。接口中的方法必须全部在具体的类中实现。接口的实现一般分为两步：

（1）使用 implements 关键字将类声明为实现指定的接口；

（2）在类中实现接口已定义好的所有方法。

接口也可以通过 extends 关键字继承父接口，并支持多继承。java.io 包字节流 InputStream 和 OutputStream 都实现了 Closeable 接口，用来关闭数据源或者目标的 io 流，释放对象保存的资源。Closeable 接口在 JDK 中的定义如下：

```
public interface Closeable extends AutoCloseable {public void close() throws IOException; }
```

可以发现其本身就继承了 AutoCloseable 接口以实现完成资源操作后的自动关闭，一些会占用操作系统资源的对象（如文件、socket 句柄等）都会实现 Closeable 接口。而该接口下只定义了一个方法，即 close()方法，要求实现了该接口的所有类实现关闭此流并释放与此流关联的所有系统资源的方法。

3. 泛型

泛型是 Java SE5 中引入的一种重用机制。泛型实现了参数类型的概念，使代码可以应用于多种类型。与 Java 中指定变量的参数类型不同，泛型将所操作的数据类型指定为一个参数，即类型参数，使算法可以同时操作多种数据类型，同时能够在编译时检测到非法类型。使用类型参数允许暂时不指定参数的具体类型，而是稍后再决定具体类型。

Java 语言中应用了泛型技术的方法，称为泛型方法，拥有泛型方法的类可以不是泛型类。泛型方法可以放在普通类中，也可以放在泛型类中，泛型类与泛型方法没有直接的关系。类型参数的声明用尖号表示，尖括号内可包含一个或多个类型参数，类型参数只能使用引用类型，不能用 int、float 等原始类型代替。

例如，下面一段代码，其功能是从大数据平台获取文本文件并对其中的内容进行分词处理。

```
1. public static class TokenizerMapper
       extends Mapper<Object, Text, Text, IntWritable>{
2. private final static IntWritable one = new IntWritable(1);
3. private Text word = new Text();
4. public void map(Object key, Text value, Context context
5.                  ) throws IOException, InterruptedException {
6.   StringTokenizer itr = new StringTokenizer(value.toString());
7.   while (itr.hasMoreTokens()) {
8.     word.set(itr.nextToken());
9.     context.write(word, one);
10.   }
11. }
```

其中，第 1 行代码类 TokenizerMapper 继承泛型类 Mapper，尖括号中指定具体的泛型类型；代码第 4 行中的 public void map（Object key，Text value，Context context）表示 key 是 Object 类型，value 是 Text 类型，与 Mapper 类前两个泛型参数一致。在 Map/Reduce 编程中，会频繁地使用了泛型的概念。

2.2.2 集合类

Java 集合框架的集合类，有时候称之为容器。容器的种类有很多种，比如 ArrayList、LinkedList、HashSet 等。每种容器都有自己的特点，比如，ArrayList 底层维护的是一个数组；LinkedList 是链表结构；HashSet 依赖的是哈希表，每种容器都有自己特有的数据结构。在 Map/Reduce 编程中，在计算节点传输键值数据的传输是一种集合，理解 Java 语言中 Set、Map 和 List 有助于对 Map/Redcue 数据传递程序的理解。

1. Set

Set 是一种简单的集合，继承 Java 中的 Collection 接口。Set 中的元素不能重复，后放入的元素会将之前重复的元素覆盖，但 Set 中的元素没有特定顺序。

2. Map

Map 也被称为关联数组，用于存储键值对结构的数据，这种数据结构就像字典一样，在某些对象与另外一些对象之间建立联系，即在"键"与"值"之间建立联系，在代码中能够根据键值对中的键来查找对应的值。键值对的概念在 MapRedcue 编程和 Spark 编程中会多次使用。

Map 接口主要有如下两个实现类。

（1）HashMap：HashMap 类存取数据集合中元素的方式是根据哈希码的算法计算得来的，能够快速查找一个键，具有存取速度快的特点。

（2）TreeMap：TreeMap 类中的元素按序排放，要求放入集合中的元素是可排序的。

3. List

List 又称列表，对 Java 中的 Collection 接口进行了扩充，其中的元素以线性方式存储，在 List

中的元素根据放入的顺序不同存放在不同的位置，并且元素可以重复。

除了关心不同集合类型的数据结构不同之外，我们还要关心数据集合本身是否支持自动排序和是否允许重复序列两个问题。

为了使对容器内元素的操作更为简单，Java 引入了迭代器模式。把访问逻辑从不同类型的集合类中抽取出来，从而避免向外部暴露集合的内部结构。

例如，下面一段代码是 MapReduce 中 reduce 函数的一个范例，其功能是统计各单词的词频。

```
1. public void reduce(Text key, Iterable<IntWritable> values,
                         Context context
                         ) throws IOException, InterruptedException {
2.      int sum =0;
3.      for (IntWritable val : values) {
4.        sum += val.get();
5.      }
6.      result.set(sum);
7.      context.write(key, result);
8.    }
```

其中，第 3 行代码中的 values 变量就是一个包含 IntWritable 类型的迭代器（由第 1 行形式参数 Iterable<IntWritable> values 定义），并使用 foreach 遍历该集合，得到每个对象后调用 get()方法获得其值，进行累加。

2.2.3　内部类与匿名类

在 Java 中，内部类定义在另一个类的内部，属于这个类的一部分，外面的类称为外部类或外围类。由于内部类在外部类的内部，当实例化内部类时，该内部类会获取外部类对象的引用，该引用使得实例化的内部类对象可以访问外部类的成员。所以内部类可以自由访问外部类的数据，包括私有数据。由于内部类属于外部类的一部分，其他类无法直接访问该内部类。在编译时，内部类和外部类属于两个完全不同的类，会产生两个不同的.class 文件。

内部类一般分为四种，成员内部类、局部内部类、匿名内部类和静态内部类，不同内部类的概念与使用方法如下。

1. 成员内部类

成员内部类是一种最基础的内部类，是外部类所有成员中的一个。成员内部类可以访问外部类的所有成员属性和成员方法。但是如果外部类要想访问成员内部类，必须先创建一个成员内部类的对象，再通过成员内部类的对象来访问。

成员内部类可以像外部类中的变量和方法一样拥有各种访问权限，包括 private 访问权限、protected 访问权限、public 访问权限及包访问权限。

2. 局部内部类

局部内部类有两种情况，一种是定义在外部类的一个方法的内部，另一种情况是定义在外部类一个作用域的内部，只能在该方法内部或者该作用域内部被访问，并且局部内部类不能有 private、protected、public 或者 static 修饰符。

3. 匿名内部类

匿名内部类比较常见，它直接使用 new 关键字来隐式地生成一个类或者接口的对象，并同时实现该类或者接口中的方法。匿名内部类的使用方式有两种：实现一个接口，并实现该接口定义的方法，或者继承一个父类，重写其方法。下面是一个比较常用的实现 Runnable 接口的例子：

```
1. Runnable hello = new Runnable() {
2.    public void run() {
3.        System.out.println("hello");
4.    }
5. }
```

上述代码实现了 Runnable 接口，生成该接口的对象，并实现该接口的 run 方法。通过 new 关键字产生该类的一个引用给 hello 变量赋值。在 Spark Java 编程中会较多出现匿名类的使用。

4. 静态内部类

静态内部类是定义在类的内部，并且使用 static 关键字修饰的内部类，静态内部类又称为嵌套内部类。与一般内部类不同，静态内部类没有对外围内部类的引用，所以它无法使用外部类的非 static 类型的成员变量或方法。静态内部类不需要通过外部类来创建，可以直接创建静态内部类的对象。

2.2.4 反射

Java 的反射机制允许 Java 在程序运行过程中获取程序的某些信息，通过反射机制，可以在程序运行时获取程序内部的接口、变量等信息，还可以在运行过程中实例化对象，这些操作在编译期无法得知，不需要程序预先编译，都是在程序运行时进行的。

Java 反射机制广泛运用于开发各种通用框架中，它允许程序在运行过程中根据不同需求调用不同方法，加载不同的对象和类，使得程序具有更高的灵活性，降低了类之间的耦合性。

在 Java 中，实现反射的类一般在 java.lang.reflect 包里，反射所能实现的功能包括获取 Class 对象、捕获异常、利用反射分析类的能力，在运行过程中利用反射分析对象等。

例如，下面一段代码，它是 Hadoop 用于加载配置文件和各种功能类并向 Hadoop 提交任务的主类。

```
1. public class WCRunner extends Configured implements Tool{
2.    public static void main(String[] args) throws Exception{
3.        ToolRunner.run(new Configuration(), new WCRunner(), args);
4.    }
5.    @Override
6.    public int run(String[] arg0) throws Exception {
7.        Configuration conf = new Configuration();
8.        Job job = Job.getInstance(conf);
9.        job.setJarByClass(WCRunner.class);
10.       job.setMapperClass(WCMapper.class);
11.       job.setReducerClass(WCReducer.class);
12.       job.setMapOutputKeyClass(Text.class);
13.       job.setMapOutputValueClass(LongWritable.class);
14.       job.setOutputKeyClass(Text.class);
15.       job.setOutputValueClass(LongWritable.class);
16.       FileInputFormat.setInputPaths(job, new Path("D:/hadoop_data/wordcount/src.txt"));
17.       FileOutputFormat.setOutputPath(job, new Path("D:/hadoop_data/wordcount/dest"));
18.       return job.waitForCompletion(true) ? 0 : 1;
19.    }
20. }
```

其中，代码第 9 行到第 15 行就是利用 Java 反射机制获取相应功能类的 Class 对象，这里的 Class 对象并非我们常用的类对象，而是表示一个特定类的属性。在程序运行过程中，所有正在运行的对象都有一组正在运行的信息，这些信息跟踪着每个对象所属的类，被保存在被称为 Class 的类对象中，可通过 Class 对象访问这些信息。例如，常用 Class 类的 getName()方法返回类的名字。

可通过 .class 方式获取其 Class 对象，通过这种方式不会初始化静态域。

通过向 Class 的 forName（String Name）传入一个类的完整类路径字符串也可以获得 Class 对象，该方法可能抛出的 ClassNotFoundException 异常，并可初始化静态域。另外，还可通过类对象的实例下的 getClass()方法来获取 Class 对象，即实例名.getClass()。

2.3 SQL 语言基础

结构化查询语言（Structured Query Language，SQL）是一种数据库查询和程序设计语言，用于存取数据以及查询、更新和管理关系数据库系统。1986 年 10 月，美国国家标准协会对 SQL 进行了规范，以此作为关系式数据库管理系统的标准语言（ANSI X3. 135-1986）。不过不同的数据库系统在其实践过程中都对 SQL 规范作了某些编改和扩充。Hadoop 生态圈的 Hive、Spark 等也仿照 SQL 语言提出了自己的类 SQL 语言，用于数据的查询与分析等。SQL 语句基本操作主要包含创建数据表，以及对数据表中的内容进行增加、查询、删除和修改。不同平台上的 SQL 语句操作用法基本一致。

1. 创建数据表

创建表的基本语法格式为：

`CREATE table 表名 (数据名称 数据类型, 数据名称 数据类型, …);`

如创建一个学生信息表，学生属性有学号、姓名、性别、年龄：

`CREATE table student (sid int, sname varchar(20), ssex varchar(2), sage int);`

建立数据表 student，其中，sid、sname、ssex 和 sage 是字段对应的数据名称，int 和 varchar(20) 表示对应的属性分别是整型和字符串类型。

2. 在数据表添加信息

为数据表添加信息的插入操作的语法格式为：

`INSERT INTO 表名(数据名称 1, 数据名称 2, …) VALUES(字段值 1, 字段值 2, …);`

插入所有字段，一次性加入一条完整的信息，插入的字段值的个数和数据表的属性个数相同。如

`INSERT INTO student(sid, sname, ssex, sage) VALUES(2017001, '小明', '男', 22);`

向数据表 student 插入 sid 为 2017001，sname 为小明，ssex 为男，sage 为 22 的一条记录。

此时可以省略 student 后面的属性，等同于

`INSERT INTO student VALUES(2017001, '小明', '男', 22);`

插入部分字段，在表名后面添加需要插入的属性名，在 VALUES 后面添加对应的值：

`INSERT INTO student(sid, sname) VALUES(2017002, '小明');`

3. 在数据表查询信息

基本的查询的语法格式为：

`SELECT 数据名称 FROM 表名 WHERE 数据名称 =数据值;`

（1）简单的信息查询

语法格式为：

`SELECT * FROM student;`

查询学生表中的所有学号（可以添加多个属性，用逗号隔开），语法格式为：

`SELECT sid FROM student;`

在查询的同时，也可以用 AS 为数据名称制定别名，例如：

`SELECT sid AS snumber FROM student;`

查询数据表 student 中学号为 2017001 的学生信息，语法格式为：

`SELECT * FROM student WHERE sid=2017001;`

（2）数据库表的聚合查询和条件查询

常用的聚合函数有：max()、min()、sum()、avg()、count()。

常用的比较条件有：<、>、>=、<=、==、<>!=，例如：

`SELECT * FROM student WHERE sage>20;`

常用的逻辑条件有：and、or，例如：

`SELECT * FROM student WHERE sid=2017001 OR sname='小王';`

常用的判空条件（null 空字符串）：is null、is not null，例如：

`SELECT * FROM student WHERE sage IS NULL;`

常用的模糊条件（like）

`SELECT * FROM student WHERE sname LIKE '小_';(_表示一个字或字符)`

`SELECT * FROM student WHERE sname LIKE '小%';(%表示不限制字符个数)`

4. 在数据表修改信息

修改数据表中的数据信息的基本语法格式为：

`UPDATE 表名 SET 数据名称=数据值;`

（1）修改所有数据，一般这种情况比较少用，例如：

`UPDATE student SET sage=12;`

（2）带条件的修改，如：

`UPDATE student SET sage=12 WHERE id=1;`

在 SET 后面也可以进行多个数据名称的修改，如

`UPDATE student SET sage=12, ssex='女' WHERE id=1;`

5. 在数据表删除信息

删除数据表中的信息一般的语法格式为：

`DELETE FROM 表名 WHERE 数据名称=数据值`

删除特定条件的某条数据（不加 WHERE 进行限制就是删除所有数据），如：

`DELETE FROM student WHERE id=2017001;`

6. 修改表的结构

（1）添加一个字段，在表中增加一列属性，如：

`ALTER TABLE student ADD column sclass varchar(20);`

（2）删除一个字段，在表中删除一列属性，如：

`ALTER TABLE student DROP column sclass;`

（3）修改表中某一个字段的类型，如：

`ALTER TABLE student MODIFY (column) sname varchar(50);`

（4）修改表中某一个字段的名称，如：

```
ALTER TABLE student CHANGE (column) sname name varchar(20);
```

（5）修改数据表的名称，如：

```
ALTER TABLE student RENAME (to) people;
```

读者可以在安装 MySQL 后上机实践上述代码。

2.4　在 VirtualBox 上安装 Linux 集群

本节利用 VirtualBox 搭建 Cent 7 Linux 虚拟机集群，一方面是为了使读者熟悉虚拟化基本知识和 Linux 操作，另外一方面是为后续章节准备好 Linux 集群平台。Linux 集群具体配置如表 2.1 所示。

表 2.1　　　　　　　　　　　　　　虚拟机配置列表

节点名称	IP	内存	硬盘空间	提供（支持）的功能
Master	10.1.255.248	8GB	20GB	Java、ssh 免密钥登录、MySQL 服务
Slaver1	10.1.255.247	4GB	20GB	Java、ssh 免密钥登录
Slaver2	10.1.255.249	4GB	20GB	Java、ssh 免密钥登录

2.4.1　master 节点的安装

VirtualBox 是一个很受欢迎的开源虚拟机软件，可以在其官方网站下载最新版本，如图 2.2 所示。本书实验的宿主机为 Windows 系统，选择 Windowshosts 选项进行下载 VirtualBox-5.2.4-119785-Win.exe，并从 centos 官网下载镜像文件 CentOS-7-x86_64-DVD-1511.iso。

VirtualBox

Download VirtualBox

Here, you will find links to VirtualBox binaries and its source code.

VirtualBox binaries

By downloading, you agree to the terms and conditions of the respective license.

If you're looking for the VirtualBox 5.1.30 packages, see VirtualBox 5.1 builds. Consider upgrading.

About
Screenshots
Downloads
Documentation
　End-user docs
　Technical docs
Contribute
Community

- **VirtualBox 5.2.4 platform packages**. The binaries are released under the terms of the GPL version 2.
  - ⇨Windows hosts
  - ⇨OS X hosts
  - ⇨Linux distributions
  - ⇨Solaris hosts
- **VirtualBox 5.2.4 Oracle VM VirtualBox Extension Pack** ⇨All supported platforms
  Support for USB 2.0 and USB 3.0 devices, VirtualBox RDP, disk encryption, NVMe and PXE boot for Intel cards. See this chapte
  Pack.
  The Extension Pack binaries are released under the VirtualBox Personal Use and Evaluation License (PUEL).
  Please install the extension pack with the same version as your installed version of VirtualBox:
- **VirtualBox 5.2.4 Software Developer Kit (SDK)** ⇨All platforms

图 2.2　VirtualBox 下载界面

（1）双击 VirtualBox 安装文件后完成安装，并启动 VirtualBox，软件界面如图 2.3 所示。

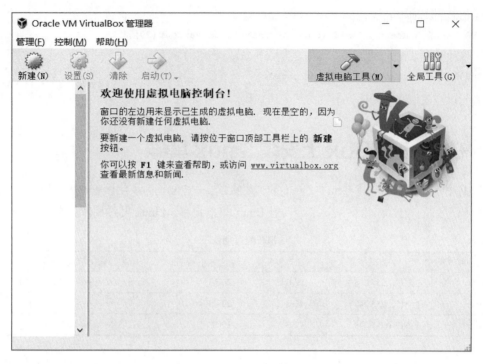

图 2.3　VirtualBox 启动界面

（2）点击左上角的新建按钮创建虚拟机。如图 2.4 所示，在弹出的对话框中填写名称，并选择类型和版本。名称填写为 master，类型选择 Linux 选项，版本选择 Red Hat（64-bit），点击"下一步"按钮。注意：如果版本中没有 64bit 选项，首先确定当前主机是否支持 64 位，如果不支持，则只能安装 32 位系统。此外，请确认已开启 BIOS 中的 Virtualization 选项。

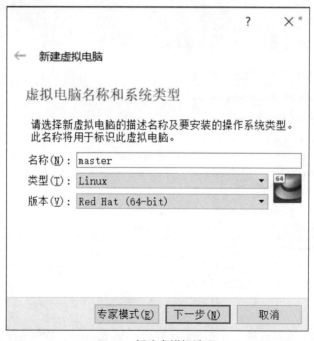

图 2.4　新建虚拟机选项

（3）设置虚拟机内存为2048MB，如图2.5所示，可以拖动滑动条改变内存大小，点击"下一步"按钮。

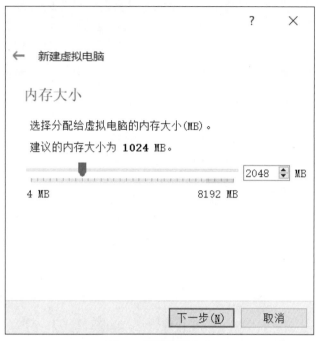

图2.5 设置内存大小

（4）设置磁盘，如图2.6所示，选择"现在创建虚拟硬盘"选项，点击"创建"按钮。

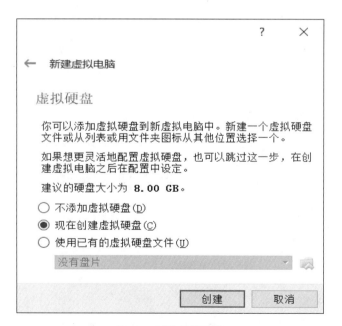

图2.6 创建虚拟硬盘

（5）虚拟硬盘文件类型选择 VDI。VDI 是 VirtualBox 的基本格式，目前仅 VirtualBox 软件支持这种文件类型。VHD 是 Microsoft VirtualPC 的基本格式，此种文件类型在微软产品中比较受欢迎。

VMDK 由 VMWare 软件团队开发，其他虚拟机如 Sun xVM、QEMU、VirtualBox、SUSE Studio、.NET DiscUtils 也支持这种文件类型。VMDK 具有将存储的文件分割为小于 2 GB 文件的附加功能，如果文件系统的文件大小存在限制，可考虑选择 VMDK 文件类型。如图 2.7 所示，点击"下一步"按钮。

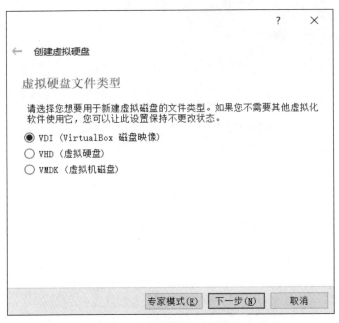

图 2.7　选择虚拟硬盘文件类型

（6）设置虚拟硬盘文件的存放方式，如图 2.8 所示。如果磁盘空间较大，就选择固定大小，这样可以获得较好的性能；如果你硬盘空间比较紧张，就选择动态分配。点击"下一步"按钮。

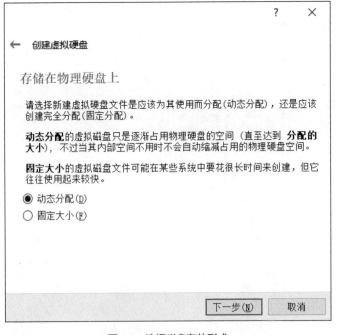

图 2.8　选择磁盘存放形式

（7）设置虚拟硬盘文件的位置，如图 2.9 所示。点击"浏览"选择一个容量充足的磁盘来存放它，因为它通常都比较大，点击"创建"按钮。

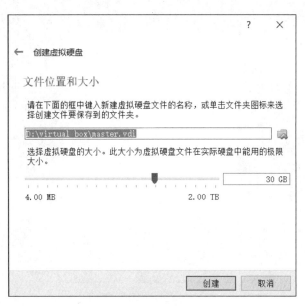

图 2.9　选择磁盘存放位置

（8）这样一个空壳虚拟机就创建好了，如图 2.10 所示。接下来开始安装 CentOS 7。点击左上角的启动按钮来启动虚拟机。

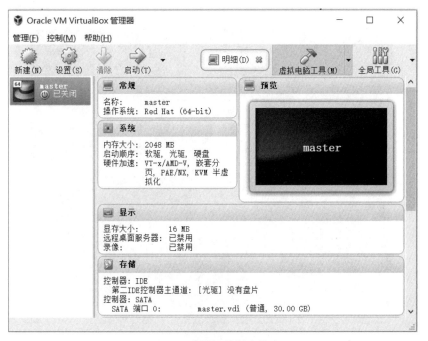

图 2.10　虚拟机的基本信息

（9）如图 2.11 所示，在选择启动盘对话框中浏览选择系统 CentOS iso 镜像安装文件。点击"启动"按钮。

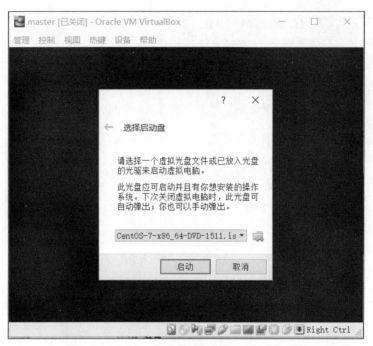

图 2.11　选择系统镜像文件

（10）如图 2.12 所示，用键盘上的上下箭头键来选择 Install CentOS 7，然后按回车键。注意：这里只能用键盘操作，如果想"找回"鼠标切换回 Windows，请按右 Ctrl 键。

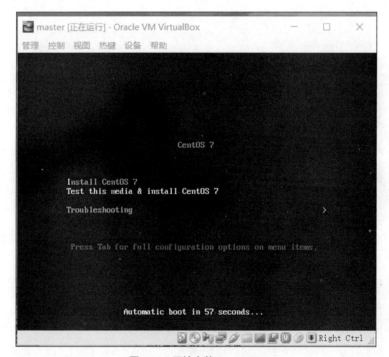

图 2.12　开始安装 CentOS 7

（11）选择安装过程中使用的语言，如图 2.13 所示，选择中文->简体中文（中国）。点击"继续"按钮。

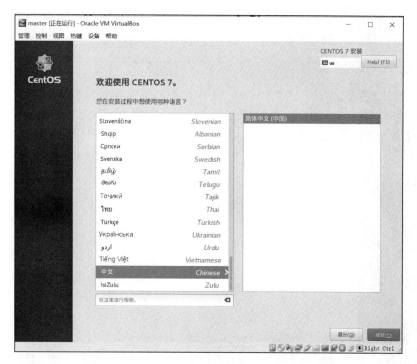

图 2.13　选择中文

（12）如图 2.14 所示，配置相关信息，点击"开始安装"按钮。

此处选择 CentOS 最小化安装，只安装系统基本的安装包，不包含 XWindows 和桌面管理器。后续需要使用到相关的安装包，都可以通过 yum、rpm 等工具进行安装。

图 2.14　系统的基本配置信息

（13）如图 2.15 所示，安装时可以一边安装一边设置 Root 密码，并创建用户。弱密码需要点击两次完成，界面下方有提示信息。

图 2.15　设置 Root 密码

（14）安装完成后，重启进入系统，如图 2.16 所示，输入 Root 密码登录，并且系统可以访问外网。

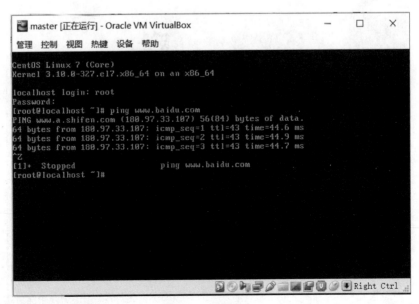

图 2.16　登录系统

2.4.2　配置 Virtualbox 网络及虚拟机网卡

VirtualBox 提供了 4 种网络连接方式，分别为：NAT 网络地址转换模式（NAT 模式）、Bridged Adapter 桥接模式（桥接模式）、Internal 内部网络模式（内网模式）、Host-only Adapter 主机模式（主机模式）。

1. NAT 模式

NAT 模式是实现虚拟机上网最简单的方式，也是 VirtualBox 提供的默认方式。虚拟机访问网络的所有数据都是由主机提供的，虚拟机并不真实存在于网络中，主机与网络中的任何机器都不能查看和访问到虚拟机。

虚拟机与主机之间只能单向访问，虚拟机可以通过网络访问到主机，主机无法通过网络访问到虚拟机，虚拟机与虚拟机之间不能互相访问。

2. 桥接模式

在 Bridged Adapter 桥接模式下，虚拟机通过主机网卡直接连入到网络中。虚拟机能被分配到一个网络中独立的 IP，其网络功能与网络中其他主机完全一致。

虚拟机与运行本虚拟机的主机之间可以通过网络相互访问，该主机上运行的多个虚拟机之间也可以相互访问。但必须确保主机和运行于其上的虚拟机处于同一网段中。

对于配置大数据学习环境而言，选择网桥模式后，不同物理主机上的虚拟机间可以组成一个 Linux 集群，不同用户可以一起搭建由多个虚拟机构建的 Linux 集群。而不需要在一台物理主机上创建所有的虚拟主机。这种模式的缺点是，当外网网络环境变化，需要重新配置所有虚拟主机的 IP 地址。

3. 内网模式

Internal 内部网络模式将虚拟机与外网完全断开，只实现不同虚拟机之间的内部网络模式。

虚拟机与主机不属于同一个网络，彼此之间不能互相访问，但虚拟机与虚拟机之间可以互相访问。

4. 主机模式

主机模式是一种比较复杂的模式，可以将真实环境和虚拟环境隔离开。虚拟机与主机之间默认不能相互访问，双方不属于同一网段，但是可以通过网卡共享、网卡桥接等，实现虚拟机与主机的相互访问。虚拟机与虚拟机之间默认可以相互访问，因为都是同处于一个网段。

若用户网络环境经常变化，可以考虑使用主机模式。一种建议方案是为虚拟主机设置双网卡，第一块网卡为 NAT 模式，负责与外网通信；第二块网卡为主机模式，负责内网通信。

这里选择单网卡桥接模式，首先对虚拟机网络配置如下。

（1）选择虚拟机的设置，进入设置界面，选择网络选项卡，勾选"启用网络连接"，连接方式选择"桥接网卡"，界面名称选择对应的网卡名称，混杂模式选择"拒绝"，点击"OK"完成配置，如图 2.17 所示。

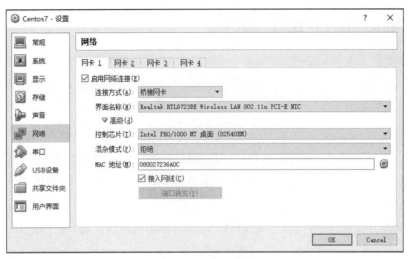

图 2.17 网络配置图

（2）启动 master 主机，配置静态 IP，并保证静态 IP 地址与宿主机在同一网段，如图 2.18 所示。

```
[root@localhost~]# cd /etc/sysconfig/network-scripts    #进入网络配置文件
[root@localhost~]# ls                                   #查看网卡名称
```

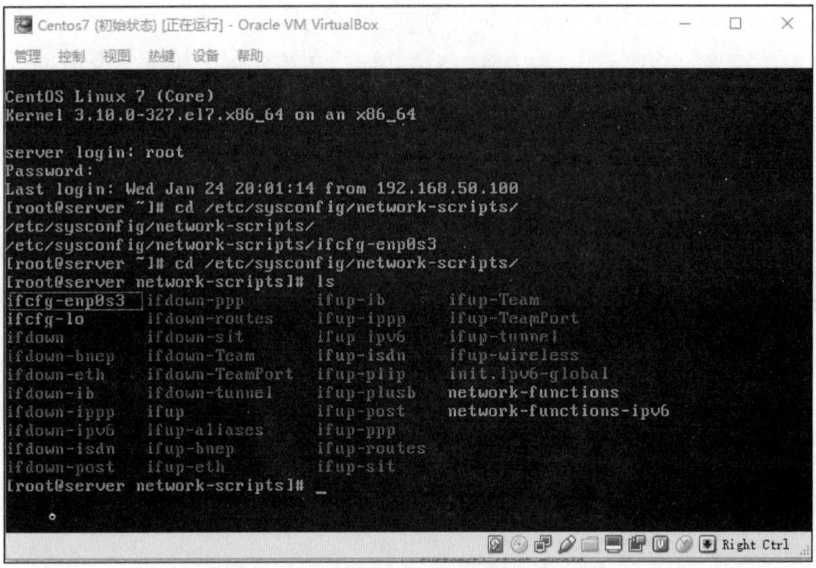

图 2.18 配置静态 IP

```
[root@localhost~]# vim ifcfg-enp0s3                     #配置 IP 地址
```

修改文件内容如下：

```
TYPE=Ethernet
BOOTPROTO=static
DEFROUTE=yes
PEERDNS=yes
PEERROUTES=yes
IPV4_FAILURE_FATAL=no
IPV6INIT=yes
IPV6_AUTOCONF=yes
```

```
IPV6_DEFROUTE=yes
IPV6_PEERDNS=yes
IPV6_PEERROUTES=yes
IPV6_FAILURE_FATAL=no
IPV6_ADDR_GEN_MODE=stable-privacy
NAME=enp0s3
UUID=be093f82-0a1b-4204-9edb-ce4ff28c388b
DEVICE=enp0s3
ONBOOT=yes
IPADDR=10.1.255.248          # 应保证 IP 与宿主机处于同一网段
NETMASK=255.255.255.0        # 子网掩码与宿主机保持一致
GATEWAY=10.1.255.1           # 网关与宿主机保持一致
DNS=8.8.8.8                  # DNS 与宿主机保持一致
```

注意：读者可根据自己的网络环境修改后四行的内容。

2.4.3　slave 节点的安装与配置

slave 节点的安装与配置与 master 的方法类似，只是要修改 IP 和 host 名称，或者也可以从 master 复制过来修改。

1. 修改 slave 的 IP 地址

slave 配置静态 IP 方式与上一节 master 配置静态 IP 相同，按表 2.1 所示 IP 地址配置 2 台 slave 主机——slave1 和 slave2。

2. 修改 host

```
[root@localhost~]# vim /etc/hosts          #进入配置文件
```

配置如图 2.19 所示。

```
127.0.0.1 localhost.localdomain localhost

10.1.255.249     slave1
10.1.255.248     master
10.1.255.247     slave2
```

图 2.19　host 修改图

注意：应保证 master、slave1、slave2 的 hosts 文件配置一致。

2.4.4　Java 环境的安装

因为 Hadoop 的环境依赖于 Java JDK，所以需要确保虚拟机中已经正确安装了 JDK，并配置了环境变量，本小节以 master 节点为例，查看 Java 版本的命令如下：

```
[root@master~]# java -version          #查看 Java 是否安装
```

执行结果如图 2.20 所示。

```
[root@master ~]# java -version
java version "1.8.0_161"
Java(TM) SE Runtime Environment (build 1.8.0_161-b12)
Java HotSpot(TM) 64-Bit Server VM (build 25.161-b12, mixed mode)
[root@master ~]#
```

图 2.20　Java 安装效果图

出现以上情况，显示已经安装完毕，若没有安装，请先安装 JDK，并配置 Java 环境变量。
以 master 节点为例，JDK 的安装步骤如下。

（1）查询系统自带的 JDK，命令如下：

```
[root@master~]# rpm -qa | grep java
```

执行结果如图 2.21 所示。

图 2.21　系统自带 JDK 结果图

移除自带的 openjdk，命令如下：

```
[root@master~]# yum remove java-1.*
```

（2）在 Oracle 官网下载 JDK。

选择 JDK 的最新版本下载。

```
[root@master~]# mkdir /usr/java                            # 新建 JDK 安装位置
[root@master~]# mv jdk-8u161-linux-x64.tar.gz /usr/java
[root@master~]# cd /usr/java
[root@master~]# tar -zxvf jdk-8u161-linux-x64.tar.gz       # 解压缩
[root@master~] #vim ~/etc/profile                          # 配置环境变量
```

（3）配置 Java 环境变量，添加以下内容到/etc/profile 文件中：

```
export JAVA_HOME=/usr/java/jdk1.8.0_161
export CLASSPATH=.:$JAVA_HOME/jre/lib/rt.jar:$JAVA_HOME/lib/dt.jar:$JAVA_HOME/lib/tools.jar
export PATH=$PATH:$JAVA_HOME/bin
```

（4）使环境变量生效，命令如下：

```
[root@master~]# source /etc/profile         #使改动立即生效
[root@master~]# java -version               #查看 java 安装版本
```

2.4.5　MySQL 服务

1．安装 MySQL

首先在 MySQL 官网中下载所需版本的 YUM 源，本次安装的版本为 MySQL5.7.21 社区版，且选择安装在 master 节点上。

下载 MySQL 及安装命令如下：

```
[root@master~]# wget http://dev.mysql.com/get/mysql57-community-release-el7-8.noarch.rpm
[root@master~]# yum localinstall mysql57-community-release-el7-8.noarch.rpm   #安装 mysql 源
```

执行如下命令，检查源是否安装成功，执行结果如图 2.22 所示。

```
[root@master~]# yum repolist enabled | grep "mysql.*-community.*"
```

图 2.22　MySQL 源安装成功图

```
[root@master~]# yum install mysql-community-server          #安装 MySQL
[root@master~]# systemctl start mysqld                      #启动 MySQL
[root@master~]# systemctl enable mysqld                     #设置开机启动
```

MySQL 安装完成之后，在/var/log/mysqld.log 文件中给 root 生成了一个默认密码。通过下面的方式找到 root 默认密码，然后登录 MySQL 进行修改，临时密码如图 2.23 所示。

```
[root@master~]# grep 'temporary password' /var/log/mysqld.log
```

```
[root@master ~]# grep 'temporary password' /var/log/mysqld.log
2018-03-28T01:45:05.314906Z 1 [Note] A temporary password is generated for root@
localhost: X_u40rX0bs7#
[root@master ~]#
```

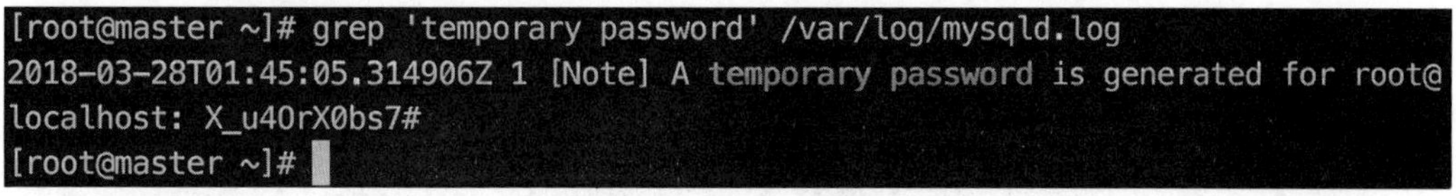

图 2.23　临时密码查看图

```
[root@master~]# mysql -u root -p                            #登录 MySQL 数据库
[root@master~]# SET PASSWORD = PASSWORD('Hadoop@123');      #设置新密码
```

2. 创建 Hadoop 用户并设置权限

在 MySQL 中创建 Hadoop 用户并设置所有权限，具体步骤如下。

（1）创建用户语法格式为：CREATE USER 'username'@'host' IDENTIFIED BY 'password';

username：用户名；

host：指定在哪个主机上可以登录，本机可用 localhost，%通配所有远程主机；

password：用户登录密码。

下面创建用户名并设置密码：

```
mysql> CREATE USER hadoop@'master' IDENTIFIED BY 'Hadoop@123';
```

（2）授权语法格式为：GRANT ALL PRIVILEGES ON *.* TO 'username'@'%' IDENTIFIED BY 'password';

格式说明：grant 权限 on 数据库名.表名 to 用户@登录主机 identified by "用户密码"；*.*代表所有权；

其中，@后面是访问 MySQL 的客户端 IP 地址（或是主机名）；%代表任意的客户端，如果填写 localhost 为本地访问，那此用户就不能远程访问该 MySQL 数据库。

```
mysql>grant all on *.* to hadoop@'%' identified by 'Hadoop@123';
mysql>grant all on *.* to hadoop@'localhost' identified by 'Hadoop@123';
mysql>grant all on *.* to hadoop@'master' identified by 'Hadoop@123';
```

（3）刷新权限语法格式为：FLUSH PRIVILEGES;

例如：

```
mysql>flush privileges;
```

完成如上 MySQL 的安装与配置后，用户就可以对 2.3 节中 SQL 的内容进行上机操作。

2.4.6　SSH 免密钥登录

SSH 密钥的方式是一个可靠和安全的客户验证方法。SSH 密钥对是两个加密的安全密码，由公钥和私钥组成，可用于给 SSH 服务器验证客户端。私钥由客户端保留，公钥被上传到希望能够使用 SSH 登录的远程服务器并被放置在用户帐户目录下~/.ssh/authorized_keys 文件中。

当客户端尝试使用 SSH 密钥进行身份验证时，服务器可以通过客户端提供的私钥验证生成一个终端会话或执行请求的命令。

在 Linux 集群间配置免密钥登录，是 hadoop 集群运维的基础。以下操作在 master 节点进行，实现从 master 免密码登录 slave1、slave2 节点。生成 ssh 密钥对的命令如下：

```
[hadoop@master~]$ ssh-keygen          # master 节点生成密钥
```

密钥生成界面如图 2.24 所示。

```
[hadoop@master ~]$ ssh-keygen
Generating public/private rsa key pair.
Enter file in which to save the key (/home/hadoop/.ssh/id_rsa):
/home/hadoop/.ssh/id_rsa already exists.
Overwrite (y/n)? y
Enter passphrase (empty for no passphrase):
Enter same passphrase again:
Your identification has been saved in /home/hadoop/.ssh/id_rsa.
Your public key has been saved in /home/hadoop/.ssh/id_rsa.pub.
The key fingerprint is:
85:48:01:05:42:bc:16:76:43:fc:c6:fb:b9:68:a1:7c hadoop@master
The key's randomart image is:
+--[ RSA 2048]----+
|   ooo+++.       |
|  +.+. . .       |
|  . + +. . .     |
|   o   +. .      |
|  .   . .S       |
|       o         |
|    . .o.        |
|   o E.o         |
|    o. ..        |
+-----------------+
```

图 2.24　master 节点密钥生成图

将生成的公钥上传到 slave1 节点的命令如下：

```
[hadoop@master~]$ ssh-copy-id root@slave1          # 将公钥传送给 slave1 节点
```

首次通过 master 终端将公钥传送给 slave 终端，需要输入 slave 节点的登录密码，传送完毕可实现免密码登录，如图 2.25 所示。

```
[hadoop@master ~]$ ssh-copy-id hadoop@slave1
The authenticity of host 'slave1 (192.168.2.57)' can't be established.
ECDSA key fingerprint is fc:85:de:4b:ea:f8:27:21:3b:fa:99:96:dc:92:69:a5.
Are you sure you want to continue connecting (yes/no)? yes
/bin/ssh-copy-id: INFO: attempting to log in with the new key(s), to filter out
any that are already installed
/bin/ssh-copy-id: INFO: 1 key(s) remain to be installed -- if you are prompted n
ow it is to install the new keys
hadoop@slave1's password:

Number of key(s) added: 1

Now try logging into the machine, with:   "ssh 'hadoop@slave1'"
and check to make sure that only the key(s) you wanted were added.

[hadoop@master ~]$ ssh-copy-id hadoop@slave2
The authenticity of host 'slave2 (192.168.2.58)' can't be established.
ECDSA key fingerprint is e3:ba:68:43:f8:87:ff:6e:03:f5:ed:47:ff:b3:ee:81.
Are you sure you want to continue connecting (yes/no)? yes
/bin/ssh-copy-id: INFO: attempting to log in with the new key(s), to filter out
any that are already installed
/bin/ssh-copy-id: INFO: 1 key(s) remain to be installed -- if you are prompted n
ow it is to install the new keys
hadoop@slave2's password:

Number of key(s) added: 1

Now try logging into the machine, with:   "ssh 'hadoop@slave2'"
and check to make sure that only the key(s) you wanted were added.
```

图 2.25　公钥传送图

登录 slave1 节点命令如下：

[hadoop@master~]\$ ssh root@slave1   # 测试免密码登录，如图 2.26 所示

成功登录 slave1 节点的提示如图 2.26 所示。

```
[hadoop@master ~]$ ssh hadoop@slave1
Last login: Wed Mar 28 10:02:23 2018
[hadoop@slave1 ~]$
```

图 2.26　免密钥登录图

其他 slave1、slave2 实现免密码登录，操作方式与上述一致。

2.4.7　配置时钟同步

Linux 集群中节点间时钟同步，对分布式组间协同工作意义重大。例如，在 HBase 分布式部署中，一定要求节点间时钟同步。以下介绍时钟同步工具 NTP 的安装与配置。

NTP 是 Network Time Protocol 的缩写，目的是保证 master（Server）端与 slave（Client）端的时间同步。

1. master 端配置

命令如下：

[hadoop@master~]\$ yum install ntp   #安装 NTP 软件

[hadoop@master~]\$ chkconfig ntpd on   #启动 NTP

[hadoop@master~]\$ vim /etc/ntp.conf   配置服务器

由于 NTP 服务器的设置需要有上游服务器的支持，我们注释掉原先的 Server 设置，添加如下 Server 设置，如图 2.27 中的方框标记所示。

```
[hadoop@master ~]$ sudo vi /etc/ntp.conf
[sudo] password for hadoop:
# For more information about this file, see the man pages
# ntp.conf(5), ntp_acc(5), ntp_auth(5), ntp_clock(5), ntp_misc(5), ntp_mon(5).

driftfile /var/lib/ntp/drift

# Permit time synchronization with our time source, but do not
# permit the source to query or modify the service on this system.
restrict default nomodify notrap nopeer noquery

# Permit all access over the loopback interface.  This could
# be tightened as well, but to do so would effect some of
# the administrative functions.
restrict 127.0.0.1
restrict ::1

# Hosts on local network are less restricted.
#restrict 192.168.1.0 mask 255.255.255.0 nomodify notrap

# Use public servers from the pool.ntp.org project.
# Please consider joining the pool (http://www.pool.ntp.org/join.html).
server cn.pool.ntp.org iburst
#server 1.centos.pool.ntp.org iburst
#server 2.centos.pool.ntp.org iburst
#server 3.centos.pool.ntp.org iburst

#broadcast 192.168.1.255 autokey       # broadcast server
#broadcastclient                       # broadcast client
#broadcast 224.0.1.1 autokey           # multicast server
#multicastclient 224.0.1.1             # multicast client
#manycastserver 239.255.254.254        # manycast server
#manycastclient 239.255.254.254 autokey # manycast client

# Enable public key cryptography.
```

图 2.27　master 端配置图

重启 NTP 服务，并查看是否启动，如图 2.28 所示。

```
[hadoop@master~]$ service ntpd restart            #重启 NTP 服务
[hadoop@master~]$ systemctl status ntpd.service   #查看 NTP 服务
```

```
[hadoop@master ~]$ sudo service ntpd restart
Redirecting to /bin/systemctl restart  ntpd.service
[hadoop@master ~]$ sudo systemctl status ntpd.service
● ntpd.service - Network Time Service
   Loaded: loaded (/usr/lib/systemd/system/ntpd.service; enabled; vendor preset: disabled)
   Active: active (running) since 三 2018-03-28 11:41:42 CST; 45s ago
  Process: 20749 ExecStart=/usr/sbin/ntpd -u ntp:ntp $OPTIONS (code=exited, status=0/SUCCESS)
 Main PID: 20750 (ntpd)
   CGroup: /system.slice/ntpd.service
           └─20750 /usr/sbin/ntpd -u ntp:ntp -g

3月 28 11:41:43 master ntpd[20750]: Listen normally on 2 lo 127.0.0.1 UDP 123
3月 28 11:41:43 master ntpd[20750]: Listen normally on 3 eth0 10.1.250.22 UDP 123
3月 28 11:41:43 master ntpd[20750]: Listen normally on 4 virbr0 192.168.122.1 UDP 123
3月 28 11:41:43 master ntpd[20750]: Listen normally on 5 lo ::1 UDP 123
3月 28 11:41:43 master ntpd[20750]: Listen normally on 6 eth0 fe80::f816:3eff:fe90:d609 UDP 123
3月 28 11:41:43 master ntpd[20750]: Listening on routing socket on fd #23 for interface updates
3月 28 11:41:43 master ntpd[20750]: 0.0.0.0 c016 06 restart
3月 28 11:41:43 master ntpd[20750]: 0.0.0.0 c012 02 freq_set kernel 0.000 PPM
3月 28 11:41:43 master ntpd[20750]: 0.0.0.0 c011 01 freq_not_set
3月 28 11:41:53 master ntpd[20750]: 0.0.0.0 c614 04 freq_mode
```

图 2.28　NTP 服务重启截图

2. slave 端配置

Chrony 是一个开源的软件，能保持系统时钟与时钟服务器（NTP）同步，CentOS 7 默认已经安装该软件。需要分别修改各个主机的/etc/chrony.conf 文件，指向始终服务器 master，命令如下：

```
[root@slave1]# vim /etc/chrony.conf
```

编辑后保存结果如下：

```
# Use public servers from the pool.ntp.org project.
# Please consider joining the pool (http://www.pool.ntp.org/join.html).
server master iburst
```

3. 重启并验证

命令如下：

```
[root@slave1]# chronyc sources
```

返回结果如下：

```
210 Number of sources = 1
MS Name/IP address         Stratum Poll Reach LastRx Last sample
===============================================================================
^* master                      10   6    17     42  -1741ns[ -72us] +/-  332us
```

习题

1. Java 泛型与面向对象中类的方法和多态之间是什么关系？

2. 如何用超类或接口生命变量调用子类对象中重写的方法？

3. 在 VirtualBox 上安装 Linux 操作系统 CentOS 7，熟悉 Linux 基本命令。

4. 在 VirtualBox 上安装 Linux 集群，配置一个 master 节点和一个 slave 节点，并实现互相免密码登录。

5. 在 master 节点上安装 MySQL，并练习 2.3 节操作。

6. 尝试 3 个人一组在 3 台以上物理主机上采用 VirtualBox 搭建 Linux 虚拟主机集群。

03

第3章　大数据存储技术

　　大数据存储是大数据处理与分析的基础。高效、安全地存储与读写数据是提高大数据处理效率的关键。数据可分为结构化数据和非结构化数据，传统的关系型数据库一般用于存储结构化数据，而对大数据环境下海量的非结构化数据，通常采用如 HDFS 分布式文件系统或者 NoSQL 数据库进行存储。

　　本章重点介绍 Hadoop 分布式文件系统 HDFS 以及常见的 NoSQL 数据库，并对 Hadoop 和 HBase 的安装配置及 API 的开发进行了说明。

3.1 理解 HDFS 分布式文件系统

3.1.1 HDFS 简介

分布式文件系统 HDFS（Hadoop Distributed File System）是 Hadoop 核心子项目，为 Hadoop 提供了一个综合性的文件系统抽象，并实现了多类文件系统的接口。HDFS 基于流式数据访问、存储和处理超大文件，其特点可归纳如下。

1. 存储数据较大

运行在 HDFS 的应用程序有较大的数据处理要求，或存储从 GB 到 TB 级的超大文件，目前在实际应用中，已经利用 HDFS 来存储管理 PB（PetaByte）级数据。

2. 支持流式数据访问

HDFS 设计的思路为"一次写入，多次读取"。数据源生成数据集后，就会被复制分发到不同的存储节点，用于响应数据分析任务的请求。在一般情况下，每次分析都会涉及数据集的大部分数据甚至是全部数据。应用程序关注的是数据吞吐量而非响应时间，HDFS 放宽了可移植操作系统接口（Portable Operation System Interface，POSIX）的要求，可以以流的形式访问文件系统中的数据。

3. 支持多硬件平台

Hadoop 可以运行在廉价、异构的商用硬件集群上，并且在 HDFS 设计时充分考虑了数据的可靠性、安全性及高可用性，以应对高发的节点故障问题。

4. 数据一致性高

应用程序采用"一次写入，多次读取"的数据访问策略，支持追加，不支持多次修改，降低了造成数据不一致性的可能性。

5. 有效预防硬件失效

通常，硬件异常比软件异常更加常见，对于具有上百台服务器的数据中心而言，硬件异常是常态，HDFS 的设计要有效预防硬件异常，并具有自动恢复数据的能力。

6. 支持移动计算

计算与存储采取就近的原则，从而降低网络负载，减少网络拥塞。

HDFS 在处理一些特定问题上也存在着一定的局限性，并不适用所有情况，主要表现在以下三个方面。

1. 不适合低延迟的数据访问

HDFS 不适合去处理那些要求低延迟的数据访问请求，因为 HDFS 是为了处理大型数据集任务，主要针对高数据吞吐设计的，会产生高时间延迟代价。

2. 无法高效地存储大量小文件

HDFS 采用主从架构来存储数据，需要用到 NameNode 来管理文件系统的元数据，以响应请求，返回文件位置等。为了快速响应文件请求，元数据存储在主节点的内存中，文件系统所能存储的文件总数受限于 NameNode 的内存容量。小文件数量过大，容易造成内存不足，导致系统错误。

3. 不支持多用户写入以及任意修改文件

在 HDFS 中，一个文件同时只能被一个用户写入，而且写操作总是将数据添加在文件末尾，并不支持多个用户对同一文件的写操作，也不支持在文件的任意位置进行修改。

3.1.2　HDFS 的体系结构

HDFS 的存储策略是把大数据文件分块并存储在不同的计算机节点（Nodes），通过 NameNode 管理文件分块存储信息（即文件的元信息）。图 3.1 给了 HDFS 的体系结构图。

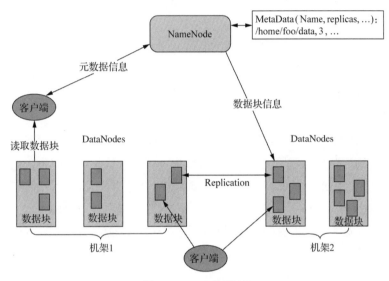

图 3.1　HDFS 体系结构

HDFS 采用了典型的 Master/Slave 系统架构，一个 HDFS 集群通常包含一个 NameNode 节点和若干个 DataNodes 节点。一个文件被分成了一个或者多个数据块，并存储在一组 DataNode 上，DataNode 节点可分布在不同的机架。NameNode 执行文件系统的名字空间打开、关闭、重命名文件或目录等操作，同时负责管理数据块到具体 DataNode 节点的映射。在 NameNode 的统一调度下，DataNode 负责处理文件系统客户端的读/写请求，完成数据块的创建、删除和复制。

1. NameNode 和 DataNode

HDFS 采用主从结构存储数据，NameNode 节点负责集群任务调度，DataNode 负责执行任务和存储数据块。NameNode 管理文件系统的命名空间，维护着整个文件系统的文件目录树以及这些文件的索引目录。这些信息以命名空间镜像和编辑日志两种形式存储在本地文件系统中。从 NameNode 中可以获取每个文件的每个块存储在 DataNode 节点的位置，NameNode 会在每次启动系统时动态地重建这些信息。客户端通过 NameNode 获取元数据信息，与 DataNode 进行交互以访问整个文件系统。

DataNode 是文件系统的工作节点，供客户端和 NameNode 调用并执行具体任务，存储文件块。DataNode 通过心跳机制定时向 NameNode 发送所存储的文件块信息，报告其工作状态。

2. 数据块

数据块是磁盘进行数据读/写操作的最小单元。文件以块的形式存储在磁盘中，文件系统每次都能操作磁盘数据块大小整数倍的数据。HDFS 中的文件也被划分为多个逻辑块进行存储。HDFS 中的数据块的大小，影响到寻址开销。数据块越小，寻址开销越大。如果数据块设置得足够大，从磁盘传输数据的时间会明显大于定位这个数据块开始位置所需要的时间。因而，传输一个由多个数据块组成的文件的时间取决于磁盘传输速率，用户必须在数据块大小设置上做出优化选择。HDFS 系统当前默认数据块大小为 128MB。

HDFS 作为一个分布式文件系统，使用抽象的数据块具有以下优势：

（1）通过集群扩展能力可以存储大于网络中任意一个磁盘容量的任意大小文件；

（2）使用抽象块而非整个文件作为存储单元，可简化存储子系统，固定的块大小可方便元数据和文件数据块内容的分开存储；

（3）便于数据备份和数据容错，提高系统可用性。HDFS 默认将文件块副本数设定为三份，分别存储在集群不同的节点上。当一个块损坏时，系统会通过 NameNode 获取元数据信息，在其他机器上读取一个副本并自动进行备份，以保证副本的数量维持在正常水平。

3. 机架感知策略

大规模 Hadoop 集群节点分布在不同的机架上，同一机架上节点往往通过同一网络交换机连接，在网络带宽方面比跨机架通信有较大优势；但若某一文件数据块同时存储在同一机架上，可能由于电力或网络故障，导致文件不可用。HDFS 采用机架感知技术来改进数据的可靠性、可用性和网络带宽的利用率。

通过机架感知，NameNode 可确定每个 DataNode 所属的机架 ID，HDFS 会把副本放在不同的机架上。如图 3.2 所示，第一个副本 B1 在本地机器，第二个副本 B2 在远端机架，第三个副本 B3 看之前的两个副本是否在同一机架，如果是则选择其他机架，否则选择和第一个副本 B1 相同机架的不同节点，第四个及以上，随机选择副本存放位置。

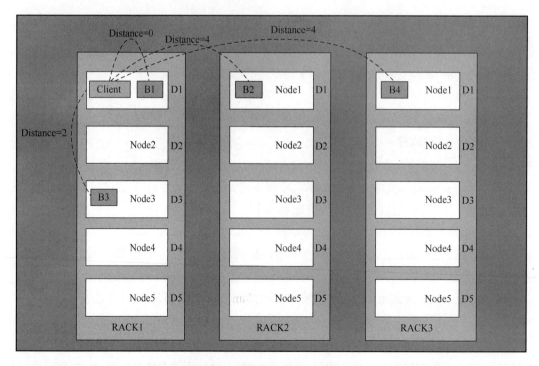

图 3.2　数据副本存储示意图

HDFS 系统的机架感知策略的优势是防止由于某个机架失效导致数据丢失，并允许读取数据时充分利用多个机架的带宽。HDFS 会尽量让读取任务去读取离客户端最近的副本数据以减少整体带宽消耗，从而降低整体的带宽延时。

对于副本距离的计算公式，HDFS 采用如下约定：

（1）Distance（Rack 1/D1 Rack1/D1）= 0   # 同一台服务器的距离为 0

（2）Distance（Rack 1/D1 Rack1/D3）= 2   # 同机架不同服务器距离为 2

（3）Distance（Rack 1/D1 Rack2/D1）= 4   # 不同机架服务器距离为 4

其中，Rack1、Rack2 表示机柜标识号，D1、D2、D3 表示所在机柜中的 DataNode 节点主机的编号。即同一主机的两个数据块的距离为 0；同一机架不同主机上的两个数据块的距离为 2；不同机架主机上的数据块距离为 4。

通过机架感知，处于工作状态的 HDFS 总是设法确保数据块的三个副本（或更多副本）中至少有两个在同一机架，至少有一个处在不同机架（至少处在两个机架上）。

4. 安全模式

安全模式是 HDFS 所处的一种特殊状态。在安全模式下，用户只能读数据而不能删除、修改数据。NameNode 主节点启动后，HDFS 首先进入安全模式，DataNode 则在启动时会向 NameNode 汇报可用的数据块状态等。只有当整个系统达到安全标准时，HDFS 才会离开安全模式。在安全模式下，HDFS 不进行任何文件数据块副本复制操作，NameNode 从所有的 DataNode 上接收心跳信号和块状态报告，块状态报告中包括了某个 DataNode 上存放的所有数据块的列表。

每个数据块都有一个指定的最小副本数，当 NameNode 检测确认某个数据块的副本数据达到最小值时，才会认为该数据块是安全的。

离开安全模式的基本条件：副本数达到要求的数据块占系统总数据块的最小百分比（还需要满足其他条件）。默认为 0.999f，也就是说符合最小副本数要求的数据块占比超过 99.9%时才能离开安全模式。

NameNode 退出安全模式状态，会将没有达到副本要求的数据块复制到其他 DataNode 上。

5. 文件安全性

由于 HDFS 文件数据库的描述信息由 NameNode 节点集中管理，一旦 NameNode 出现故障，集群就无法获取文件块的位置，也就无法通过 DataNode 上的数据块来重建文件，导致整个文件系统中的文件全部丢失。为了保证文件的安全性，HDFS 提供备份 NameNode 元数据和增加 Secondary NameNode 节点两种基本方案。

（1）备份 NameNode 上持久化存储的元数据文件，然后再将其同步地转存到其他文件系统中，一种通常的实现方式是将 NameNode 中的元数据转存到远程的网络文件共享系统 NFS 中。

（2）在系统中同步运行一个 Secondary NameNode 节点，作为二级 NameNode 去周期性地合并编辑日志中的命名空间镜像。Secondary NameNode 的运行通常需要大量的 CPU 和内存去做合并操作，建议将其安装在与 NameNode 节点不同的其他单独的服务器上。Secondary NameNode 会存储合并后的命名空间镜像，并在 NameNode 宕机后作为替补使用。必须提醒的是，由于 Secondary NameNode 的同步备份总会滞后于 NameNode，依然存在数据损失的风险。

采用 Secondary NameNode 进行 HDFS 元数据持久化的过程如图 3.3 所示。持久化主要涉及 FSimage

和 Editlog 两个文件的持续更新。首先用 NameNode（即图中的 Primary NameNode）接收文件系统操作请求，生成 EditLog，并回滚日志，向 EditLog.new 中记录日志；第二步，备用 NameNode（即图中的 Secondary NameNode）从主用 NameNode 上下载 FSimage，并从共享存储中读取 EditLog；第三步，备用 NameNode 将日志和旧的元数据合并，生成新的元数据 FSImage.ckpt；第四步，备用 NameNode 将元数据上传到主用 NameNode；第五步，主用 NameNode 将上传的元数据进行回滚；最后，循环第一步。

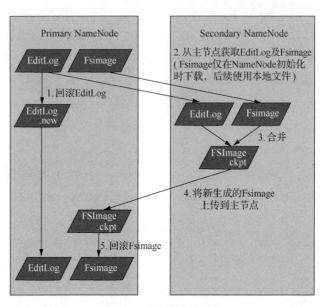

图 3.3　元数据持久化过程

3.1.3　HDFS 中的数据流

Java 抽象类 org.apache.hadoop.fs.FileSystem 定义了 Hadoop 的一个文件系统接口。该类是一个抽象类，通过以下两个方法可以创建 FileSystem 实例：

```
public static FileSystem.get(Configuration conf) throws IOException
public static FileSystem.get(URI uri, Configuration conf) throws IOException
```

这两个方法均要求传递一个Configuration的对象实例，Configuration对象可以理解为描述 Hadoop 集群配置信息的对象。创建一个 Configuration 对象后，可调用 Configuration.get()获取系统配置键值对属性。用户在得到一个 Configuration 对象之后就可以利用该对象新建一个 FileSystem 对象。

Hadoop 发行包提供不同的 FileSystem 子类，用于支持多种数据访问需求。除了访问 HDFS 上的数据外，也可访问诸如 Amazon 的 S3 等其他文件系统。用户也可根据特定需求，自己实现特定网络存储服务。

Hadoop 抽象文件系统主要提供的方法可以分为两部分：一部分用于处理文件和目录相关的事务；另一部分用于读/写文件数据。处理文件和目录主要是指创建文件/目录、删除文件/目录等操作；读/写数据文件主要是指读取/写入文件数据等操作。这些操作与 Java 的文件系统 API 类似，如 FileSystem.mkdirs(Path f, FsPermission permission)方法在 FileSystem 对象所代表的文件系统中创建目录，Java.io.File.mkdirs()也是创建目录的方法。FileSystem.delete(Path f)方法用于删除文件或目录，

Java.io.File.delete()方法也用于删除文件或目录。

1. 文件的读取

客户端从 HDFS 中读取文件的流程如图 3.4 所示。

（1）首先，客户端通过调用 FileSystem 对象中的 open()函数打开需要读取的文件。对于 HDFS 来说，FileSystem 是分布式文件系统的一个实例，对应图 3.4 中的第一步。

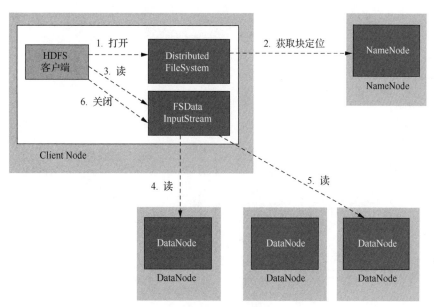

图 3.4　客户端从 HDFS 中读取数据流程

（2）然后 DistributedFileSystem 通过远程过程调用（Remote Procedure Call，RPC）调用 NameNode，以确定文件起始块的位置。对于每一个块，NameNode 返回存有该块副本的 DataNode 的地址。这些返回的 DataNode 会按照 Hadoop 定义的集群网络拓扑结构计算自己与客户端的距离并进行排序，就近读取数据。若客户端本身就是一个 DataNode 节点，并保存有相应数据块的一个副本，则该节点就会直接读取本地数据块。

（3）HDFS 会向客户端返回一个支持文件定位的输入流对象 FSDataInputStream。FSDataInputStream 类封装的 DFSInputStream 对象管理着 NameNode 和 DataNode 之间的 I/O。当获取到数据块的位置后，客户端就会调用输入流的 read()函数读取数据。存储着文件起始块 DataNode 的地址的 DFSInputStream 对象随即连接距离最近的 DataNode。

（4）连接完成后，DFSInputStream 对象反复调用 read()函数，将数据从 DataNode 传输到客户端，直到这个块全部读取完毕。

（5）当最后一个数据块读取完毕时，DFSInputStream 会关闭与该 DataNode 的连接，然后寻找下一个数据块距离客户端最近的 DataNode。客户端从流中读取数据时，块是按照打开 DFSInputStream 与 DataNode 新建连接的顺序读取的。它会根据需要询问 NameNode 来检索下一批数据块的 DataNode 的位置。

（6）一旦客户端完成读取，就会对 FSDataInputStream 调用 close()。

在读取数据的时候，如果 DFSInputStream 与 DataNode 通信错误，会尝试读取该块最近邻的其他 DataNode 节点上的数据块副本,同时也会记住发生故障的 DataNode,以保证以后不会去读取该节点上后续块。收到数据块以后,DFSInputStream 也会通过校验和确认从 DataNode 发来的数据的完整性。如果块损坏,则 DFSInputStream 试图从其他 DataNode 读取该副本,并向 NameNode 报告该信息。

对于文件的读取,NameNode 负责引导客户端到最合适的 DataNode,由客户端直接连接 DataNode 去读取数据。这种设计可以让数据的 I/O 任务分散在所有 DataNode 上,也有利于 HDFS 扩展到更大规模的客户端进行并行处理;同时 NameNode 只需提供请求数据块所在的位置信息,而不需要通过它提供数据,避免了 NameNode 随着客户端数量的增长而成为系统的瓶颈。

2. 文件的写入

客户端在 HDFS 中写入一个新文件的数据流过程如图 3.5 所示。

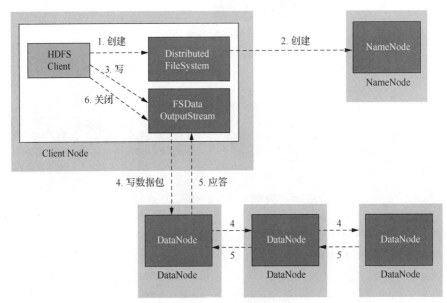

图 3.5　客户端在 HDFS 中写入数据的流程

(1)客户端调用 DistributedFileSystem 对象 create()函数创建文件。

(2)DistributedFileSystem 对 NameNode 进行 RPC 调用,在文件系统的命名空间中新建一个文件,但没有相应的数据块与文件关联,即还没有相关的 DataNode 与之关联.

(3)NameNode 会执行相关的检查以确保文件系统中不存在该文件,并确认客户端有创建文件的权限。当所有验证通过后,NameNode 会创建一个新文件的记录,否则,文件创建失败并向客户端抛出一个 IOException 异常。如果创建成功,则 DistributedFileSystem 向客户端返回一个 FSDataOutputStream 对象,客户端使用该对象向 HDFS 写入数据,同样地,FSDataOutputStream 封装着一个 DFSOutPutStream 数据流对象,负责处理 NameNode 和 DataNode 之间的通信。

(4)当客户端写入数据时,DFSOutPutStream 会将文件分割成多个数据包,并写入一个数据队列中。DataStreamer 负责处理数据队列,会将这些数据包放入到数据流中,并向 NameNode 请求为新的文件分配合适的 DataNode 存放副本,返回的 DataNode 列表形成一个管道,假设副本数为 3,那么管道中就会有三个 DataNode,DataStreamer 将数据包以流的方式传送给队列中的第一个 DataNode,第一个 DataNode 会存储这个数据包，然后将它推送到第二个 DataNode 中，然后第二个 DataNode 存储该数据包并且推送给管道中的第三个 DataNode。

（5）DFSOutputStream 同时维护着一个内部数据包队列来等待 DataNode 返回确认信息，被称为确认队列。只有当管道中所有的 DataNode 都返回了写入成功的信息后，该数据包才会从确认队列中删除。

（6）客户端成功完成数据写入操作以后，对数据流调用 close()函数，该操作将剩余的所有数据包写入 DataNode 管道，并连接 NameNode 节点，等待通知确认信息。

如果在数据写入期间 DataNode 发送故障，HDFS 就会执行以下操作。

① 首先关闭管道，任何在确认队列中的数据包都会被添加到数据队列的前端，以保证管道中失败的 DataNode 的数据包不会丢失。当前存放在正常工作的 DataNode 上的数据块会被制定一个新的标识，并和 NameNode 进行关联，以便故障 DataNode 在恢复后可以删除存储的部分数据块。

② 然后，管道会把失败的 DataNode 删除，文件会继续被写到另外两个 DataNode 中。

③ 最后，NameNode 会注意到现在的数据块副本没有达到配置属性要求，会在另外的 DataNode 上重新安排创建一个副本，后续的数据块继续正常接收处理。

3. 一致性模型

文件系统的一致性模型描述了文件读/写的数据可见性。为了提高性能，HDFS 牺牲了部分 POSIX 标准定义的操作系统应该为应用程序提供的接口标准请求，文件被创建之后，在文件系统的命名空间中是可见的，但写入文件的内容并不保证能被看见。只有写入的数据超过一个块的数据，其他读取者才能看见该块。总之，当前正在被写入的块，其他读取者是不可见的。不过，HDFS 提供一个 sync()方法来强制所有的缓存与数据节点同步。在 sync()返回成功后，HDFS 能保证文件中直至写入的最后的数据对所有读取者都是可见且一致的。

HDFS 的文件一致性模型与具体设计应用程序的方法有关。如果不调用 sync()，一旦客户端或系统发生故障，就可能失去一个块的数据。所以，用户应该在适当的地方调用 sync()，例如，在写入一定的记录或字节之后。尽管 sync()操作被设计为尽量减少 HDFS 负载，但仍有开销，用户可通过不同的 sync()频率来衡量应用程序，最终在数据可靠性和吞吐量找到一个合适的平衡。

4. 数据完整性

I/O 操作过程中难免会出现数据丢失或脏数据的情况，数据传输的量越大，出错的机率越高。比较传输前后校验和是最为常见的错误校验方法，例如，CRC32 循环冗余检查（Cyclical Redundancy Check）是一种数据传输检错功能，对数据进行多项式计算 32 位的校验和，并将得到的校验和附在数据的后面，接收设备也执行类似的算法，以保证数据传输的正确性和完整性。

HDFS 也通过计算出 CRC32 校验和的方式保证数据完整性。HDFS 会在每次读写固定字节长度时就计算一次校验和。字节长度可由 io.bytes.per.checksum 指定，默认是 512 字节。HDFS 每次读时也会再次计算并比较校验和。DataNode 在收到客户端的数据或者其他副本传过来的数据时会校验数据的校验和。

在 HDFS 数据流中，客户端写入数据到 HDFS 时，在管道的最后一个 DataNode 会去检查这个校验和，如果发现错误，则抛出 ChecksumException 异常到客户端。

客户端从 DataNode 读数据的时候也要检查校验和，客户端的每一次校验都会记录到日志中。

此外，DataNode 通过 DataBlockScanner 进程定期校验存在在它上面的数据块，预防诸如位衰减引起硬件问题导致的数据错误。

如果客户端发现有数据块出错，主要进行以下步骤恢复数据块：

（1）客户端把坏的数据块和该数据块所在的 DataNode 报告给 NameNode，并抛出 ChecksumException；

（2）NameNode 标记为已损坏数据块，并且不会再把客户端指向该损坏的数据块，也不会向其他的 DataNode 复制该损坏的数据块；

（3）NameNode 把一个好的数据块复制到另外一个 DataNode；

（4）NameNode 把损坏的数据块删除掉。

3.2　NoSQL 数据库

NoSQL（Not Only SQL），意即"不仅仅是 SQL"。NoSQL 的拥护者提倡运用非关系型的数据存储作为大数据存储的重要补充。NoSQL 数据库适用于数据模型比较简单、IT 系统需要更强的灵活性、对数据库性能要求较高且不需要高度的数据一致性等场景。NoSQL 数据库具有如下四大分类。

1. 键值（Key-Value）存储数据库

键值存储数据库会使用一个特定的键和一个指针指向特定数据的哈希表。常见的键值存储数据库有 Tokyo Cabinet / Tyrant、Berkeley DB、MemcacheDB、Redis 等。Key/Value 模型简单、易部署，但是只对部分值进行查询或更新时，Key/Value 效率较低。

2. 列存储数据库。

列存储数据库通常用来应对分布式存储的海量数据，如 HBase、Cassandra、Riak 等。列存储数据库通过键指向多个列，而这些列是由列族来安排的。列存储数据库可以理解为通过列族来组织的多维数据表。

3. 文档型数据库

文档型数据库同键值存储数据块类似，其数据模型是版本化的文档，半结构化的文档以特定的格式存储，比如 JSON。文档型数据库可以看作是键值存储数据库的升级版，允许键值嵌套。而且文档型数据库比键值存储数据库的查询效率更高。常见的文档型数据库有 MongoDB、CouchDB、SequoiaDB 等。

4. 图（Graph）数据库

与其他行列以及刚性结构的 SQL 数据库不同，图结构的数据库是使用灵活的图模型，并且能够扩展到多个服务器上，如 Neo4J、InfoGrid、Infinite Graph 等。

3.2.1　键值数据库 Redis

1. Redis 简介

Redis（REmote DIctionary Server）是一个 Key-Value 内存数据库，能达到每秒十万次的读写，常用作缓存或者消息队列。Redis 是使用 ANSI C 语言编写的，遵守 BSD 协议，支持网络并可基于内存和可持久化的日志型 Key-Value 数据库，提供多种语言的 API。Redis 数据库中的值（value）可以是字符串（string）、哈希（map）、列表（list）、集合（sets）和有序集合（sorted sets）等类型。

　　与其他 Key-Value 缓存产品相比，Redis 主要具有以下三个特点：首先，Redis 支持数据的持久化，可以将内存中的数据保存在磁盘中，重启时可以再次加载使用；其次，Redis 不仅仅支持简单的 Key-Value 类型的数据，同时还提供 list、set、zset、hash 等数据结构的存储；最后，Redis 还支持 Master/Slave 模式的数据备份，可以将数据从主服务器复制到任意数量的从服务器。

　　Redis 运行在内存中并可以持久化到磁盘，所以在对不同数据集进行高速读写时需要权衡内存，因为数据量不能大于硬件内存。相比在磁盘上相同的复杂的数据结构，在内存中操作起来非常简单。

　　2. Redis 数据类型

　　Redis 支持 5 种数据类型：string（字符串）、hash（哈希）、list（列表）、set（集合）及 zset。

　　（1）string（字符串）

　　字符串是最常用的一种数据类型，普通的 Key/Value 存储都可以归为此类。一个 key 对应一个 value，Redis 的 string 可以包含任何数据，比如 JPG 图片（生成二进制）或者序列化的对象。

　　（2）hash（哈希）

　　哈希是一个 string 类型的 field 和 value 的映射表。hash 特别适合存储对象，相当于将对象的每个字段存成单个 string 类型。一个对象存储在 hash 类型中会占用更少的内存，并且可以更方便地存取整个对象。Redis 的 hash 实际是将内部存储的 value 作为一个 HashMap，并提供了直接存取这个 Map 成员的接口。图 3.6 所示为 Redis 中的哈希结构。

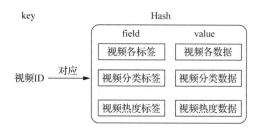

图 3.6　Redis 中的哈希结构

　　（3）list（列表）

　　列表是一个链表结构，可以从头部（左边）或者尾部（右边）添加和删除元素。Redis 的 list 类型其实就是每个子元素都是 string 类型的双向链表，我们可以通过 push 或 pop 操作从链表两端添加删除元素。因而 list 既可作为栈使用，又可以作为队列使用。

　　（4）set（集合）

　　set 是 string 类型的无序不重复集合。set 是通过 hash table 实现的。可以对集合采取并集、交集、差集操作；还可以使用不同的命令将结果返回给客户端并且存到一个新的集合中。与 list 比较而言，set 对外提供的功能与 list 类似，但 set 可以自动排重。当我们需要存储一个列表数据，又不希望出现重复数据时，可以使用 set。此外，set 提供了判断某个成员是否在一个 set 集合内的重要接口，这个也是 list 所不能提供的。

　　（5）zset

　　zset 在 set 的基础上增加了一个顺序的属性。在添加修改元素时可以指定顺序属性，zset 会自动重新调整顺序。zset 使用场景与 set 类似，区别是 set 不是自动有序的，而 zset 可以通过用户额外提供一个顺序参数来为成员排序，并且插入后自动排序。当需要一个有序的并且不重复的集合列表，那么可以选择 zset 数据结构。

3. Redis 持久化

Redis 将内存中的数据同步到磁盘来保证持久化。Redis 主要支持使用 Snapshotting（快照）和 Append-only file（aof）两种方式实现数据的持久化。

（1）Snapshotting

快照是默认的持久化方式。这种方式就是将内存中数据以快照的方式写入到默认文件名为 dump.rdb 的二进制文件中。可以通过配置设置自动做快照，比如，可以配置 Redis 在单位时间内，超过了一定数量的 Key 被修改，就自动执行快照操作。

在产生并保存快照时，Redis 会调用 fork()函数产生一个子进程。父进程继续处理 client 请求，子进程负责将内存内容写入到临时文件。当子进程将快照写入临时文件完毕后，用临时文件替换原来的快照文件，然后子进程退出。

client 也可以使用 save 或者 bgsave 命令通知 Redis 做一次快照持久化。save 操作是在主线程中保存快照的，会阻塞所有 client 请求。此外，每次快照持久化都是将内存数据完整写入到磁盘一次，所以如果数据量大的话，频繁快照持久化必然会引起大量的磁盘 IO 操作，严重影响系统性能。

另外，由于快照方式是在一定间隔时间执行一次的，所以如果 Redis 意外失效，就会丢失最后一次快照后的所有修改。如果应用要求不能丢失任何修改的话，可以采用 aof 持久化方式。

（2）Append-only file

Append-only file 方式比快照方式有更好的持久性，Redis 会将每一个收到的写命令都通过 write()函数追加到文件中。当 redis 重启时会通过重新执行文件中保存的写命令，会在内存中重建整个数据库的内容。当然由于操作系统会在内核中缓存写操作所做的修改，所以可能不是立即写到磁盘上，这样 aof 方式的持久化也还是有可能会丢失部分修改。不过可以通过配置文件告知 Redis 通过 fsync 函数强制操作系统写入到磁盘的策略。

3.2.2 列存储数据库 HBase

1. HBase 简介

HBase 是一个分布式的、面向列的开源数据库，是 Apache 的 Hadoop 项目的子项目。HBase 主要用来存储非结构化和半结构化的松散数据，是基于列而非行进行数据存储的。

HBase 建立在 HDFS 之上，仅能通过主键（row key）和主键的 range 来检索数据，仅支持单行事务，可通过 Hive 支持来实现多表 join 等复杂操作。它还可以横向扩展，增加廉价的商用服务器来提高 HBase 的计算和存储能力。

在一个 HBase 集群中一般存在 Client、HMaster、HRegionServer、Zookeeper 四种角色，如图 3.7 所示。

（1）Client

客户端包含访问 HBase 的接口，并维护 Region 的位置等缓冲信息来加快对 HBase 的访问速度。

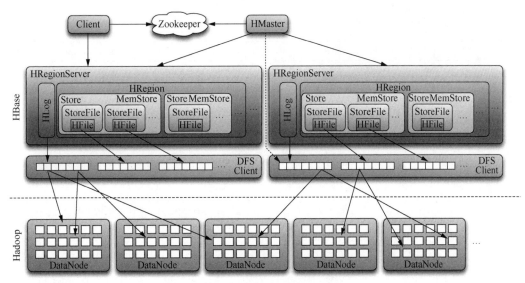

图 3.7 Hbase 部署架构

（2）HMaster

HMaster 在功能上主要负责 Table 和 Region 的管理工作，包括：①管理用户对 Table 的增、删、改、查操作；②管理 HRegionServer 的负载均衡，调整 Region 分布；③在 Region Split 后，负责新 Region 的分配；④在 HRegionServer 停机后，负责失效 HRegionServer 上的 Regions 迁移。Region 是 HBase 数据管理的基本单位。数据的 move、balance、split，都是按照 Region 来进行操作的。

HMaster 没有单点问题，HBase 中可以启动多个 HMaster，通过 Zookeeper（Zookeeper 是 HBase 集群的协调器，负责 HBase 集群的负载均衡、分布式协调/通知、Master 选举、分布式锁和分布式队列等）的 Master Election 机制保证总有一个 Master 运行。

（3）HRegionServer

HRegionServer 是 HBase 中最核心的模块，主要负责响应用户 I/O 请求，向 HDFS 文件系统中读写数据。HRegionServer 内部管理了一系列 HRegion 对象，每个 HRegion 对应了 Table 中的一个 Region，HRegion 由多个 HStore 组成。每个 HStore 对应了 Table 中的一个 Column Family 的存储，每个 Column Family 就是一个集中的存储单元。因此，为了提高存储效率，通常尽量将具备共同 IO 特性的 Column 放在一个 Column Family 中，会提高存储效率。

（4）Zookeeper

Zookeeper Quorum 中除存储了 HBase 内置表-ROOT-的地址和 HMaster 的地址外，HRegionServer 也会把自己相关信息注册到 Zookeeper 中，使得 HMaster 可以随时感知到各个 HRegionServer 的健康状态。同时也避免了 HMaster 的单点问题。

2. HBase 数据表

相较于传统的数据表，HBase 中的数据表一般有这样一些特点：

（1）大表，一个表可以有上亿行，上百万列；

（2）面向列（族）的存储和权限控制，列（族）独立检索；

（3）稀疏表结构，对于为空（null）的列，并不占用存储空间。

表的逻辑结构如图 3.8 所示，表由行和列族组成。列族可以包括多个列。每个数据单元可以通过时间戳存储多个时间的数据。

Row Key	column-family1		column-family2			column-family3	...
	column1	column2	column1	column2	column3	column1	
Key1	t1:abc t2:gdfx			t4:hello t3:world			
Key2		t2:xxzz t1:yyxx					

图 3.8 Hbase 数据表的逻辑结构

（1）行键

行键 Row Key 是用来检索记录的主键。访问 HBase Table 中的行，要么通过单个 Row Key 访问，要么通过 Row Key 的 Range，要么就是进行全表扫描。

行键（Row Key）可以是任意字符串（最大长度是 64KB，实际应用中长度一般为 10～100 bytes），在 HBase 内部，Row Key 保存为字节数组。存储时，数据按照 Row Key 的字典序（byte order）排序存储。设计 Key 时，可以充分考虑该存储特性，将经常一起读取的行存储放到一起或者相关位置上。

行的一次读写是原子操作（不论一次读写多少列）。这个设计决策能够使用户很容易地理解程序在对同一个行进行并发更新操作时的行为。

（2）列族

HBase 表中的每个列，都归属于某个列族（Column Family）。列族是表的一部分，而列不是，列簇必须在使用表之前定义，列名都以列族作为前缀。例如 courses:history，courses:math 都属于 courses 这个列族。访问控制、磁盘和内存的使用统计都是在列族层面进行的。实际应用中，列族上的控制权限能帮助我们管理不同类型的应用，允许一些应用可以添加新的基本数据、一些应用可以读取基本数据并创建继承的列族，一些应用则只允许浏览数据。

数据表在水平方向有一个或者多个列簇组成，一个列簇中可以由任意多个列组成，即列簇支持动态扩展，无需预先定义列的数量及类型。列是最基本的单位，列的数量没有限制，一个列族里可以有数百万个列，列中的数据都以二进制形式存在，没有数据类型和长度限制。

（3）时间戳

HBase 中通过行键和列确定的一个存储单元称为 cell。每个 cell 都保存着同一份数据的多个版本，版本通过时间戳（Timestamp）来索引。时间戳的类型是 64 位整型。时间戳可以由 HBase 在数据写入时自动赋值，此时时间戳是精确到毫秒的当前系统时间。时间戳也可以由客户显式赋值。如果应用程序要避免数据版本冲突，就必须自己生成具有唯一性的时间戳。每个 cell 中，不同版本的数据按照时间倒序排序，即最新的数据排在最前面。此外，各个服务器节点间的时间同步对时间戳使用非常重要，否则，会发生意想不到的错误。

3. HBase 物理存储

HBase 的数据表中的所有行都按照行健的字典序排列。在存储时，Table 在行的方向上分割为多个 HRegion。HRegion 是按大小分割的，每个表一开始只有一个 region，随着数据行的不断插入，region 也会不断增大，当增大到一个阀值时，HRegion 就会等分为两个新的 HRegion。也就是随着 Table 中的行不断增多，HRegion 会有越来越多。

HRegion 是 HBase 中分布式存储和负载均衡的最小单元，不同的 HRegion 可分布在不同的 HRegion

70

server 上，但一个 HRegion 是不会拆分到多个 Server 上的。HRegion 是分布式存储的最小单元，却不是存储的最小单元。一个 HRegion 由一个或者多个 Store 组成，每个 Store 保存一个 columns family。每个 Strore 又由一个 MemStore 和 0～多个 StoreFile 组成。StoreFile 以 HFile 格式保存在 HDFS 上。

为了应对灾难恢复，每个 Region Server 维护一个 HLog，HLog 记录数据的所有变更，一旦数据修改，就可以从 log 中进行恢复。

3.2.3　文档数据库 MongoDB

1. MongoDB 简介

MongoDB 是一个基于分布式文件存储的数据库，旨在为 Web 应用提供可扩展的高性能数据存储解决方案。MongoDB 是一个介于关系数据库和非关系数据库之间的产品。MongoDB 查询语言功能非常强大，可以实现类似关系数据库单表查询的绝大部分功能，同时支持数据索引。

对于数据查询，MongoDB 支持动态查询，支持丰富的查询表达式，查询指令使用 JSON 形式的标记，可轻易查询文档中内嵌的对象及数组。支持完全索引，可以在任意属性上建立索引，包含内部对象。MongoDB 的索引和 RDBMS 的索引基本一样，可以在指定属性、内部对象上创建索引以提高查询的速度。除此之外，MongoDB 还提供创建基于地理空间索引的能力。MongoDB 的查询优化器会分析表达式，并生成一个高效的查询计划，并且包含一个监视工具用于分析数据库操作的性能。

对于数据的存储，MongoDB 采用高效的传统存储方式，文件存储格式为 BSON（JSON 的一种扩展，是对二进制格式的 JSON 的简称。BSON 支持文档和数组的嵌套。支持二进制数据及大型对象（如图片和视频）。同时，MongoDB 采用自动分片功能，自动处理碎片，以支持云计算层次的扩展性，可动态添加额外的机器。MongoDB 对数据进行分片可以使集群存储更多的数据，也能保证存储的负载均衡。

MongoDB 提供了多种语言的接口，支持 Python、PHP、Ruby、Java、C、C#、Javascript、Perl 及 C++语言的驱动程序，社区中也提供了对 Erlang 及.NET 等平台的驱动程序。开发人员使用任何一种主流开发语言都可以轻松编程，实现访问 MongoDB 数据库。

针对 MongoDB 的特点和提供的功能，MongoDB 不适合处理传统的商业智能应用和那些要求高度事务性的系统以及复杂的跨文档（表）级联查询。

2. MongoDB 基本概念

MongoDB 是 NoSQL 数据库中最像关系数据库的一种，但其采用基于文档的存储，而是基于数据表的存储。表 3.1 给出了 MongoDB 与关系型数据库在文档、集合等概念的区别，其中 MongoDB 并不支持表间的连接操作。

表 3.1　　　　　　　　　　SQL 术语概念与 MongoDB 术语概念的比较

SQL 术语/概念	MongoDB 术语/概念	解释/说明
database	database	数据库
table	collection	数据库表/集合
row	document	数据记录行/文档
column	field	数据字段/域
index	index	索引
table joins		表连接，MongoDB 不支持
primary key	primary key	主键，MongoDB 自动将_id 字段设置为主键

传统关系数据库的数据表与 MongoDB 中集合相对应，图 3.9 给出了一个记录用户信息的关系型数据库表与 MongoDB 集合的对应关系。用户记录包括 id、用户名（user_name）、电子邮箱（email）、年龄（age）、城市（city）信息。

MongoDB的集合

关系数据库表

id	user_name	email	age	city
1	Tom	tom@163.com	34	Beijing
2	Jack	jack@isyslab.org	27	California

```
{
"_id":ObjectId{"3124bb23423412312d6"},
"age":34,
"city":Beijing
"email":tom@163.com
"user_name":Tom
}
{
"_id":Objectld{"3124bb23423412312d7"},
"age":27,
"city":California,
"email":Jack@isyslab.org,
"user_name":Jack
}
```

图 3.9　关系数据库表与 MongoDB 的集合对应关系

一个 MongoDB 实例可以包含一组数据库，一个数据库可以包含一组集合，一个集合可以包含一组文档，一个文档包含一组字段，每一个字段都是一个键值对。其中 key 必须为字符串类型，value 可以包含如下类型：

① 基本类型，例如，string、int、float、timestamp、binary 等；

② 一个文档；

③ 数组类型。

（1）文档

文档是 MongoDB 中数据的基本单位，类似于关系数据库中的行（但是比行复杂）。必须提醒注意的是，MongoDB 中"文档"的概念并不是我们操作系统中的"文件"，而是由多个键及其关联的值有序地放在一起构成的一个文档。不同的编程语言对文档的表示方法不同，在 JavaScript 中文档表示为：

```
{"name":"Alex"}
```

这个文档只有一个键"name"，对应的值为"Alex"。多数情况下，文档比这个更复杂，它包含多个键/值对。例如：

```
{"name":"alex", "age": 3}
```

文档中的键/值对是有序的，下面的文档与上面的文档是完全不同的两个文档。

```
{"age": 3 , "name":"alex"}
```

文档中的值不仅可以是双引号中的字符串，也可以是其他的数据类型，例如，整型、布尔型等，也可以是另外一个文档，即文档可以嵌套，文档中的键类型只能是字符串。

（2）集合

集合是一组文档，类似于关系数据库中的表。集合是无模式的，集合中的文档可以是各式各样的。例如，{"Alex":"name"}和{"age": 21}，它们的键不同，值的类型也不同，但是它们可以存放在同一个集合中，也就是不同模式的文档都可以放在同一个集合中。

虽然 MongoDB 可以在一个集合中存放各种信息，但是多个集合可以有效对数据进行分类管理，提高集合操作效率。在实际应用中，往往将文档分类存放在不同的集合中，例如，对于网站的日志记录，可根据日志的 ERROR、WARN、INFO、DEBUG 级别分别存储到不同的集合中，既方便管理，又提高了查询性能。

也可以按照命名空间将集合划分为子集合。例如，一个博客系统可能包括 blog.user 和 blog.article 两个子集合，但 blog 集合和 blog.user、blog.article 集合没有任何关系，却可使子集合数据组织结构清晰，这也是 MongoDB 推荐的集合组织方法。

（3）数据库

MongoDB 中多个文档组成集合，多个集合组成数据库。一个 MongoDB 实例可以承载多个数据库，它们之间可以看作是相互独立的，每个数据库都有独立的权限控制。在磁盘上，不同的数据库存放在不同的文件中。

3.2.4　图数据库 Neo4j

1．Neo4j 与知识图谱

知识图谱是结构化的语义知识库，用于以符号形式描述物理世界中的概念及其相互关系，其基本组成单位是"实体-关系-实体"三元组，以及实体及其相关"属性-值"对，实体之间通过关系相互连接，构成网状的知识结构。

在知识图谱的数据层，知识以事实（Fact）为单位存储在图数据库。如果以"实体-关系-实体"或者"实体-属性-值"三元组作为事实的基本表达方式，则存储在图数据库中的所有数据将构成庞大的实体关系网络，形成知识的图谱。

Neo4j 是一个将结构化数据存储在图（网络）而不是表中的 NoSQL 图数据库，它可以被看作是一个嵌入式的、基于磁盘的、具备完全事务特性的高性能 Java 持久化图引擎，该引擎具有成熟数据库的所有特性。

在传统的关系数据库中构建图和网络，会涉及频繁的表查询和表连接，对于大规模数据处理会产生性能问题。而 Neo4j 重点解决了传统 RDBMS 在存在大量连接的查询时的性能衰退问题。围绕图进行数据建模后，Neo4j 会以相同的速度遍历节点与边，其遍历速度与构成图的数据规模没有关系。此外，Neo4j 还提供了非常快的图算法、推荐系统和 OLAP 风格的分析等。

遍历是图数据库数据检索的一个基本操作，也是图模型中所特有的操作。遍历的重要概念是其本身的局域化，遍历查询数据时仅使用必需的数据，而不是像关系数据库中使用 join 操作那样对所有的数据集实施代价昂贵的分组操作。

Neo4j 在开始添加数据之前，不需要定义表和关系，一个节点可以具有任何属性，任何节点都可以与其他任何节点建立关系。Neo4j 数据库中的数据模型隐含在它存储的数据中，而不是明确地将数据模型定义为数据库本身的一个部分，它是对存入数据的一个描述，而不是数据库的一系列方法来限制将要存储的内容。

由于 Neo4j 的数据建模是描述性的，而不是规定性的，因此可以很容易对数据库将要存储的数据进行一致性的描述，这样就可以以期望的方式架构查询，并以相似的方式来描述相似的实体。

Neo4j 本身是用 Java 语言实现的，它也提供了 Java API 帮助用户来实现相关的数据库操作。同时 Neo4j 提供 Cypher 声明式图谱查询语言，用来可视化查询展示图谱里面的节点和关系。Cypher 围绕图谱查询提供了可读性好和容易使用，功能强大的众多优点，并且是跨平台的，包括 Java、Shell 等其他所有平台。

Neo4j 出现的时间虽然比较短，但已经在具有 1 亿多个节点、关系和属性的产品中得到了应用，已经在企业级高请求的 7×24h 环境下经受考验，可以满足企业的健壮性和性能的需求。此外，Neo4j 提供了大规模可扩展性，完全支持 JTA 和 JTS、2PC 分布式 ACID 事物、可配置的隔离级别和大规模、可测试的事务恢复，在一台机器上可以处理数十亿节点/关系/属性的图，并且可以扩展到多台机器并行运行。

2．Neo4j 的核心概念

（1）Nodes（节点）

图谱的基本单位主要是节点和关系，它们都可以包含属性；一个节点就是一行数据，一个关系也是一行数据，里面的属性就是数据库里面的 row 里面的字段。除了属性之外，关系和节点还可以有零到多个标签，标签也可以认为是一个特殊分组方式。

（2）Relationships（关系）

关系的功能是组织和连接节点，一个关系连接两个节点，一个开始节点和一个结束节点。当所有的点被连接起来，就形成了一张图谱，通过关系可以组织节点形成任意的结构，比如 list、tree、map、tuple，或者更复杂的结构。关系拥有进和出两个方向，代表一种指向。

（3）Properties（属性）

属性非常类似数据库里面的字段，只有节点和关系可以拥有 0 到多个属性，属性类型基本和 Java 的数据类型一致，分为数值、字符串、布尔，以及其他的一些类型，字段名必须是字符串。

（4）Labels（标签）

可以通过标签给节点加上一种类型，一个节点可以有多个类型，通过类型区分一类节点，这样在查询时候可以更加方便和高效，除此之外标签在给属性建立索引或者约束时也会用到。Label 名称必须是非空的 unicode 字符串，其最大标记容量为 2^{31}。

（5）Traversal（遍历）

查询时候通常是遍历图谱然后找到路径，在遍历时通常会有一个开始节点，然后根据 Cypher 提供的查询语句，遍历相关路径上的节点和关系，从而得到最终的结果。

（6）Paths（路径）

路径是一个或多个节点通过关系连接起来的产物，例如，得到图谱查询或者遍历的结果。

（7）Indexes（索引）

遍历图需要大量的随机读写，可通过在字段属性上构建索引，避免随机读写全图扫描，提高访问效率。构建索引是一个异步请求，在后台创建成功后，才能生效。

（8）Constraints（约束）

约束可以定义在某个字段上，限制字段值唯一，创建约束会自动创建索引。

3.3 Hadoop 的安装与配置

基于 Hadoop 进行开发时，Hadoop 存在着三种部署方式，分别对应着单机、伪分布式、完全分布式等三种运行模式。

首先对 Hadoop 的组件，均利用 XML 文件进行配置。core-site.xml 文件用于通用属性配置，hdfs-site.xml 文件用于 HDFS 的属性配置，mapred-site.xml 文件用于 MapReduce 的属性配置，yarn-site.xml 用于 YARN 的属性配置。这些文件都存储在 Hadoop 安装目录下的 etc/hadoop 目录中。以上四个配置文件系统都有默认设置，分别保存在 share/doc 子目录下的四个 XML 文件中，如core-defalut.xml 等。下面简单介绍下 Hadoop 的三种运行模式。

1. 单机模式

单机模式是 Hadoop 的默认模式，不对配置文件进行修改，使用本地文件系统，而不是分布式文件系统。Hadoop 不会启动 NameNode、DataNode 等守护进程，Map 和 Reduce 任务作为同一个进程的不同部分来执行，所有的程序都运行在单个 JVM 上。这种模式一般用于对 MapReduce 程序的逻辑进行调试，确保程序的正确。

2. 伪分布式模式

在这种模式下，Hadoop 守护进程运行在本地机器上，模拟一个小规模的集群，在一台主机上模拟多主机。Hadoop 启动 NameNode、DataNode 这些守护进程都在同一台机器上运行，是相互独立的Java 进程。在这种模式下，Hadoop 使用的是分布式文件系统，各个作业也是独立管理，类似于完全分布式模式，常用来测试开发的 Hadoop 程序执行是否正确。

3. 完全分布式模式

在这种模式下，Hadoop 的守护进程运行在由多台主机搭建的集群上，是生产环境必需的配置模式。在所有的主机上都安装 JDK 和 Hadoop，并组成相互连通的网络，主机间设置 SSH 免密码登录。

分布式要启动守护进程，是指使用分布式 Hadoop 时，要先启动一些准备程序进程，然后才能使用脚本程序，如 start-dfs.sh、start-yarn.sh 等，而本地模式不需要启动这些守护进程。

表 3.2 简单的列举了 Hadoop 三种运行模式下四个组件配置的区别。

表 3.2 　　　　　　　　　　　　　Hadoop 三种运行模式下的配置文件对比

组件名称	配置文件	属性名称	单机模式	伪分布式模式	完全分布式模式
Common	core-site.xm	fs.defaultFs	file:///（默认）	hdfs://localhost/	hdfs://nanmenode
HDFS	hdfs-site.xml	dfs.replication	N/A	1	3（默认）
MapReduce	mapred-site.xml	mapreduce.framework.name	local（默认）	YARN	YARN
YARN	yarn-site.xml	yarn.resoucemanager.hostname yarn.nodemanager.auxservice	N/A N/A	localhost mapreduce_shuffle	resoucemanager mapreduce_shuffle

3.3.1　Hadoop 的配置部署

在安装配置 Hadoop 之前请按照 2.4 节中的介绍，准备好 Linux 集群。要确保集群的主机上都安装了 JDK1.8 环境，并且实现了网络互连，且配置了 SSH 免密钥登录，具有只使用主机名就能相互登录的能力。也可以从本书提供的网络资源下载虚拟机相关软件。

每个节点上的 Hadoop 配置基本相同，可以在一个 HadoopMaster 节点进行配置操作，然后完全复制到另一个节点。从 Hadoop 官网下载 Hadoop 安装包，复制到 Hadoop Master 节点，本次实验使用的版本为 Hadoop-2.7.3，安装在 hadoop 用户的家目录/home/hadoop 下，并假设当前用户为 hadoop，请按照 2.4 节创建 hadoop 用户，并用 su haoop 命令从 root 切换到 hadoop 用户。伪分布式安装与配置步骤如下。

（1）Hadoop 安装包解压，命令步骤如下：

```
[hadoop@master ~]$tar -xzvf  ~/hadoop-2.7.3.tar.gz
```

（2）修改 hadoop-env.sh 和 yarn-env.sh 文件，设置正确的 Java JDK 安装路径。

假设 Java JDK 安装目录在/usr/java/jdk1.8.0_161，用文本编辑器打开对应配置文件，修改与 JAVA_HOME 相关的两行。具体步骤如下。

① 配置环境变量文件 hadoop-env.sh。

使用 Vim 命令打开配置文件 hadoop-env.sh：

```
[hadoop@master ~]$ vim /home/hadoop/hadoop-2.7.3/etc/hadoop/hadoop-env.sh
```

在文件靠前的部分找到下面的一行代码：

```
export JAVA_HOME=${JAVA_HOME}
```

将这行代码修改为下面的代码：

```
export JAVA_HOME=/usr/java/jdk1.8.0_161    #JDK 安装目录
```

然后保存文件。

② 配置环境文件 yarn-env.sh。

环境变量文件中，只需要配置 JDK 的路径。同①一样，使用 Vim 命令打开 yarn-env.sh 文件：

```
[hadoop@master ~]$ vim /home/hadoop/hadoop-2.7.3/etc/hadoop/yarn-env.sh
```

在文件靠前的部分找到下面的一行代码：

```
# export JAVA_HOME=/home/y/libexec/jdk1.6.0/
```

将这行代码修改为下面的代码（将#号去掉，并修改为相应的 JDK 安装文件夹）：

```
export JAVA_HOME=/usr/java/jdk1.8.0_161/
```

然后保存文件，如图 3.10 所示。

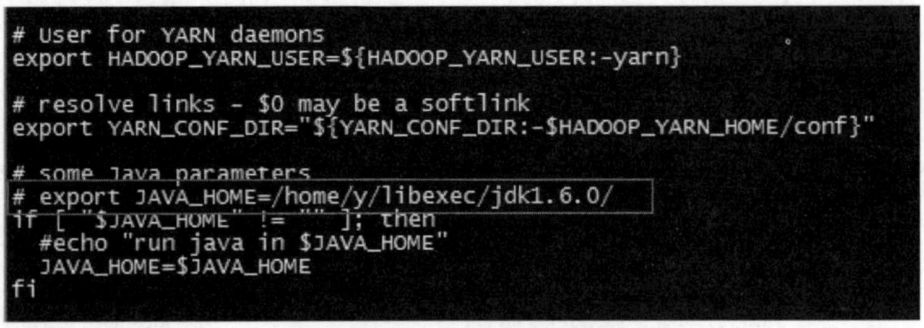

图 3.10　环境变量配置图

（3）配置核心组件 core-site.xml。

文件 core-site.xml 用来配置 Hadoop 集群的通用属性，包括指定 namenode 的地址、指定使用 Hadoop 时临时文件的存放路径、指定检查点备份日志的最长时间等。

使用 Vim 命令打开文件：

```
[hadoop@master ~]$vim  ~/hadoop-2.7.3/etc/hadoop/core-site.xml
```

用下面的代码替换 core-site.xml 中的内容：

```
1. <?xml version="1.0" encoding="UTF-8"?>
2. <?xml-stylesheet type="text/xsl" href="configuration.xsl"?>
```

```
3. <!-- Put site-specific property overrides in this file. -->
4. <configuration>
5.        <!--指定 namenode 的地址-->
6.        <property>
7.              <name>fs.defaultFS</name>
8.              <value>hdfs://master:9000</value>
9.        </property>
10.        <!--用来指定使用 hadoop 时产生文件的存放目录-->
11.        <property>
12.                <name>hadoop.tmp.dir</name>
13.                <value>/home/hadoop/hadoopdata</value>
14.        </property>
15. </configuration>
```

其中，第 6～9 行，配置 fs.defaultFS 的属性为 hdfs://master:9000，master 是主机名；第 11～14 行指定 hadoop 的临时文件夹为/home/hadoop/hadoopdata，此文件夹用户可以自己指定。

（4）配置文件系统 hdfs-site.xml。

文件 hdfs-site.xml 用来配置分布式文件系统 HDFS 的属性，包括指定 HDFS 保存数据的副本数量，指定 HDFS 中 NameNode 的存储位置，指定 HDFS 中 DataNode 的存储位置等。

使用 Vim 命令打开 hdfs-site.xml 文件：

```
[hadoop@master ~]$ vim /home/hadoop/hadoop-2.7.3/etc/hadoop/hdfs-site.xml
```

用下面的代码替换 hdfs-site.xml 中的内容：

```
1. <?xml version="1.0" encoding="UTF-8"?>
2. <?xml-stylesheet type="text/xsl" href="configuration.xsl"?>
3. <!-- Put site-specific property overrides in this file. -->
4. <configuration>
5.    <!--指定 hdfs 保存数据的副本数量-->
6.    <property>
7.          <name>dfs.replication</name>
8.          <value>1</value>
9.    </property>
10. </configuration>
```

其中，第 7～8 行，指定 HDFS 文件块的副本数 1。一般情况下，数据块副本一般为 3 以上，此处考虑是学习环境，指定文件的副本数为 1。

（5）配置文件系统 yarn-site.xml。

YARN 是 MapReduce 的调度框架（详见 4.4.2 节）。文件 yarn-site.xml 用于配置 YARN 的属性，包括指定 namenodeManager 获取数据的方式，指定 resourceManager 的地址，配置 YARN 打印工作日志等。

使用 Vim 命令打开 yarn-site.xml 文件：

```
[hadoop@master ~]$ vim /home/hadoop/hadoop-2.7.3/etc/hadoop/yarn-site.xml
```

用下面的代码替换 yarn-site.xml 中的内容：

```
1. <?xml version="1.0"?>
2. <configuration>
3.    <!--nomenodeManager 获取数据的方式是 shuffle-->
4.    <property>
5.        <name>yarn.nodemanager.aux-services</name>
6.        <value>mapreduce_shuffle</value>
7.    </property>
8.    <!--指定 Yarn 中 ResourceManager 的地址-->
```

```
9.    <property>
10.         <name>yarn.resourcemanager.address</name>
11.         <value>master:18040</value>
12.    </property>
13.    <property>
14.          <name>yarn.resourcemanager.scheduler.address</name>
15.          <value>master:18030</value>
16.    </property>
17.    <property>
18.         <name>yarn.resourcemanager.resource-tracker.address</name>
19.         <value>master:18025</value>
20.    </property>
21.    <property>
22.          <name>yarn.resourcemanager.admin.address</name>
23.          <value>master:18141</value>
24.    </property>
25.    <property>
26.          <name>yarn.resourcemanager.webapp.address</name>
27.          <value>master:18088</value>
28.    </property>
29. </configuration>
```

第 10~11 行配置 ResourceManager 对客户端暴露的地址；客户端通过该地址向 RM 提交应用程序，杀死应用程序等。

第 14~15 行配置 ResourceManager 对 ApplicationMaster 暴露的访问地址；ApplicationMaster 通过该地址向 RM 申请资源、释放资源等。

第 18~19 行配置 ResourceManager 对 NodeManager 暴露的地址。NodeManager 通过该地址向 RM 汇报心跳，领取任务等。

第 22~23 行 ResourceManager 对管理员暴露的访问地址；管理员通过该地址向 RM 发送管理命令等。

第 26~27 行 ResourceManager 对外 web 访问地址；用户可通过该地址在浏览器中查看集群各类信息。

（6）配置计算框架 mapred-site.xml。

文件 mapred-site.xml 主要是配置 MapReduce 的属性，主要是 Hadoop 系统提交的 Map/Reduce 程序运行在 YARN 上。

使用 cp 命令复制 mapred-site-template.xml 文件为 mapred-site.xml：

```
[hadoop@master ~]$ cp  ~/hadoop-2.7.3/etc/hadoop/mapred-site.xml.template
     ~/hadoop-2.7.3/etc/hadoop/mapred-site.xml
```

使用 Vim 命令打开 mapred-site.xml 文件：

```
[hadoop@master ~]$ vim /home/hadoop/hadoop-2.7.3/etc/hadoop/mapred-site.xml
```

用下面的代码替换 mapred-site.xml 中的内容。

```
1. <?xml version="1.0"?>
2. <?xml-stylesheet type="text/xsl" href="configuration.xsl"?>
3. <configuration>
4.     <!—指定 MR(Map/Reduce)运行在 YARN 上-->
5.    <property>
6.        <name>mapreduce.framework.name</name>
7.        <value>yarn</value>
```

```
8.    </property>
9. </configuration>
```

其中，第 6～7 行为 MapReduce 指定任务调度框架为 YARN。

（7）在 master 节点配置 slaves 文件。

使用 Vim 命令打开 slaves 文件：

```
[hadoop@master ~]$ vim /home/hadoop/hadoop-2.7.3/etc/hadoop/slaves
```

用下面代码替换 slaves 中的内容：

```
slave1
slave2
```

（8）使用下面的命令将 hadoop 文件复制到其他节点，本实验中为 slave1 和 slave2，命令如下：

```
[hadoop@master ~]$ scp -r hadoop-2.7.3 hadoop@slave1:/home/hadoop/
[hadoop@master ~]$ scp -r hadoop-2.7.3 hadoop@slave2:/home/hadoop/
```

（9）配置 Hadoop 启动的系统环境变量，需要同时在三个节点（master、slave1、slave2）上进行操作，操作命令如下：

```
[hadoop@master ~]$ vim ~/.bash_profile
```

将下面的代码追加到.bash_profile 末尾：

```
#HADOOP
export HADOOP_HOME=/home/hadoop/hadoop-2.7.3
export PATH=$HADOOP_HOME/bin:$HADOOP_HOME/sbin:$PATH
```

然后执行命令：

```
[hadoop@master ~]$ source ~/.bash_profile
```

（10）创建数据目录，需要同时在三个节点（master、slave1、slave2）上进行操作。

在 hadoop 的用户主目录下，创建名为 hadoopdata 的数据目录，命令如下：

```
[hadoop@master ~]$ mkdir /home/hadoop/hadoopdata
```

至此，Hadoop 配置与部署完毕。

3.3.2　启动 Hadoop 集群

（1）格式化文件系统。

格式化命令如下，该操作需要在 master 节点上执行如下命令：

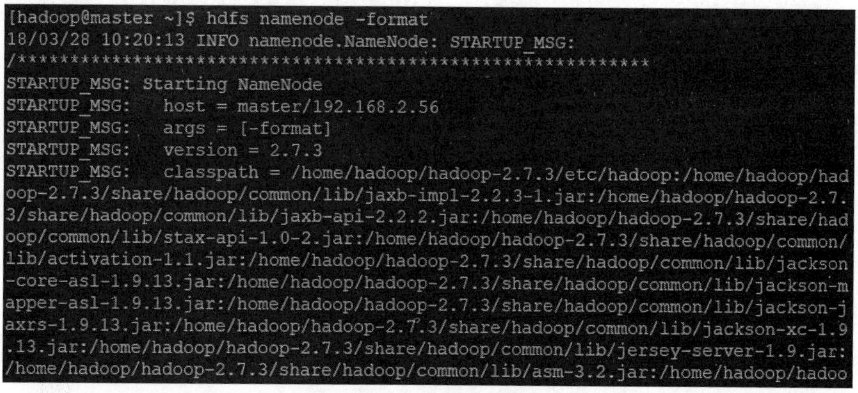

```
[hadoop@master ~]$hdfs namenode -format
```

执行结果如图 3.11 所示。

图 3.11　文件系统格式化

（2）启动 Hadoop 集群，切换到/home/hadoop/hadoop-2.7.3/目录下：

```
[hadoop@master hadoop-2.7.3]$ sbin/start-all.sh
```

（3）查看进程是否启动。

在 master 的终端执行 jps 命令，在打印结果中会看到四个进程，分别是 ResourceManager、SecondaryNameNode、Jps、NameNode，如图 3.12 所示。如果出现了这四个进程表示主节点进程成功启动。

```
[hadoop@master hadoop-2.7.3]$ jps
12408 ResourceManager
12168 SecondaryNameNode
28505 Jps
11851 NameNode
```

图 3.12　master 进程查看结果图

在 slave1 和 slave2 的终端执行 jps 命令，在打印结果中会看到三个进程，分别是 Jps、NodeManager、DataNode，如图 3.13 所示。如果出现了这三个进程表示从节点进程启动成功。

```
[hadoop@slave1 ~]$ jps
34803 Jps
22054 NodeManager
21850 DataNode
```

图 3.13　slave 进程查看结果图

查看集群信息，如图 3.14 所示。

```
[hadoop@master hadoop-2.7.3]$ bin/hadoop dfsadmin -report
```

```
[hadoop@master hadoop-2.7.3]$ bin/Hadoop dfsadmin -report
-bash: bin/Hadoop: No such file or directory
[hadoop@master hadoop-2.7.3]$ bin/hadoop dfsadmin -report
DEPRECATED: Use of this script to execute hdfs command is deprecated.
Instead use the hdfs command for it.

SLF4J: Class path contains multiple SLF4J bindings.
SLF4J: Found binding in [jar:file:/home/hadoop/hadoop-2.7.3/share/hadoop/common/
lib/slf4j-log4j12-1.7.10.jar!/org/slf4j/impl/StaticLoggerBinder.class]
SLF4J: Found binding in [jar:file:/home/hadoop/hbase-1.2.6/lib/slf4j-log4j12-1.7
.5.jar!/org/slf4j/impl/StaticLoggerBinder.class]
SLF4J: See http://www.slf4j.org/codes.html#multiple_bindings for an explanation.
SLF4J: Actual binding is of type [org.slf4j.impl.Log4jLoggerFactory]
Configured Capacity: 69358653440 (64.60 GB)
Present Capacity: 41434562560 (38.59 GB)
DFS Remaining: 41434152960 (38.59 GB)
DFS Used: 409600 (400 KB)
DFS Used%: 0.00%
Under replicated blocks: 0
Blocks with corrupt replicas: 0
Missing blocks: 0
Missing blocks (with replication factor 1): 0
```

图 3.14　集群信息报告图

（4）Web UI 查看集群是否成功启动。

在 master 上启动 Firefox 浏览器，在浏览器地址栏中输入 http://master:50070/，检查 namenode 和 datanode 是否正常。UI 页面如图 3.15 所示。

图 3.15　Web UI 集群信息图

在 Hadoop master 上启动 Firefox 浏览器，在浏览器地址栏中输入 http://master:18088/，检查 YARN 是否正常，页面如图 3.16 所示。

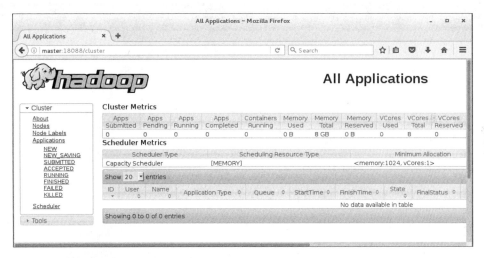

图 3.16　Yarn Web 信息图

（5）运行 PI 实例检查集群是否成功。

在数学领域，计算圆周率 π 的方法有很多，在 Hadoop 自带的 examples 中就存在着一种利用分布式系统计算圆周率的方法，采用的是 Quasi-Monte Carlo 算法来对 π 的值进行估算。下面通过运行程序来检验 Hadoop 集群是否安装配置成功。

进入 Hadoop 安装主目录，执行下面的命令：

```
[hadoop@master ~]$ hadoop jar ~/hadoop-2.7.3/share/hadoop/mapreduce/hadoop-mapreduce-
examples-2.7.3.jar pi 100 100000000
```

Hadoop 的命令类似 Java 命令，通过 jar 指定要运行的程序所在的 jar 包 hadoop-mapreduce-examples-2.7.3.jar。参数 pi 表示需要计算的圆周率 π。再看后面的两个参数，第一个 100 指的是要运行 100 次

map 任务，第二个参数指的是每个 map 的任务次数，即每个节点要模拟飞镖 100000000 次。执行结果如图 3.17 所示。

```
[hadoop@master ~]$ hadoop jar ~/hadoop-2.7.3/share/hadoop/mapreduce/hadoop-mapre
duce-examples-2.7.3.jar pi 100 100000000
Number of Maps  = 100
Samples per Map = 100000000
SLF4J: Class path contains multiple SLF4J bindings.
SLF4J: Found binding in [jar:file:/home/hadoop/hadoop-2.7.3/share/hadoop/common/
lib/slf4j-log4j12-1.7.10.jar!/org/slf4j/impl/StaticLoggerBinder.class]
SLF4J: Found binding in [jar:file:/home/hadoop/hbase-1.2.6/lib/slf4j-log4j12-1.7
.5.jar!/org/slf4j/impl/StaticLoggerBinder.class]
SLF4J: See http://www.slf4j.org/codes.html#multiple_bindings for an explanation.
SLF4J: Actual binding is of type [org.slf4j.impl.Log4jLoggerFactory]
Wrote input for Map #0
Wrote input for Map #1
Wrote input for Map #2
Wrote input for Map #3
Wrote input for Map #4
```

图 3.17　PI 运行过程图

最后输出结果如图 3.18 所示。

```
Job Finished in 66.622 seconds
Estimated value of Pi is 3.14159264920000000000
```

图 3.18　PI 运行结果图

如果以上的验证步骤都没有问题，说明集群正常启动。

3.4　HDFS 文件管理

HDFS 提供多种 HDFS 客户端访问方式，用户可以根据情况选择不同的方式。下面介绍常用的通过命令行和 Java API 两种方式访问 HDFS 的方法。

3.4.1　命令行访问 HDFS

命令行是最简单、最直接操作文件的方式。这里介绍通过诸如读取文件、新建目录、移动文件、删除数据、列出目录等命令来进一步认识 HDFS。也可以输入 hadoop fs –help 命令获取每个命令的详细帮助。若熟悉 Linux 命令，Hadoop 命令看起来非常直观且易于使用。

注意：Hadoop 的如下命令是操作存储 HDFS 文件系统，以及 HDFS 文件与其他文件系统的数据传输的，不是操作 Linux 本地文件系统。

1. 对文件和目录的操作

通过命令行对 HDFS 文件和目录的操作主要包括：创建、浏览、删除文件和目录，以及从本地文件系统与 HDFS 文件系统互相拷贝等。常用命令格式如下。

```
hadoop fs -ls <path>      #列出文件或目录内容
hadoop fs -lsr <path>     #递归列出目录内容
hadoop fs -df <path>      #查看目录的使用情况
```

```
hadoop fs -du <path>                  #显示目录中所有文件及目录大小
hadoop fs -touchz <path>              #创建一个路径为<path>的 0 字节的 HDFS 空文件
hadoop fs -mkdir <path>               #在 HDFS 上创建路径为<path>的目录
hadoop fs -rm [-skipTrash] <path>     #将 HDFS 上路径为<path>的文件移动到回收站,加上-skipTrash,
```
则直接删除
```
hadoop fs -rmr [-skipTrash] <path>    #将 HDFS 上路径为<path>的目录以及目录下的文件移动到回收站。
```
如果加上-skipTrash,则直接删除。
```
hadoop fs -moveFromLocal <localsrc>...<dst>   #将<localsrc>本地文件移动到 HDFS 的<dst>目录下
hadoop fs -moveToLocal[-crc]<src><localdst>   #将 HDFS 上路径为<src>的文件移动到本地<localdst>
```
路径下
```
hadoop fs -put <localsrc>...<dst>     #从本地文件系统中复制单个或者多个源路径到目标文件系统。
hadoop fs -cat <src>                  #浏览 HDFS 路径为<src>的文件的内容
```

2. 修改权限或用户组

HDFS 提供了一些命令可以用来修改文件的权限、所属用户以及所属组别,具体格式如下:

（1）`hadoop fs -chmod [-R] <MODE [,MODE]... |OCTALMODE> PATH...` #改变 HDFS 上路径为 PATH 的文件的权限,-R 选项表示递归执行该操作。

例如: `hadoop fs -chmod -R +r /user/test`,表示将/user/test 目录下的所有文件赋予读的权限

（2）`hadoop fs -chown [-R][OWNER][:[GROUP]]PATH...` #改变 HDFS 上路径为 PATH 的文件的所属用户,-R 选项表示递归执行该操作。

例如: `hadoop fs -chown -R hadoop:hadoop /user/test`,表示将/user/test 目录下所有文件的所属用户和所属组别改为 hadoop

（3）`hadoop fs -chgrp [-R] GROUP PATH...` #改变 HDFS 上路径为 PATH 的文件的所属组别,-R 选项表示递归执行该操作

例如:`hadoop fs -chown -R hadoop /user/test`,表示将/user/test 目录下所有文件的所属组别改为 hadoop

3. 其他命令

HDFS 除了提供上述两类操作之外,还提供许多实用性较强的操作,如显示指定路径上的内容,上传本地文件到 HDFS 指定文件夹,以及从 HDFS 上下载文件到本地等命令。

（1）`hadoop fs -tail [-f]<file>` #显示 HDFS 上路径为<file>的文件的最后 1KB 的字节,-f 选项会使显示的内容随着文件内容更新而更新。

例如: `hadoop fs -tail -f /user/test.txt`

（2）`hadoop fs -stat[format]<path>` #显示 HDFS 上路径为<path>的文件或目录的统计信息。格式为: %b 文件大小　%n 文件名　%r 复制因子　%y,%Y 修改日期

例如: `hadoop fs -stat %b %n %o %r /user/test`

（3）`hadoop fs -put <localsrc>... <dst>` #将<localsrc>本地文件上传到 HDFS 的<dst>目录下

例如: `hadoop fs -put /home/hadoop/test.txt /user/hadoop`

（4）`hadoop fs -count[-q] <path>` #显示<path>下的目录数及文件数,输出格式为"目录数 文件数 大小 文件名",加上-q 可以查看文件索引的情况

例如: `hadoop fs -count /`

（5）`hadoop fs -get [-ignoreCrc][-crc]<src><localdst>` #将 HDFS 上<src>的文件下载到本地的<localdst>目录,可用-ignorecrc 选项复制 CRC 校验失败的文件,使用-crc 选项复制文件以及 CRC 信息

例如: `hadoop fs -get /user/hadoop/a.txt /home/hadoop`

（6）`hadoop fs -getmerge <src><localdst>[addnl]` #将 HDFS 上<src>目录下的所有文件按文件名排序并合并成一个文件输出到本地的<localdst>目录,addnl 是可选的,用于指定在每个文件结尾添加一个换行符

例如: `hadoop fs -getmerge /user/test /home/hadoop/o`

（7）hadoop fs -test -[ezd]<path>　#检查 HDFS 上路径为<path>的文件。-e 检查文件是否存在，如果存在则返回 0。-z 检查文件是否是 0 字节，如果是则返回 0。-d 检查路径是否是目录，如果路径是个目录，则返回 1，否则返回 0。

例如：hadoop fs -test -e /user/test.txt

3.4.2　使用 Java API 访问 HDFS

HDFS 提供的 Java API 是本地访问 HDFS 最重要的方式，所有的文件访问方式都建立在这些应用接口之上。FileSystem 类是与 Hadoop 的文件系统进行交互的 API，也是使用最为频繁的 API。

1. 使用 Hadoop URL 读取数据

要从 Hadoop 文件系统读取数据，最简单的方法是使用 java.net.URL 对象打开数据流，从中读取数据。代码如下：

```
1.  inputStream in=null;
2.  try {
3.     in= new URL("hdfs://host/path").openStream();
4.  }finally{
5.    IOUtils.closeStream(in);
6.  }
```

让 Java 程序能够识别 Hadoop 的 HDFS URL 方案还需要一些额外的工作，这里采用的方法是通过 org.apache.hadoop.fs.FsUrlStreamHandlerFactor 实例调用 java.net.URL 对象的 setURLStreamHandlerFactory 实例方法。每个 Java 虚拟机只能调用一次这个方法，因此通常在静态方法中调用。下述范例展示的程序以标准输出方式显示 Hadoop 文件系统中的文件，类似于 UNIX 中的 cat 命令。

```
1.  package bigdata.ch03.hdfsclient;
2.  import java.io.IOException;
3.  import java.io.InputStream;
4.  import java.net.MalformedURLException;
5.  import java.net.URL;
6.  import org.apache.hadoop.fs.FsUrlStreamHandlerFactory;
7.  import org.apache.hadoop.io.IOUtils;
8.  public class URLcat{
9.    static{
10.       URL.setURLStreamHandlerFactory(new FsUrlStreamHandlerFactory());
11.   }
12.   public static void main(String[] args) throws
    MalformedURLException,IOException{
13.       InputStream in =null;
14.       try{
15.           in = new URL(args[0]).openStream();
16.           IOUtils.copyBytes(in,System.out,4096,false);
17.       }finally{
18.           IOUtils.closeStream(in);
19.       }
20.  }
21. }
```

编译代码，导出为 URLcat.jar 文件，执行命令：

```
hadoop jar URLcat.jar hdfs://master:9000/user/hadoop/test
```

执行完成后，屏幕上输出 HDFS 文件/user/hadoop/test 中的内容。该程序是从 HDFS 读取文件的最简单的方式，即用 java.net.URL 对象打开数据流。其中，第 8～10 行静态代码块的作用是设置 URL

类能够识别 hadoop 的 HDFS url。第 16 行 IOUtils 是 hadoop 中定义的类，调用其静态方法 copyBytes 实现从 HDFS 文件系统拷贝文件到标准输出流。4096 表示用来拷贝的缓冲区大小，false 表明拷贝完成后并不关闭拷贝源。

2. 通过 FileSystem API 读取数据

在实际开发中，访问 HDFS 最常用的类是 FileSystem 类。Hadoop 文件系统中通过 Hadoop Path 对象来定位文件。可以将路径视为一个 Hadoop 文件系统 URI，如 hdfs://localhost/user/tom/test.txt。FileSystem 是一个通用的文件系统 API，获取 FileSystem 实例有下面几个静态方法：

```
public static FileSystem get(Configuration conf) throws IOException
public static FileSystem get(URI uri,Configuration conf) throws IOException
public static FileSystem get(URI uri,Configuration conf,String user) throw IOException
```

第一个方法返回的是默认文件系统；第二个方法通过给定的 URI 方案和权限来确定要使用的文件系统，如果给定 URI 中没有指定方案，则返回默认文件系统；第三个方法作为给定用户来访问文件系统，对安全来说是至关重要。下面分别给出几个常用操作的代码示例。

（1）读取文件

代码示例如下：

```
1.  package bigdata.ch03.hdfsclient;
2.  import java.io.IOException;
3.  import java.io.InputStream;
4.  import java.net.URI;
5.  import org.apache.hadoop.conf.Configuration;
6.  import org.apache.hadoop.fs.FileSystem;
7.  import org.apache.hadoop.fs.Path;
8.  import org.apache.hadoop.io.IOUtils;
9.  public class FileSystemCat{
10. public static void main(String[] args) throws IOException{
11.   String uri="hdfs://master:9000/user/hadoop/test";
12.   Configuration conf=new Configuration();
13.   FileSystem fs=FileSystem.get(URI.create(uri),conf);
14.   InputStream in=null;
15.   try{
16.       in = fs.open(new Path(uri));
17.       IOUtils.copyBytes(in,System.out,4096,false);
18.       }finally{
19.           IOUtils.closeStream(in);
20.       }
21. }
22. }
```

上述代码直接使用 FileSystem 以标准输出格式显示 Hadoop 文件系统中的文件。

第 12 行产生一个 Configruation 类的实例，代表了 Hadoop 平台的配置信息，并在第 13 行作为引用传递到 FileSystem 的静态方法 get 中，产生 FileSystem 对象。

第 17 行与上例类似，调用 Hadoop 中 IOUtils 类，并在 finally 字句中关闭数据流，同时也可以在输入流和输出流之间复制数据。copyBytes 方法的最后两个参数，第一个设置用于复制的缓冲区大小，第二个设置复制结束后是否关闭数据流。

（2）写入文件

代码示例如下：

```
1.  package bigdata.ch03.hdfsclient;
2.  import java.io.BufferedInputStream;
3.  import java.io.FileInputStream;
4.  import java.io.IOException;
5.  import java.io.InputStream;
6.  import java.io.OutputStream;
7.  import java.net.URI;
8.  import org.apache.hadoop.conf.Configuration;
9.  import org.apache.hadoop.fs.FileSystem;
10. import org.apache.hadoop.fs.Path;
11. import org.apache.hadoop.io.IOUtils;
12. public class FileCopyFromLocal{
13.   public static void main(String[] args) throws IOException {
14.       String source="/home/hadoop/test";
15.       String destination = "hdfs://master:9000/user/hadoop/test2";
16.       InputStream in = new BufferedInputStream(new FileInputStream(source));
17.       Configuration conf = new Configuration();
18.       FileSystem fs = FileSystem.get(URI.create(destination),conf);
19.       OutputStream out=fs.create(new Path(destination));
20.       IOUtils.copyBytes(in,out,4096,true);
21.   }
22.  }
```

上述代码显示了如何将本地文件复制到 Hadoop 文件系统，每次 Hadoop 调用 progress()方法时，也就是每次将 64KB 数据包写入 DataNode 后，打印一个时间点来显示整个运行过程。

（3）创建 HDFS 目录

代码示例如下：

```
1.  package bigdata.ch03.hdfsclient;
2.  import java.io.IOException;
3.  import java.net.URI;
4.  import org.apache.hadoop.conf.Configuration;
5.  import org.apache.hadoop.fs.FileSystem;
6.  import org.apache.hadoop.fs.Path;
7.  public class CreateDir{
8.    public static void main(String[] args){
9.        String uri="hdfs://master:9000/user/test";
10.       Configuration conf=new Configuration();
11.       try{
12.           FileSystem fs=FileSystem.get(URI.create(uri),conf);
13.           Path dfs=new Path("hdfs://master:9000/user/test");
14.           fs.mkdirs(dfs);
15.           }catch (IOException e) {
16.                e.printStackTrace();
17.       }
18.  }
19.  }
```

Filesystem 实例提供了创建目录的方法：
```
public boolean mkdir(Path f) throws IOException
```
这个方法可以一次性新建所有必要但还没有的父目录，就像 java.io.File 类的 mkdirs()方法。如果目录都已经创建成功，则返回 true。通常，你不需要显示创建一个目录，因为调用 create()方法写入文件时会自动创建父目录。

（4）删除 HDFS 上的文件或目录

示例代码如下：

```
1. package bigdata.ch03,hdfsclient;
2. import java.io.IOException;
3. import java.net.URI;
4. import org.apache.hadoop.conf.Configuration;
5. import org.apache.hadoop.fs.FileSystem;
6. import org.apache.hadoop.fs.Path;
7. public class DeleteFile{
8.   public static void main(String[] args){
9.   String uri="hdfs://master:9000/user/hadoop/test";
10.     Configuration conf = new Configuration();
11.     try{
12.         FileSystem fs = FileSystem.get(URI.create(uri),conf);
13.         Path delef=new Path("Path://master:9000/user/hadoop");
14.         boolean isDeleted=fs.delete(delef,true);
15.         System.out.println(isDeleted);
16.         } catch (IOException e){
17.             e.printStackTrace();
18.         }
19.     }
20. }
```

使用 FileSystem 的 delete()方法可以永久性删除文件或目录。如果需要递归删除文件夹，则需要将 fs.delete(arg0,arg1)方法的第二个参数设为 true。

（5）列出目录下的文件或目录名称

示例代码如下：

```
1. package bigdata.ch03.hdfsclient;
2. import java.io.IOException;
3. import java.net.URI;
4. import org.apache.hadoop.conf.Configuration;
5. import org.apache.hadoop.fs.FileStatus;
6. import org.apache.hadoop.fs.FileSystem;
7. import org.apache.hadoop.fs.Path
8. public class ListFiles{
9.   public static void main(String[] args){
10.     String uri="hdfs://master:9000/user";
11.     Configuration conf=new Configuration();
12.     try{
13.         FileSystem fs=FileSystem.get(URI.create(uri),conf);
14.         Path path=new Path(uri);
15.         FileStatus stats[]=fs.listStatus(path);
16.         for(int i=0;i<stats.length;i++){
17.                         System.out.println(stats[i].getPath.toString());
18.     }
19.         fs.close();
20.     } catch (IOException e) {
21.         e.printStackTrace();
22.     }
23. }
24. }
```

文件系统的重要特性是提供浏览和检索其目录结构下所存文件与目录相关信息的功能。FileStatus 类封装了文件系统中文件和目录的元数据,例如,文件长度、块大小、副本、修改时间、所有者以及权限信息等。编译运行上述代码后,控制台将会打印出/user 目录下的名称或者文件名。

3.5 HBase 的安装与配置

该部分的安装需要已经成功安装 Hadoop。HBase 需要部署在主节点和从节点上,以下操作都是通过 master 节点进行的。

3.5.1 解压并安装 HBase

每个节点上的 HBase 配置相同,可以在 master 节点上操作,然后完整复制到另外两个 slave 节点上,从 HBase 官网上下载 HBase 安装包,复制到 master 节点,本次实验使用的版本为 hbase-1.2.6。

(1)进入 hadoop 家目录/home/hadoop 中,解压 hbase 压缩包,命令如下:

```
[hadoop@master ~]$ cd ~
[hadoop@master ~]$ tar -zxvf ~/hbase-1.2.6-bin.tar.gz
```

(2)进入 hbase 目录,执行一下 ls -l 命令会看到如图 3.19 所示的内容,这些内容是 HBase 包含的文件:

```
[hadoop@master ~]$ cd hbase-1.2.6
[hadoop@master hbase-1.2.6]$ ls -l
```

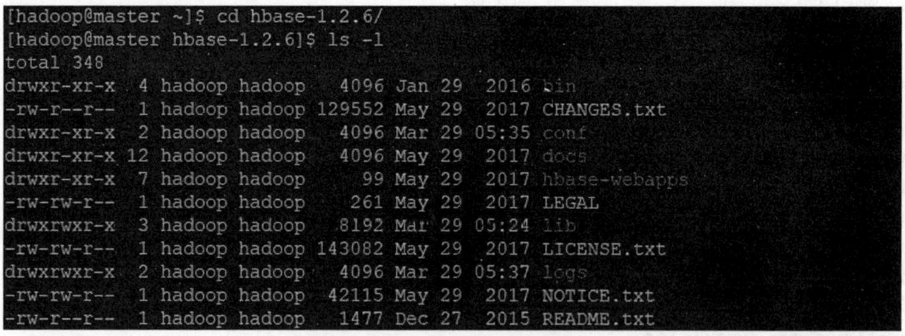

```
[hadoop@master ~]$ cd hbase-1.2.6/
[hadoop@master hbase-1.2.6]$ ls -l
total 348
drwxr-xr-x   4 hadoop hadoop   4096 Jan 29  2016 bin
-rw-r--r--   1 hadoop hadoop 129552 May 29  2017 CHANGES.txt
drwxr-xr-x   2 hadoop hadoop   4096 Mar 29 05:35 conf
drwxr-xr-x  12 hadoop hadoop   4096 May 29  2017 docs
drwxr-xr-x   7 hadoop hadoop     99 May 29  2017 hbase-webapps
-rw-rw-r--   1 hadoop hadoop    261 May 29  2017 LEGAL
drwxrwxr-x   3 hadoop hadoop   8192 Mar 29 05:24 lib
-rw-rw-r--   1 hadoop hadoop 143082 May 29  2017 LICENSE.txt
drwxrwxr-x   2 hadoop hadoop   4096 Mar 29 05:37 logs
-rw-rw-r--   1 hadoop hadoop  42115 May 29  2017 NOTICE.txt
-rw-r--r--   1 hadoop hadoop   1477 Dec 27  2015 README.txt
```

图 3.19 hbase 文件内容图

3.5.2 配置 HBase

进入 HBase 安装主目录的配置文件夹,然后修改配置文件:

```
[hadoop@master ~]$ cd /home/hadoop/hbase-1.2.6/conf
```

(1)修改环境变量 hbase-env.sh,使用下面的命令打开文件:

```
[hadoop@master ~]$ vim hbase-env.sh
```

该文件的靠前部分有下面一行内容:

```
# export JAVA_HOME=/usr/java/jdk1.6.0/
```

将改行内容修改为:

```
export JAVA_HOME=/usr/java/jdk1.8.0_131/
```

注意:去掉行首的#

（2）修改配置文件 hbase-site.xml。

该文档是用 HBase 默认配置文件生成的，文件源是 hbase-default.xml，在实际的 HBase 生产环境中应用于%HBASE_HOME%/conf/hbase-site.xml 中，用以对 HBase 集群进行配置。

用下面的内容替换原 hbase-site.xml 文件中的内容：

```
1. <?xml version="1.0"?>
2. <?xml-stylesheet type="text/xsl" href="configuration.xsl"?>
3. <configuration>
4.    <!-HBase 的运行模式，false 是单机模式，true 是分布式模式。若为 false,HBase 和 Zookeeper 会
运行在同一个 JVM 里面-->
5.    <property>
6.        <name>hbase.cluster.distributed</name>
7.        <value>true</value>
8.    </property>
9.     <!-region server 的共享目录，用来持久化 HBase-->
10.    <property>
11.        <name>hbase.rootdir</name>
12.        <value>hdfs://master:9000/hbase</value>
13.    </property>
14.    <property>
15.    <!-Zookeeper 集群的地址列表-->
16.        <name>hbase.zookeeper.quorum</name>
17.        <value>master</value>
18.    </property>
19.    <!-HBase Master web 界面端口-->
20.    <property>
21.        <name>hbase.master.info.port</name>
22.        <value>60010</value>
23.    </property>
24. </configuration>
```

（3）设置 regionservers。

HRegionServer 是 HBase 中最主要的组件，负责 Table 数据的实际读写，管理 Region。在分布式集群中，HRegionServer 一般跟 DataNode 在同一个节点上，目的是实现数据的本地性，提高读写效率。将 regionservers 中的 localhost 修改为下面的内容：

```
[hadoop@master conf]$ vim regionservers
slave1
slave2
```

（4）设置环境变量。

执行下面命令，编辑系统配置文件：

```
[hadoop@master ~]$ vim ~/.bash_profile
```

将下面代码添加到文件末尾，如图 3.20 所示。

```
export HBASE_HOME=/home/hadoop/hbase-1.2.6
export PATH=$HBASE_HOME/bin:$PATH
export HADOOP_CLASSPATH=$HBASE_HOME/lib/*
```

```
# HBase
export HBASE_HOME=/home/hadoop/hbase-1.2.6
export PATH=$HBASE_HOME/bin:$PATH
export HADOOP_CLASSPATH=$HBASE_HOME/lib/*
```

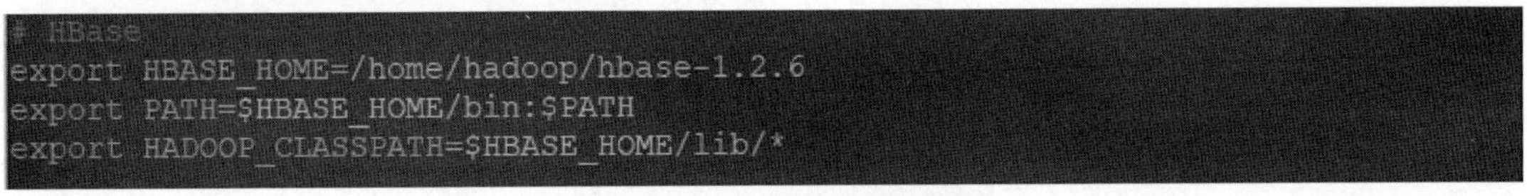

图 3.20　HBase 环境变量配置图

执行下面命令使配置生效：

```
[hadoop@master ~]$ source ~/.bash_profile
```

（5）执行下面的命令，将 HBase 安装文件复制到另外两个节点 slave1 和 slave2 上。

```
[hadoop@master ~]$ scp -r ~/hbase-1.2.6  slave1:~/
[hadoop@master ~]$ scp -r ~/hbase-1.2.6  slave2:~/
```

（6）启动并验证 HBase。

进入 HBase 安装主目录，执行下面命令启动 HBase：

```
[hadoop@master ~]$ cd /home/hadoop/hbase-1.2.6
[hadoop @master hbase-1.2.6]$ bin/start-hbase.sh
```

执行命令后会看到图 3.21 所示的打印输出。

```
[hadoop@master hbase-1.2.6]$ bin/start-hbase.sh
master: starting zookeeper, logging to /home/hadoop/hbase-1.2.6/logs/hbase-hadoo
p-zookeeper-master.out
starting master, logging to /home/hadoop/hbase-1.2.6/logs/hbase-hadoop-master-ma
ster.out
Java HotSpot(TM) 64-Bit Server VM warning: ignoring option PermSize=128m; suppor
t was removed in 8.0
Java HotSpot(TM) 64-Bit Server VM warning: ignoring option MaxPermSize=128m; sup
port was removed in 8.0
slave2: starting regionserver, logging to /home/hadoop/hbase-1.2.6/logs/hbase-ha
doop-regionserver-slave2.out
slave1: starting regionserver, logging to /home/hadoop/hbase-1.2.6/logs/hbase-ha
doop-regionserver-slave1.out
```

图 3.21　HBase 启动图

在 master 节点上执行 jps 查看 java 进程，会发现多了 HMaster 和 HQuorumPeer 两个进程，如图 3.22 所示。

```
[hadoop@master hbase-1.2.6]$ jps
32353 Jps
31940 HMaster
31783 HQuorumPeer
12408 ResourceManager
12168 SecondaryNameNode
11851 NameNode
```

图 3.22　master 进程查看结果图

在 slave 节点上执行 jps 查看 java 进程，会发现多了 HRegionServer 进程，如图 3.23 所示。

```
[hadoop@slave1 ~]$ jps
41349 Jps
22054 NodeManager
21850 DataNode
40237 HRegionServer
```

图 3.23　slave 进程查看结果图

使用 Web UI 界面查看启动情况：在 Firefox 浏览器的地址栏中输入 http://master:60010，若看到如图 3.24 所示的 HBase 管理页面，则表明 HBase 已经启动成功。

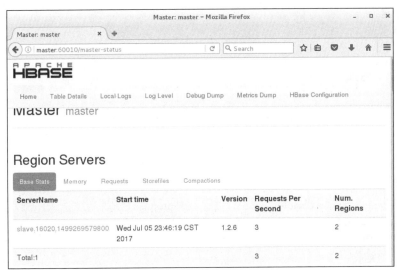

图 3.24　HBase Web UI 界面

3.6　HBase 的使用

HBase 提供了多种 API 来操作 HBase，本节只介绍其中的 HBase-shell、Java API 等。

3.6.1　HBase-shell

1. 进入 HBase shell console

进入 HBase shell console，命令如下：

```
[hadoop@master ~]$ cd /home/hadoop/hbase-1.2.6/
[hadoop@master hbase-1.2.6]$ bin/hbase shell
hbase(main):001:0> whoami
```

进入 shell 界面，如图 3.25 所示。

```
[hadoop@master ~]$ cd /home/hadoop/hbase-1.2.6/
[hadoop@master hbase-1.2.6]$ bin/hbase shell
SLF4J: Class path contains multiple SLF4J bindings.
SLF4J: Found binding in [jar:file:/home/hadoop/hbase-1.2.6/lib/slf4j-log4j12-1.7
.5.jar!/org/slf4j/impl/StaticLoggerBinder.class]
SLF4J: Found binding in [jar:file:/home/hadoop/hadoop-2.7.3/share/hadoop/common/
lib/slf4j-log4j12-1.7.10.jar!/org/slf4j/impl/StaticLoggerBinder.class]
SLF4J: See http://www.slf4j.org/codes.html#multiple_bindings for an explanation.
SLF4J: Actual binding is of type [org.slf4j.impl.Log4jLoggerFactory]
HBase Shell; enter 'help<RETURN>' for list of supported commands.
Type "exit<RETURN>" to leave the HBase Shell
Version 1.2.6, rUnknown, Mon May 29 02:25:32 CDT 2017

hbase(main):001:0> whoami
hadoop (auth:SIMPLE)
    groups: hadoop

hbase(main):002:0>
```

图 3.25　HBase-shell 界面图

注意：如果有 kerberos 认证，需要事先使用相应的 keytab 进行认证，认证成功之后再使用 hbase shell，可以使用 whoami 命令查看当前用户。

91

2. 表的管理

（1）列举表

命令如下：

```
hbase(main)> list
```

（2）创建表

语法格式：create <table>，{NAME => <family>，VERSIONS => <VERSIONS>}

例如，创建表 t1，有两个 family name：f1、f2，且版本数均为 2，命令如下：

```
hbase(main)> create 't1',{NAME => 'f1', VERSIONS => 2},{NAME => 'f2', VERSIONS => 2}
```

（3）删除表

删除表分两步：首先使用 disable 禁用表，然后再用 drop 命令删除表。例如，删除表 t1 操作如下：

```
hbase(main)> disable 't1'
hbase(main)> drop 't1'
```

（4）查看表的结构

查看表的结构语法格式：describe <table>

例如，查看表 t1 的结构，命令如下：

```
hbase(main)> describe 't1'
```

（5）修改表的结构

修改表结构必须用 disable 禁用表，才能修改。

例如，将表 t1 列族的 VERSION 修改为 3，命令如下：

```
hbase(main)> disable 't1'
hbase(main)> alter 't1',NAME=>'f1',VERSION => 3
hbase(main)> enable 't1'
```

语法格式：alter 't1'，{NAME => 'f1'}，{NAME => 'f2'，METHOD => 'delete'}

再如，修改表 test1 的列族的生存周期 TTL（Time To Live）为 180 天，命令如下：

```
hbase(main)> disable 'test1'
hbase(main)> alter 'test1',{NAME=>'body',TTL=>'15552000'},{NAME=>'meta', TTL=>'15552000'}
hbase(main)> enable 'test1'
```

（6）权限管理

① 分配权限

语法格式：grant <user> <permissions> <table> <column family> <column qualifier>

说明：参数后面用逗号分隔。

权限用"RWXCA"五个字母表示，其对应关系为：

READ('R')、WRITE('W')、EXEC('X')、CREATE('C')、ADMIN('A')。

例如，为用户'test'分配对表 t1 有读写的权限，命令如下：

```
hbase(main)> grant 'test','RW','t1'
```

② 查看权限

语法格式：user_permission <table>

例如，查看表 t1 的权限列表，命令如下：

```
hbase(main)> user_permission 't1'
```

③ 收回权限

与分配权限类似，语法格式：revoke <user> <table> <column family> <column qualifier>

例如，收回 test 用户在表 t1 上的权限，命令如下：
```
hbase(main)> revoke 'test','t1'
```
3．表数据的增删改查

（1）添加数据

语法格式：put <table>，<rowkey>，<family:column>，<value>，<timestamp>

例如，给表 t1 的添加一行记录，其中，rowkey 是 rowkey001，family name 是 f1，column name 是 col1，value 是 value01，timestamp 为系统默认。则命令如下：
```
hbase(main)> put 't1','rowkey001','f1:col1','value01'
```
（2）查询数据

① 查询某行记录。

语法格式：get <table>，<rowkey>，[<family:column>，....]

例如，查询表 t1，rowkey001 中的 f1 下的 col1 的值，命令如下：
```
hbase(main)> get 't1','rowkey001', 'f1:col1'
```
或者用如下命令：
```
hbase(main)> get 't1','rowkey001', {COLUMN=>'f1:col1'}
```
查询表 t1，rowke002 中的 f1 下的所有列值，命令如下：
```
hbase(main)> get 't1','rowkey001'
```
② 扫描表。

语法格式：scan <table>，{COLUMNS => [<family:column>，....]，LIMIT => num}

另外，还可以添加 STARTROW、TIMERANGE 和 FITLER 等高级功能。

例如，扫描表 t1 的前 5 条数据，命令如下：
```
hbase(main)> scan 't1',{LIMIT=>5}
```
③ 查询表中的数据行数。

语法格式：count <table>，{INTERVAL => intervalNum，CACHE => cacheNum}

其中，INTERVAL 设置多少行显示一次及对应的 rowkey，默认为 1000；CACHE 每次去取的缓存区大小，默认是 10，调整该参数可提高查询速度。

例如，查询表 t1 中的行数，每 100 条显示一次，缓存区为 500，命令如下：
```
hbase(main)> count 't1', {INTERVAL => 100, CACHE => 500}
```
（3）删除数据

① 删除行中的某个值。

语法格式：delete <table>，<rowkey>，<family:column>，<timestamp>

这里必须指定列名。

例如，删除表 t1，rowkey001 中的 f1:col1 的数据，命令如下：
```
hbase(main)> delete 't1','rowkey001','f1:col1'
```
注：将删除改行 f1:col1 列所有版本的数据。

② 删除行。

语法格式：deleteall <table>，<rowkey>，<family:column>，<timestamp>

这里可以不指定列名，也可删除整行数据。

例如，删除表 t1，rowk001 的数据，命令如下：
```
hbase(main)> deleteall 't1','rowkey001'
```

③ 删除表中的所有数据。

语法格式：truncate <table>

其具体过程是：disable table -> drop table -> create table

例如，删除表 t1 的所有数据，命令如下：

```
hbase(main)> truncate 't1'
```

3.6.2 Java API

Java API 是最方便、最原生的操作方式，HBase 基础 Java API 主要包括创建表、插入数据、读取数据、删除表等操作。

1. 创建表

首先使用 java 创建一个表，表命名为"test-hbase"，列族名为"info"。代码如下：

```
1.  package bigdata.ch03.hbase;
2.  import java.io.IOException;
3.  import org.apache.hadoop.conf.Configuration;
4.  import org.apache.hadoop.hbase.HBaseConfiguration;
5.  import org.apache.hadoop.hbase.HColumnDescriptor;
6.  import org.apache.hadoop.hbase.HTableDescriptor;
7.  import org.apache.hadoop.hbase.TableName;
8.  import org.apache.hadoop.hbase.client.Admin;
9.  import org.apache.hadoop.hbase.client.Connection;
10. import org.apache.hadoop.hbase.client.ConnectionFactory;
11. public class HBaseClient{
12.     public static void main(String[] args) throws IOException{
13.         Configuration conf=HBaseConfiguration.create();
14.         conf.set("hbase.zookeeper.quorum","zk1,zk2");
15.         Connection connection=ConnectionFactory.createConnection(conf);
16.         String tableName="test-hbase";
17.         String columnName="info";
18.         Admin admin=connection.getAdmin();
19.         HTableDescriptor tableDescriptor=new
                            HtableDescriptor(TableName.valueOf(tableName));
20.         admin.createTable(tableDescriptor);
21.         HColumnDescriptor columnDescriptor=new HColumnDescriptor(columnName);
22.         admin.addColumn(TableName.valueOf(tableName),columnDescriptor);
23.         admin.close();
24.         connection.close();
25.     }
26. }
```

上述代码第 2~10 行导入相应包，第 14 行调用 set 方法设立 zookeeper 地址，第 16 行设置表名为"test-hbase"，第 17 行设置列族名为"info"。第 18 行使用 HBase 中的表管理类 Admin 类来创建表。第 19~20 行定义表名，第 21~22 行定义表结构。

2. 插入

完成建表后，就可以通过 HBase 的 put 类提供方法向表插入数据，示例代码如下：

```
1.  package bigdata.ch03.hbase;
2.  import java.io.IOException;
3.  import org.apache.hadoop.conf.Configuration;
4.  import org.apache.hadoop.hbase.HBaseConfiguration;
5.  import org.apache.hadoop.hbase.TableName;
```

```
6.   import org.apache.hadoop.hbase.client.Connection;
7.   import org.apache.hadoop.hbase.client.ConnectionFactory;
8.   import org.apache.hadoop.hbase.client.Put;
9.   import org.apache.hadoop.hbase.client.Table;
10.  public class HBaseClient{
11.      public static void main(String[] args) throws IOException{
12.          Configuration conf=HBaseConfiguration.create();
13.          conf.set("hbase.zookeeper.quorum","zk1,zk2");
14.          Connection connection=ConnectionFactory.createConnection(conf);
15.          String tableName="test-hbase";
16.          String columnName="info";
17.          String rowkey="rk1";
18.          String qulifier="c1";
19.          String value="value1";
20.          Table table=connection.getTable(TableName.valueOf(tableName));
21.          Put put=new Put(rowkey.getBytes());
22.  put.addColumn(columnName.getBytes(),qulifier.getBytes(),value.getBytes());
23.          table.put(put);
24.          table.close();
25.          connection.close();
26.      }
27.  }
```

注意上述代码第 2～9 行导入的包跟创建表时导入的包略有不同。第 17～19 行表示插入的数据行键为 rk1，列名为 c1，值为 value1；第 21 行用行键实例化 put；第 22 行指定列族名、列名和值；第 23 行执行 put。

3. 读取

HBase 的插入完成后，立即就可以通过 HBase 的 Get 类来读取。代码如下所示：

```
1.   package bigdata.ch03.hbase;
2.   import java.io.IOException;
3.   import org.apache.hadoop.conf.Configuration;
4.   import org.apache.hadoop.hbase.HBaseConfiguration;
5.   import org.apache.hadoop.hbase.TableName;
6.   import org.apache.hadoop.hbase.client.Connection;
7.   import org.apache.hadoop.hbase.client.ConnectionFactory;
8.   import org.apache.hadoop.hbase.client.Get;
9.   import org.apache.hadoop.hbase.client.Result;
10.  import org.apache.hadoop.hbase.client.Table;
11.  import org.apache.hadoop.hbase.util.Bytes;
12.  public class HBaseClient{
13.      public static void main(String[] args) throws IOException{
14.          Configuration conf=HBaseConfiguration.create();
15.          conf.set("hbase.zookeeper.quorum","zk1,zk2");
16.          Connection connection=ConnectionFactory.createConnection(conf);
17.          String tableName="test-hbase";
18.          String columnName="info";
19.          String rowkey="rk1";
20.          String qulifier="c1";
21.          Table table=connection.getTable(TableName.valueOf(tableName));
22.          Get get=new Get(rowkey.getBytes());
23.          get.addColumn(columnName.getBytes(),qulifier.getBytes());
24.          Result result=table.get(get);
25.          String valueStr=Bytes.toString(result.getValue(columnName.getBytes(),
                                            qulifier.getBytes()));
```

```
26.              System.out.println(valueStr);
27.              table.close();
28.              connection.close();
29.      }
30. }
```

上述代码第 21 行建立表连接，第 22 行用行键实例化 Get，第 23 行增加列族名和列名条件，第 24 行执行 get 并返回结果，第 25～26 行取出结果。

4. 删除表

经过前面的步骤，我们了解了建表、插入数据、读取数据等操作，现在来介绍删除表。删除表分两步，先禁用表再删除表。代码如下所示：

```
1. package bigdata.ch03.hbase;
2. import java.io.IOException;
3. import org.apache.hadoop.conf.Configuration;
4. import org.apache.hadoop.hbase.HBaseConfiguration;
5. import org.apache.hadoop.hbase.TableName;
6. import org.apache.hadoop.hbase.client.Connection;
7. import org.apache.hadoop.hbase.client.ConnectionFactory;
8. import org.apache.hadoop.hbase.client.Admin;
9. public class HBaseClient{
10.    public static void main(String[] args) throws IOException{
11.        Configuration conf=HBaseConfiguration.create();
12.        conf.set("hbase.zookeeper.quorum","zk1,zk2");
13.        Connection connection=ConnectionFactory.createConnection(conf);
14.        String tableName="test-hbase";
15.        Admin admin=connection.getAdmin();
16.        admin.disableTable(TableName.valueOf(tableName));
17.        admin.deleteTable(TableName.valueOf(tableName));
18.        admin.close();
19.        connection.close();
20.    }
21. }
```

上述代码第 16 行首先禁用表，第 17 行删除表，第 18 行关闭表管理，第 19 行关闭连接。

习题

1. HDFS 有何特点？主要应用在哪些场合？
2. NameNode 如何实现元数据持久化？
3. HDFS 采用哪些机制保证数据的安全性？
4. 简答 HDFS 数据读取和写入的流程。
5. NoSQL 数据库相比关系型数据库，有哪些特点？有哪些常见类型的关系型数据库？
6. 请分别完成 Hadoop 本地模式、伪分布式模式、完全分布式模式的安装配置。
7. 熟悉 Hadoop 操作文件的基本命令。
8. 运行通过 Java API 访问 HDFS 的源代码。
9. 安装并配置 HBASE，然后完成 3.6 节的操作并运行程序。

04

第4章　MapReduce分布式编程

第 3 章介绍了 Hadoop 分布式文件系统及面向非结构化信息存储的 NoSQL 数据库的相关技术，解决了大数据存储问题。那么，从存储的大数据中快速抽取信息，进一步挖掘数据的价值，则需要大数据的分布式计算技术进行支持。

本章重点介绍 Hadoop 的 MapReduce 编程及其基本原理。

4.1 MapReduce 编程概述

MapReduce 是一个用于大规模数据集的并行处理的分布式计算的编程框架。MapReduce 将一个数据处理过程拆分为 Map 和 Reduce 两部分：Map 是映射，负责数据的过滤分发；Reduce 是规约，负责数据的计算归并。开发人员只需通过编写 map 和 reduce 函数，不需要考虑分布式计算框架内部的运行机制，即可在 Hadoop 集群上实现分布式运算。MapReduce 可以帮助开发人员将精力集中在业务逻辑的开发上，分布式计算的复杂性交由框架来处理。

MapReduce 把对数据集的大规模操作分发到计算节点，计算节点会周期性地返回其工作的最新状态和结果。如果节点保持沉默超过一个预设时间，主节点则将该节点标记为死亡状态，并把已分配给该节点的数据发送到其他节点重新计算，从而实现数据处理任务的自动调度。

Hadoop 支持多种语言进行 MapReduce 编程，包括 Java、Ruby、Python 和 C++等。Hadoop 支持 Java，本书采用 Java 语言介绍 MapReduce 编程。在 Hadoop 平台上运行 MapReduce 程序，主要任务是将 HDFS 存储的大文件数据分发给多个计算节点上的 Map 程序进行处理，然后再由计算节点上的 Reduce 程序合并或进一步处理多个节点上的计算机结果。从程序员的角度，采用 Java 语言进行 MapRedcue 分布式编程的主要步骤如图 4.1 所示。

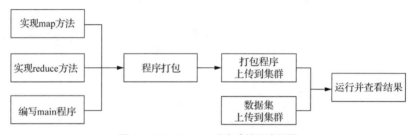

图 4.1　MapReduce 分布式编程流程图

（1）编写 Hadoop 中 org.apache.hadoop.mapreduce.Mapper 类的子类，并实现 map 方法；

（2）编写 Hadoop 中 org.apache.hadoop.mapreduce.Reducer 类的子类，并实现 reduce 方法；

（3）编写 main 程序，设置 MapReduce 程序的配置，并指定任务的 Map 程序类（第一步的 Java 类）、Reduce 程序类等（第二步的 Java 类），指定输入/输出文件及格式，提交任务等；

（4）将（1）～（3）的类文件与 Hadoop 自带的包打包为 jar 文件，并分发到 Hadoop 集群的任意节点；

（5）运行 main 程序，任务自动在 Hadoop 集群上运行；

（6）到指定文件夹查看计算结果。

Map 程序和 Reduce 程序的输入/输出都是以 Key-Value 对的形式出现的，定义 map 函数的输出和 reduce 函数的输入的 Key-Value 的格式必须一致，MapReduce 的调度程序完成 Map 和 Reduce 间的数据传递。

此外，学习 MapReduce 编程，需要读者掌握反射、内部类、泛型等 Java 知识，请参阅第 2 章 Java 基础一节内容。

4.2 MapReduce 编程示例

本节通过一个词频统计程序的实现、编译、运行过程介绍 MapRedcue 编程。该程序的主要任务是计算出给定文件中每个单词的出现频数，要求输出结果按照单词的字母顺序进行排序，每个单词和其频数占一行，单词和频数之间用空格分隔。

若输入文件大小是 GB 级的，单机统计该文件中单词出现的频数较为耗时。使用 MapReduce，把计算任务分发到多个节点上并行运行，可提高词频统计速度。

4.2.1　词频统计程序示例

假设将一个英文文本大文件作为输入，统计文件中单词出现的频数。最基本的操作是把输入文件的每一行传递给 map 函数完成对单词的拆分并输出中间结果，中间结果为<word,1>的形式，表示程序对一个单词，都对应一个计数 "1"。使用 reduce 函数收集 map 函数的结果作为输入值，并生成最终<word,count>形式的结果，完成对每个单词的词频统计。它们对应 MapReduce 处理数据流程如图 4.2 所示。

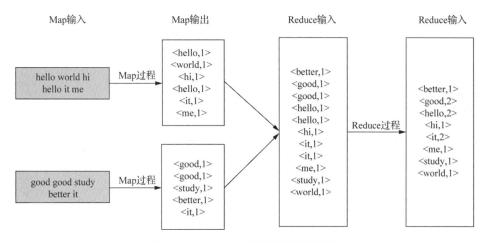

图 4.2　MapReduce 处理数据流程示意图

该示例代码主要包括 Mapper 类、Reduce 类和主类的实现。

1．Mapper 类实现

编写 Mapper 类必须导入 org.apache.hadoop.mapreduce.Mapper，Hadoop 首先从输入文件逐行读取数据，然后对每一行调用一次 map 函数。随后，每个 map 函数会解析该行，并将接收到的每一行中的单词提取出来作为输入。处理完毕后，map 函数将单词及单词数发送给 Hadoop 框架，由 Reducer 类接着处理，这是通过将单词与单词频数作为键值对发送出去实现的。

```
1. Public static class TokenizerMapper extends Mapper<Object, Text, Text, IntWritable>{
2.     private final static IntWritable one =new IntWritable(1);
3.     private Text word =new Text();
4.      public void map(Object key, Text value, Context context) throws IOException,
InterruptedException {
5.     StringTokenizer itr =new StringTokenizer(value.toString());
6.     while (itr.hasMoreTokens()) {
7.         word.set(itr.nextToken());
8.         context.write(word, one);
9.   }
10.  }
11. }
```

第 1 行定义了 TokenizerMapper 类继承泛型类 Mapper，类 Mapper<Object, Text, Text, IntWritable>指定泛型参数前两个对应 map 函数接受的输入 key 和 value 的类型，后两个指定 map 函数输出 key、value 的类型，也是后续 reduce 函数要求输入 key、value 的类型。

第 2～3 行声明用于存放单词的变量 one、word。

第 4 行定义 map 函数，其中每一行的起始偏移量 LongWritable 作为 key，每一行的文本内容作为 value，注意此处 map 函数的前两个参数跟第 1 行泛型的参数 1 和参数 2 是一致的。

第 5 行生成一个 StringTokenizer 的对象。StringTokenizer 是 Java 中 Object 类的一个子类，实现了 Enumeration 接口。StringTokenizer 对象主要用来根据分隔符把字符串分割成标记（Token），然后按照请求返回各个标记。

第 6～10 行使用 StringTokenizer 类的 nextToken()方法对字符串进行分割，通过 write 方法将单词写入变量 word 中，最后 write 方法将（word,1）形式的二元组存入 context 中。

2. Reducer 类实现

编写 Reducer 类必须导入 org.apache.hadoop.mapreduce.Reducer 包，Hadoop 收集 map 函数输出的 key-value 对，然后根据 key 进行排序。这里的 key 指的是单词，values 指的是单词出现的次数。在 Reduce 函数中对相同 key 的单词进行计数，并根据 key 再次以<word,count>的形式输出。

```
1.  public static class IntSumReducer
2.    extends Reducer<Text,IntWritable,Text,IntWritable> {
3.  private Int Writable result =new IntWritable();
4.     Public void reduce(Text key, Iterable<IntWritable> values, Context
   context ) throws IOException, InterruptedException {
5.       int sum =0;
6.       for (IntWritable val : values) {
7.         sum += val.get();
8.       }
9.       result.set(sum);
10.      context.write(key, result);
11.    }
12.  }
13.
```

第 1 行定义了 IntSumReducer 类继承泛型类 Reducer、IntWritable、Text 均是 Hadoop 中实现的用于封装 Java 数据类型的类，这些类实现了 WritableComparable 接口；Reducer<Text,IntWritable,Text,IntWritable>中四个泛型参数中前两个参数对应 reduce 函数输入需要的参数类型（key，values）和 reduce 函数输出需要指定的 key、value 类型（key，value）。

第 3 行声明用于统计结果的变量 result。

第 4 行定义 reduce 函数、map 函数输出的一组 k/v 中的 key，作为 reduce 函数输入参数中的 key、values 为一组 k/v 中所有 value 的迭代器。

第 6～7 行通过 val 迭代器，遍历每一组 k/v 中所有的 value，进行累加计算。

第 10 行依然将 key 作为键，同一 key 的累加值作为值，产生新的 key-value 对写到 context 中供 Hadoop 框架输出使用。

3. 编写主函数 main

完成了 map 函数、reduce 函数的编写，还需完成 main 函数才能使程序运行。在 WordCount 类的 main 函数中，通过 Configuration 类对作业进行相关的配置，然后，通过 waitForCompletion 函数向 Hadoop

提交作业。

```
1.  publicstaticvoid main(String[] args) throws Exception {
2.      Configuration conf =new Configuration();
3.      String[] otherArgs =new GenericOptionsParser(conf, args).getRemainingArgs();
4.      if (otherArgs.length !=2) {
5.        System.err.println("Usage: wordcount <in> <out>");
6.        System.exit(2);
7.      }
8.      Job job =new Job(conf, "word count");          //设置一个用户定义的job名称
9.      job.setJarByClass(WordCount.class);            //指定程序执行的字节码文件
10.     job.setMapperClass(TokenizerMapper.class);     //为job设置Mapper类
11.     job.setCombinerClass(IntSumReducer.class);     //为job设置Combiner类
12.     job.setReducerClass(IntSumReducer.class);      //为job设置Reducer类
13.     job.setOutputKeyClass(Text.class);             //为job的输出数据设置Key类
14.     job.setOutputValueClass(IntWritable.class);    //为job输出设置value类
15.     FileInputFormat.addInputPath(job,new Path(otherArgs[0]));    //为job设置输入路径
16.     FileOutputFormat.setOutputPath(job,new Path(otherArgs[1])); //为job设置输出路径
17.     System.exit(job.waitForCompletion(true) ?0 : 1);            //运行job
18.  }
```

第 2 行生成一个 Configuration 对象，程序运行会加载 Hadoop 默认的一些配置，是作业必不可少的组件。

第 3 行 GenericOptionsParser 用来解析输入参数中的 Hadoop 参数，并做相应处理，如设置 NameNode 等，后面的 getRemainingArgs 返回 Hadoop 参数以外的部分，留给具体的应用处理。

第 4～7 行判断程序运行时从命令行传来的参数，默认第一个参数为程序要处理的数据文件夹路径，即 in 文件夹路径，默认第二个参数为程序结果要输出到的文件夹路径，即 out 文件夹路径；

第 8～14 行产生 Job 类的实例，并设置相关属性值。Job 任务需要加载 Hadoop 的一些配置，并给这个 Job 命名为 "word count"；第 9 行使用了 WordCount.class 的类加载器来寻找包含该类的 Jar 包，然后设置该 Jar 包为作业所用的 Jar 包；第 10～14 行给 job 实例设置属性，其参数使用 Java 反射机制。

第 15～16 行设置程序输入和输出的路径，本示例是从命令行中接收参数，第一个参数为输入路径，第二个参数为输出路径。

第 17 行通过 waitForCompletion 函数向 Hadoop 提交任务。

4.2.2 MapReduce 编译与运行

在上述 Java 源代码文件的编译、打包后，将 WordCount 程序上传到 Hadoop 集群中运行。具体步骤如下。

（1）新建名为 WordCount 的 Java 工程目录，建立 src 目录为源代码目录，下载示例代码 WordCount.java 到 src 目录，下载示例脚本 build.xml 文件到项目根目录，在 bulid.xml 中指定 Hadoop 依赖包位置。执行如下命令，编译 Java 文件（采用 Apache:Ant 编译，参与本书配套网站）：

```
[hadoop@master~]$ant build    #build 对应build.xml里的任务名称
```

（2）将 WordCount 项目编译后的 Jar 文件、数据集 YoutubeDataSets 上传到 Hadoop 集群，可以通过 scp 命令实现，或者借助 FileZilla 工具实现。

（3）登录 Hadoop 集群，进入 Wordout.jar 文件目录，运行 MapReduce job，执行：

`[hadoop@master~]${HADOOP_HOME}/bin/hadoop jar WordCount.jar /tmp/test-MR/ /tmp/test-MR/out/`

其中，/tmp/test-MR/目录下对应数据集文件，/tmp/test-MR/out/为输出目录。Job 执行过程如图 4.3 所示。

图 4.3　Wordcount Job 执行过程图

（4）进入 HDFS 系统，查看执行结果，执行如下命令：

`[hadoop@master~]$ {HADOOP_HOME}/bin/hadoop fs -ls /tmp/test-MR/out/`

执行结果如图 4.4 所示。

图 4.4　Wordcount Job 结果图

4.3　深入理解 MapReduce 程序的运行过程

如图 4.5 所示，MapReduce 运行阶段数据传递经过输入文件、Map 阶段、中间文件、Reduce 阶段、输出文件五个阶段，用户程序只与 Map 阶段和 Reduce 阶段的 Worker 直接相关，其他事情由 Hadoop 平台根据设置自行完成。

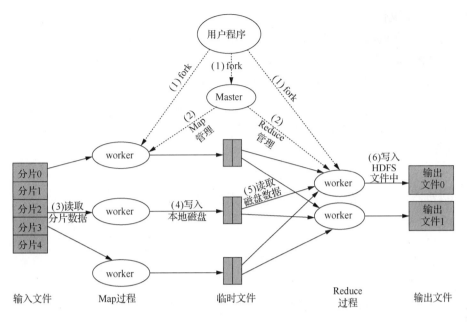

图 4.5　Map/Reduce 原理图

从用户程序 User Program 开始，用户程序 User Program 链接了 MapReduce 库，实现了最基本的 map 函数和 reduce 函数。

（1）MapReduce 库先把 User Program 的输入文件划分为 M 份，如图 4.5 左方所示，将数据分成了分片 0~4，每一份通常为 16MB~64MB；然后使用 fork 将用户进程复制到集群内其他机器上。

（2）User Program 的副本中有一个 Master 副本和多个 Worker 副本。Master 是负责调度的，为空闲 Worker 分配 Map 作业或者 Reduce 作业。

（3）被分配了 Map 作业的 Worker，开始读取对应分片的输入数据，Map 作业数量与输入文件划分数 M 相同，并与分片一一对应；Map 作业将输入数据转化为键值对表示形式并传递给 map 函数，map 函数产生的中间键值对被缓存在内存中。

（4）缓存的中间键值对会被定期写入本地磁盘，而且被分为 R 个区（R 的大小是由用户定义的），每个区会对应一个 Reduce 作业；这些中间键值对的位置会被通报给 Master，Master 负责将信息转发给 Reduce Worker。

（5）Master 通知分配了 Reduce 作业的 Worker 负责数据分区，Reduce Worker 读取键值对数据并依据键排序，使相同键的键值对聚集在一起。同一个分区可能存在多个键的键值对，而 reduce 函数的一次调用的键值是唯一的，所以必须进行排序处理。

（6）Reduce Worker 遍历排序后的中间键值对，对于每个唯一的键，都将键与关联的值传递给 reduce 函数，reduce 函数产生的输出会写回到数据分区的输出文件中。

（7）当所有的 Map 和 Reduce 作业都完成了，Master 唤醒 User Program，MapReduce 函数调用返回 User Program。

执行完毕后，MapReduce 的输出放在 R 个分区的输出文件中，即每个 Reduce 作业分别对应一个输出文件。用户可将这 R 个文件作为输入交给另一个 MapReduce 程序处理，而不需要主动合并这 R 个文件。在 MapReduce 计算过程中，输入数据来自分布式文件系统，中间数据放在本地文件系统，最终输出数据写入分布式文件系统。

必须指出 Map 或 Reduce 作业和 map 或 reduce 函数存在以下几个区别：

① Map 或 Reduce 作业是从计算框架的角度来认识的，而 map 或 reduce 函数是需要程序员编写代码完成的，并在运行过程中被对用 Map 或 Reduce 作业调度；

② Map 作业处理一个输入数据的分片，可能需要多次调用 map 函数来处理输入的键值对；

③ Reduce 作业处理一个分区的中间键值对，期间要对每个不同的键调用一次 reduce 函数，一个 Reduce 作业最终对应一个输出文件。

4.4　MapReduce 任务调度框架

对 MapReduce 编程，程序员只需关心 map 和 reduce 函数实现即可，有关文件 IO，在集群中数据交换、任务调度问题都是由 Hadoop 框架自动完成的。但理解 MapReduce 任务调度框架有助于开发高质量的应用程序，下面分别介绍 Hadoop 2.0 前后 MapReduce 任务调度模型。Hadoop 2.0 前的调度模型我们称之为经典 MapRedcue 任务调度模型，或者 MR V1；当前主流的调度框架采用 YARN，或者称为 MR V2。

4.4.1　经典 MapReduce 任务调度模型

经典 MapReduce 任务调度模型采用主从结构（Master/Slave），包含四个组成部分：Client、JobTracker、TaskTracker、Task。支撑 MapReduce 计算框架的是 JobTracker 和 TaskTracker 两类后台进程。框架结构如图 4.6 所示。

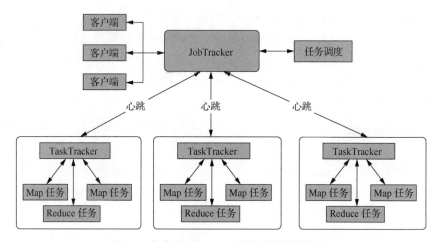

图 4.6　经典 MapReduce 任务调度模型示意图

1. Client

每一个 Job 在 Client 端将运行 MapReduce 程序所需的所有 Jar 文件和类的集合，打包成一个 Jar 文件存储在 HDFS 中，并把文件路径提交到 JobTracker。

2. JobTracker

JobTracker 主要负责资源的监控和作业调度，一个 Hadoop 集群只有一个 JobTracker，并不参与具体的计算任务。根据提交的 Job，JobTracker 会创建一系列 Task（即 MapTask 和 ReduceTask），分发到每个 TaskTracker 服务中去执行。常用的作业调度算法主要包括 FIFO 调度器（默认）、公平调度器、容量调度器等。

3. TaskTracker

TaskTracker 主要负责汇报心跳和执行 JobTracker 分发的任务。TaskTracker 会周期性地通过 HeartBeat 将本节点上资源的使用情况和任务的运行进度汇报给 JobTracker，JobTracker 会根据心跳信息和当前作业运行情况为 TaskTracker 下达任务，主要包括启动任务、提交任务、杀死任务和重新初始化命令等。

4. Task

Task 分为 MapTask 和 ReduceTask 两种，均由 TaskTracker 启动，执行 JobTracker 分发的任务。MapTask 解析每条数据记录，传递给用户编写的 map 函数并执行，最后将输出结果写入 HDFS；ReduceTask 从 MapTask 的执行结果中，对数据进行排序，将数据按分组传递给用户编写的 reduce 函数执行。

TaskTracker 分布在 Map-Reduce 集群每个节点上，主要是监视所在机器的资源情况和当前机器的 tasks 运行状况。TaskTracker 通过 HeartBeat 发送给 JobTracker，JobTracker 会根据这些信息给新提交的 job 分配计算节点。

经典 MapReduce 框架 MR V1 模型简单直观，但是不能满足大规模集群任务调度的需要。主要表现为以下四点：

（1）JobTracker 是 MapReduce 的集中处理点，存在单点故障问题；

（2）当 MapReduce job 非常多的时候，会造成很大的内存开销，就增加了 JobTracker 失败的风险，业界普遍认为该调度模型支持的上限为 4000 个节点；

（3）在 TaskTracker 端，以 Map/Reduce Task 的数目作为资源的表示过于简单，没有考虑到 CPU/内存的占用情况，如果两个大内存消耗的 Task 被调度到一起，就很容易出现内存消耗殆尽的问题；

（4）TaskTracker 把资源强制划分为 Map Task Slot 和 Reduce Task Slot，如果当系统中只有 Map Task 或者只有 Reduce Task 时，会造成资源的浪费，导致集群资源利用不足。

4.4.2　YARN 框架原理及运行机制

为了从根本上解决经典 MapReduce 框架的性能瓶颈，Hadoop 的 MapReduce 框架完全重构，叫做 YARN 或者 MR V2。

YARN 的基本思想就是将经典调度框架中 JobTracker 的资源管理和任务调度/监控功能分离成两个单独的组件，即一个全局的资源管理器 ResourceManager 和每个应用程序特有的 ApplicationMaster。ResourceManager 负责整个系统资源的管理和分配，而 ApplicationMaster 则负责单个应用程序的资源管理。

YARN 调度框架包括 ResourceManager、ApplicationMaster、NodeMananger 及 Container 等组件概念。

ResourceManager 是基于应用程序对资源的需求进行调度的。每一个应用程序需要不同类型的资源，因此就需要不同的容器。这些资源包括内存、CPU、磁盘、网络等。

ApplicationMaster 负责向调度器申请、释放资源，请求 Node Manager 运行任务、跟踪应用程序的状态和监控它们的进程。

NodeManager 是 YARN 中单个节点的代理，负责与应用程序的 ApplicationMaster 和集群管理者 ResourceManager 交互；从 ApplicationMaster 上接收有关 Container 的命令并执行（例如，启动、停止 Container）；向 ResourceManager 汇报各个 Container 执行状态和节点健康状况，并读取有关 Container 的命令；执行应用程序的容器、监控应用程序的资源使用情况并且向 ResourceManager 调度器汇报。

Container 是 YARN 中资源的抽象，它封装了节点上一定量的资源（CPU 和内存等）。一个应用程序所需的 Container 分为两类：一类是运行 ApplicationMaster 的 Container，是由 ResourceManager（向内部的资源调度器）申请和启动的，用户提交应用程序时，可指定唯一的 ApplicationMaster 所需的资源；另一类是运行各类任务的 Container，是由 ApplicationMaster 向 ResourceManager 申请的，并由 ApplicationMaster 与 NodeManager 通信后启动。

用户向 YARN 提交一个应用程序后，YARN 将分为两个阶段运行该应用程序：第一个阶段是启动 ApplicationMaster；第二个阶段是由 ApplicationMaster 创建应用程序，为它申请资源，并监控它的整个运行过程，直到运行成功。

YARN 任务调度流程如图 4.7 所示。

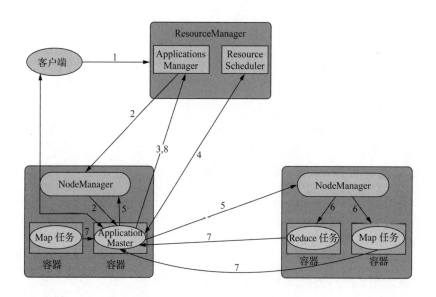

图 4.7　YARN 任务调度流程图

（1）用户向 YARN 提交应用程序；

（2）ResourceManager 为该应用程序在某个 NodeManager 分配一个 Container，并要求 Nodemanger 启动应用程序的 ApplicationMaster；

（3）ApplicationMaster 启动后立即向 ResourceManager 注册，此时用户可以直接通过 ResourceManager 查看应用程序的运行状态，然后它将为各个任务申请分布在某些 Nodemanager 上的容器资源，并监控它的运行状态（步骤（4）~（7）），直到运行结束；

（4）ApplicationMaster 采用轮询的方式向 ResourceManager 申请和领取资源；

（5）ApplicationMaster 申请到资源后，即与资源容器所在的 NodeManager 通信，要求其在容器内启动任务；

（6）NodeManager 为任务初始化运行环境（包括环境变量、jar 包、二进制程序等），启动任务；

（7）运行各个任务的容器通过向 ApplicationMaster 汇报自己的状态和进度，使 ApplicationMaster 随时掌握各个任务的运行状态，从而可以在任务失败时重新启动任务。用户可以向 ApplicationMaster 查询应用程序的当前运行状态；

（8）应用程序运行完成后，ApplicationMaster 向 ResourceManager 注销并关闭。

YARN 框架和经典的 MRV1 调度框架相比，主要有以下优化。

（1）ApplicationMaster 使得检测每一个 Job 子任务状态的程序分布式化，减少了 JobTracker 资源消耗；

（2）在 YARN 中，用户可以对不同的编程模型写自己的 ApplicationMaster，可以让更多类型的编程模型运行在 Hadoop 集群上，如 Spark 基于内存的计算模型。

（3）Container 提供 Java 虚拟机内存的隔离，优化了经典调度框架中 Map Slot 和 Reduce Slot 分开造成集群资源闲置的不足。

4.5　MapReduce 的数据类型与输入/输出格式

4.5.1　MapReduce 的数据类型

MapReduce 运算将完成的 Map 任务的计算结果发送给 Reduce 任务，Reduce 收到任务后进行规约计算。Map 和 Reduce 任务多数情况分布在不同的计算节点上，这就要求在网络上传递可序列化的 Java 对象。对象序列化是指把 Java 对象转化成字节序列的过程，反序列化是把字节序列转化成对象。Hadoop 重新定义 Java 中常用的数据类型（见表 4.1），并让它们具有序列化的特点。例如，4.2 节中的，map 函数和 reduce 函数写到 Context 对象的键值对时都使用了 Writable 类型的可序列化的数据类型，而不是 Java 的基本类型。

表 4.1　　　　　　　　　　Hadoop 定义的数据类型与 Java 类型对照表

Java 基本类型	Hadoop 封装的类型	说明
byte	ByteWritable	单字节数值
int	IntWritable	整型数值
long	LongWritable	长整型数值
float	FloatWritable	浮点型数值
double	DoubleWritable	双字节数值
boolean	BooleanWritable	标准布尔型数值
String	Text	UTF8 格式存储的文本

MapReduce 除了可以使用这些常用的 Hadoop 定义的数据类型外，有时针对特定的应用场景，可通过实现 org.apache.hadoop.io.Writable 接口自定义数据类型。

4.5.2　MapReduce 的文件输入/输出格式

1. 输入格式

Map 任务处理的输入块称为输入分片（Split），每个分片被划分为若干条记录，每条记录就是一个键值对，map 函数一个接一个地处理记录。输入分片在 Java 中被表示为 InputSplit 抽象类的子类的对象。

```
1. public abstract class InputSpilt{
2.        public abstract long getLength();
3.        public abstract String[] getLoacations();
4. }
```

InputSplit 包含一个以字节为单位的长度和一组存储位置（即一组主机名），存储位置供 MapReduce 系统使用，以便将 Map 任务尽量放在分片数据附近。而分片大小用来排序分片，以便优先处理最大的分片，从而最小化作业运行时间。MapReduce 开发人员不必直接处理 InputSplit，因为它是由 InputFormat 创建的。客户端通过调用 InputFormat 的 getSplits()计算分片，然后将它们送到 JobTracker，JobTracker 使用其存储位置信息来调度 Map 任务，从而在 TaskTracker 上处理这些分片数据。Map 任务通过把输入分片传递给 InputFormat 的 getRecordReader()方法来获得这个分片的 RecordReader。RecordReader 类似于迭代器，对 Map 任务进行迭代，生成键值对，然后传递给 map 函数，也就是说 InputFormat 不仅可以计算分片，进行数据分割，还可以对分片进行迭代，即获得分片的迭代器，所有有关分片的操作都由 InputFormat 来支持。InputFormat 类的层次结构图如图 4.8 所示。

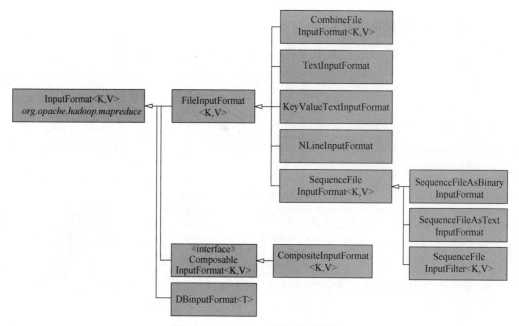

图 4.8　InputFormat 类的层次结构图

（1）FileInputFormat 类

FileInputFormat 是所有文件作为数据源的 InputFormat 的实现类，主要有两个功能：指定输入文件位置和输入文件生成分片的实现代码段。换句话说，它并不生成分片，只是返回文件位置，并且实现了分片算法。

FileInputFormat 提供了四种静态方法指定 Job 输入路径：

```
Public static void addInputPath(Job job,Path path);
Public static void addInputPaths(Job job,String paths);
Public static void setInputPaths(Job job,Path ...inputPaths);
```

```
Public static void setInputPaths(Job job,String paths);
```

其中，addInputPath()和 addInputPaths()方法可以将一个或多个路径加入到路径列表，可以调用这两种方法建立路径列表。setInputPaths()方法一次设定完整的路径列表，其中路径可以是一个文件、一个目录，或者一个 glob（即一个文件和记录的集合），当路径是一个目录时表示包含目录下的所有文件。但是当目录中包含目录的时候，这个目录也会被解释成文件，所以会报错。可以通过使用一个文件 glob 或者一个过滤器，根据命名模式限定选择目录中的文件。还可以通过设置属性 mapred.input.dir.recursive 为 true，强制对目录进行递归读取。如果需要排除目录中的个别文件，可以通过 setInputPathFileter()设置一个过滤器来进行过滤，如果不设置过滤器，也会有默认的过滤器排除隐藏文件（以.和_开头的），路径和过滤器也可以使用配置文件（mapred.input.dir 和 mapred.input.path.Fileter.class）进行配置。

FileInputFormat 只划分比 HDFS 块大的文件，所以 FileInputFormat 划分的结果是这个文件或者是这个文件中的一部分。当 Hadoop 处理很多小文件（文件大小小于 HDFS 块大小）时，由于 FileInputFormat 不会对小文件进行划分，所以每一个小文件都会被当做一个 split 并分配一个 map 任务，导致效率低下。通常使用 SequenceFile 将这些小文件合并成一个大文件或多个大文件，将文件名作为键，文本内容作为值。倘若 HDFS 中已经存在大批小文件，则可以使用 CombinerFileInputFormat 把多个小文件打包成一个大文件，以便每个 Map 任务能够处理更多的数据。

（2）TextInputFormat 类

TextInputFormat 是 FileInputFormat 的子类，文本文件的每一行数据就是一条记录。TextInputFormat 的 key 是 LongWritable 类型的，存储该行在整个文件的偏移量，value 是 Text 类型，存储该行的内容。

使用 TextInputFormat 类时，reduce 函数的键为每行在文件中的字节偏移量。有时候文件的每一行是一个使用某个分界符进行分割的键值对。此时，可以使用 KeyValueTextInputFormat。可以通过 mapreduce.input.keyvaluelinerecordreader.key.value.seperator 属性指定分隔符。默认是一个制表符，其中这个键是分隔符前的文本，值是分隔符后的文本，其类型都是 text 类型。如：

```
key1:this is first line text
key2:this is second line text
```

键、值的分隔符为 "："，则通过 KeyValueTextInputFormat 读取后，文件被分为两条记录，分别是：

```
(key1,this is first line text)
(key2,this is second line text)
```

（3）NLineInputFormat 类

在 TextInputFormat 和 KeyValueTextInputFormat 中，每个 Map 任务收到的输入行数并不确定，行数取决于输入分片的大小和行的长度。如果希望 Map 收到固定行数的输入，可以使用 NLineInputFormat 作为 InputFormat。与 TextInputFormat 一样，键是文件中行的字节偏移量，值是行的内容。N 是每个 Map 任务收到的输入行数，默认是 1。可以通过 mapreduce.input.lineinputformat.linespermap 属性设置。以 4 行输入为例：

```
Life is a journey
not the destination
but the scenery along the should be
and the mood at the view.
```

当 N=2 时，每个输入分片包含两行。一个 Map 任务收到前两行键值对：

```
(0, Life is a journey)
(17, not the destination)
```

另一个 Map 任务收到后两行键值对：

（37, **but the scenery along the should be**）

（72, **and the mood at the view.**）

（4）SequenceFileInputFormat 类

当需要使用顺序文件作为 MapReduce 的输入时，应该使用 SequenceFileInputFormat。键和值由顺序文件指定，只需要保证 Map 输入的类型匹配。例如，输入文件中键的格式是 DoubleWritable，值是 Text，则 Mapper 的格式应该是 Mapper<DoubleWritable,Text,K,V>，K 和 V 是 Mapper 输出的键和值的类型。SequenceFileAsTextInputFormat 是 SequenceFileInputFormat 的变体，将顺序文件的键和值转化为 Text 对象；SequenceFileAsBinaryInputFormat 是 SequenceFileInputFormat 的一种变体，获取顺序文件的键和值作为二进制对象。

2. 输出格式

针对前面的输入格式，Hadoop 都有相应的输出格式，OutputFormat 类的层次结构图如图 4.9 所示。

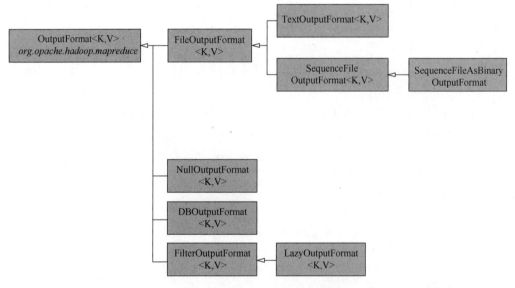

图 4.9　OutputFormat 类的层次结构图

（1）TextOutputFormat 类

TextOutputFormat 是默认的输出格式，每条记录写为一行。键和值可以是任意类型，因为 TextOutputFormat 要调用 toString() 把它们转换为字符串。键值默认使用制表符分割，可以使用 mapreduce.output.textoutputformat.separator 属性改变分割符。与 TextOutputFormat 对应的输入格式是 KeyValueTextInputFormat，通过可配置的分隔符将键值对文本行分隔。

（2）SequenceFileOutputFormat 类

将输出写为一个顺序文件，当输出需要作为后续的 MapReduce 输入的时候，这种输出非常合适，因为它格式紧凑，容易被压缩。SequenceFileAsBinaryOutputForamt 与 SequenceFileAsBinaryInputFormat 对应，将输出的键和值作为二进制格式写到 SequenceFile 容器中。

4.6　MapReduce 编程实例

本例的数据来自于"YouTube 社交网站"的数据集，完整的数据集下载地址参看本书提供的网络资源。

该数据集各字段的具体含义如表 4.2 所示。通过 head 命令查看数据集的第一条记录，查看结果如图 4.10 所示。

表 4.2　　　　　　　　　　　　　　YouTube 数据集字段含义

字段名	解释及数据类型
video ID	视频 ID：每个视频存在唯一的 11 位字符串
uploader	上传者用户名：字符串类型
age	视频上传日期与 2007 年 2 月 15 日（YouTube 创立日）的间隔天数：整数值
category	视频类别：字符串类型
length	视频长度：整数值
views	浏览量：整数值
rate	视频评分：浮点值
ratings	评分次数：整数值
comments	评论数：整数值
related IDs	相关视频 ID，每个相关视频的 ID 均为单独的一列：字符串类型

```
QuRYeRnAuXM      EvilSquirrelPictures    1135     Pets & Animals  252      1075      4
.96     46      86      gFa1YMEJFag      nRcovJn9xHg      3TYqkBJ9YRk      rSJ8QZWB
egU     0TZqX5MbXMA     UEvVksP91kg      ZTopArY7Nbg      0RViGi2Rne8      HT_QlOJb
Dpg     YZev1imoxX8     8qQrrfUTmh0      zQ83d_D2MGs      u6_DQQjLsAw      73Wz9CQF
DtE
```

图 4.10　数据集第一条记录截图

4.6.1　视频类型统计

场景：从已经上传的视频中，统计每一个视频类型下的视频数量。表 4.3 所示为数据集数据格式示例。category 列代表了视频类型，因而 map 函数只需逐行读取，返回视频类型为键和数字 1 为值的键值对，再传给 reduce 函数处理即可。map 函数的输入键依然为文本文件中行的偏移量，值为行内容。reduce 函数输出键值对为视频类型和该视频类型中的视频数量。

表 4.3　　　　　　　　　　　　　　Map 输入信息表

video ID	upload	age	category	length	views	rate	ratings	comments	Related IDs
PkGUU_ggO3k	tom	704	Entertainment	262	11235	3.86	247	280	tpAL3iOurl4…ifnlnjiY4s
RX24KLBhwMI	jsack	687	Blogs	512	24149	4.22	315	474	PkGUU_ggO3k…tpAl3iOurl4

1. Mapper 类代码实现

Mapper 类的具体代码实现如下：

```
1. public static class Map extends Mapper<LongWritable, Text, Text, IntWritable> {
2.          private final static IntWritable one = new IntWritable(1);
3.          private Text tx = new Text();
4.          public void map(LongWritable key, Text value, Context context)
5.              throws IOException, InterruptedException {
6.              String line = value.toString();
7.              String[] str = line.split("\t");
```

```
8.            if (str.length > 4) {
9.                tx.set(str[3]);   // 取视频类型
10.            }
11.           context.write(tx, one);
12.        }
13.    }
```

第 2 行构造 Intwritable 可以持久化对象并赋值为 1；第 6~7 行使用 "\t" 分割符来分割行，并将值存储在 String Array 中，以使一行中的所有列都存储在字符串数组中；第 8~10 行过滤字段，将一条记录中的分类 category 作为 map 函数的 value 输出。

2. Reducer 类代码实现

Reducer 类的具体代码实现如下：

```
1. public static class Reduce extends Reducer<Text, IntWritable, Text, IntWritable> {
2.        public void reduce(Text key, Iterable<IntWritable> values,
             Context context) throws IOException, InterruptedException {
3.            int sum = 0;
4.            for (IntWritable v : values) {
5.                sum += v.get()
6.            }
7.            context.write(key, new IntWritable(sum));
8.        }
9.    }
```

reduce 函数接收 Map 阶段传来的 k/v 键值对，输出的类型和传入的类型一致。第 3~6 行遍历每一组记录，累加同一视频类型下的视频数量，第 7 行通过 context 输出计算结果。

3. 运行结果

获取本案例的源码文件夹 ch04.YouTubeCategory，借助 ant/maven 打包 Java 文件，假设打包后的 jar 文件名为 YouTubeCategory.jar。

登录 Hadoop 集群，进入 YouTubeCategory.jar 文件目录，运行 MapReduce job，执行：

```
[hadoop@master~]${HADOOP_HOME}/bin/hadoop jar CategoryCount.jar /tmp/test-MR/ Youtube
DataSets.txt  /tmp/test-MR/output2
```

执行如下命令，查看各类别视频数量：

```
[hadoop@master~]${HADOOP_HOME}/bin/hadoop fs -cat /tmp/test-MR/output2 /part-r-00000
```

结果如图 4.11 所示。我们将会在第 9 章进一步以可视化的形式展示结果。

图 4.11   视频类别统计图

4.6.2　查询 TOP10 用户上传的视频列表

场景：分析 YouTube 数据集，使用 MapReduce 设计分布式程序，统计 Top10 用户的上传视频列表。

1. MapReduce 设计

本案例需要提交两次 job，第一次 job 是统计每个用户上传的视频总数、视频列表，通过实现 org.apache.hadoop.io.Writable 接口自定义数据类型 TopListBean，并以类型对象组成新的键值对输出；第二次 job 针对第一次 job 统计的用户上传的视频总数并降序输出。

2. 自定义 Bean 类实现

```
1  public class TopListBean implements Writable {
2    private Text videoID;           # 视频 ID
3    private Text uploaderName;       # 上传者用户名
4    private IntWritable uploadNum;   # 上传视频数量
5    public Text getVideoID() {
6        return videoID;
7    }
8    public void setVideoID(Text videoID) {
9        this.videoID = videoID;
10   }
11   public Text getUploaderName() {
12       return uploaderName;
13   }
14   public void setUploaderName(Text uploaderName) {
15       this.uploaderName = uploaderName;
16   }
17   public IntWritable getUploadNum() {
18       return uploadNum;
19   }
20   public void setUploadNum(IntWritable uploadNum) {
21       this.uploadNum = uploadNum;
22   }
23   @Override
24   public void write(DataOutput out) throws IOException {
25       out.writeUTF(videoID.toString());
26       out.writeUTF(uploaderName.toString());
27       out.writeInt(uploadNum.get());
28   }
29   @Override
30   public void readFields(DataInput in) throws IOException {
31       this.videoID = new Text(in.readUTF());
32       this.uploaderName = new Text(in.readUTF());
33       this.uploadNum = new IntWritable(in.readInt());
34   }
35   @Override
36   public String toString() {
37       return uploaderName + "#" + uploadNum + "#[" + videoID + "]";
38   }
39 }
```

TopListBean 类包含需要统计的视频 ID、上传者用户名、上传视频数量私有类变量，第 5～22 行为 get、set 方法。实现 Writable 接口需要重写 readFields、write 方法，第 24~28 行序列化对象，将 Java 对象转换为字节，并将字节写入二进制流中；第 30~34 行从数据流中反序列化，从数据流中读出对象必须跟序列化时的顺序保持一致；第 36~38 行重写 toString 方法。

3. Mapper 类代码实现

```
1  public static class TopListProcessMapper extends Mapper<LongWritable, Text, Text, Text> {
2      private Text videoID = new Text();
3      private Text uploaderName = new Text();
4      public void map(LongWritable key, Text value, Context context) throws IOException, InterruptedException {
5              String line = value.toString();
6              String[] str = line.split("\t");
7              videoID.set(str[0]);
8              uploaderName.set(str[1]);
9              context.write(uploaderName, videoID);
10     }
11 }
```

收到数据集中的一条记录，切分成各个字段，抽取需要的字段 videoID、uploaderName，并将其封装成键值对的形式发送出去。其中，第 5~6 行分割一条记录，以 "\t" 分隔符隔开；第 7~8 行抽取字段 videoID、uploaderName，转化为可持久化的 Text 对象后，在第 9 行组合为新的键值对输出到 context 对象。

4. Reducer 类代码实现

```
1  public static class TopListProcessReduce extends Reducer<Text, Text, Text, NullWritable> {
2      public void reduce(Text uploaderName, Iterable<Text> videoIDs, Context context) throws IOException, InterruptedException {
3              int videoNum = 0;
4              StringBuffer uploaderName_videoIDs = new StringBuffer();
5              TopListBean topListBean = new TopListBean();
6              Text key = new Text();
7              NullWritable value = NullWritable.get();
8              for (Text videoID : videoIDs) {
9                  uploaderName_videoIDs.append(videoID).append(",");
10                 videoNum += 1;
11             }
12             topListBean.setUploaderName(uploaderName);
13             topListBean.setUploadNum(new IntWritable(videoNum));
14             topListBean.setVideoID(new Text(uploaderName_videoIDs.substring(0, uploaderName_videoIDs.length() - 1)));# 去除视频列表字符串末尾多出的','符号
15             key.set(topListBean.toString());
16             context.write(key, value);
17
18     }
19 }
```

Reduce 函数的业务逻辑是遍历 values，然后进行累加求和后输出。第 4 行声明 StringBuffer 对象，用于对相同用户上传视频 ID 内容的追加写入；第 8~11 行通过迭代器，遍历每一组键值对中的 value，进行累加计算；第 12~14 行将上传者用户名、上传视频数量、视频 ID 列表写入 topListBean 对象；第 16 行，将结果通过 context 输出。

5. 运行结果

获取本案例的源码文件夹 ch04 中 YoutubeTopList，使用 ant 打包 Java 文件。假设打包后的 jar 文件名为 TopList.jar，将打包后的文件、数据集上传到 Hadoop 集群指定目录。

登录 Hadoop 集群，进入 TopList.jar 文件目录，运行 MapReduce job，执行：

[hadoop@master~]${HADOOP_HOME}/bin/hadoop jar TopList.jar bigdata.ch04.TopListProcess /MR-test/YoutubeDataSets.txt /MR-test/output1

其中，bigdata.ch04.TopListProcess 指定本次 jar 包中要运行的主类名；/MR-test/YoutubeDataSets.txt 指定数据集位置；/MR-test/output1 指定结果输出位置。第一次 job 的运行过程如图 4.12 所示。

```
[hadoop@master MR-test]$ hadoop jar TopList.jar bigdata.ch04.TopListProcess /MR-
test/YoutubeDataSets.txt /MR-test/output1
18/07/09 11:18:33 INFO client.RMProxy: Connecting to ResourceManager at master/1
92.168.2.176:8032
18/07/09 11:18:34 INFO input.FileInputFormat: Total input files to process : 1
18/07/09 11:18:35 INFO mapreduce.JobSubmitter: number of splits:1
18/07/09 11:18:36 INFO Configuration.deprecation: yarn.resourcemanager.system-me
trics-publisher.enabled is deprecated. Instead, use yarn.system-metrics-publishe
r.enabled
18/07/09 11:18:36 INFO mapreduce.JobSubmitter: Submitting tokens for job: job_15
31043180901_0001
18/07/09 11:18:37 INFO impl.YarnClientImpl: Submitted application application_15
31043180901_0001
18/07/09 11:18:37 INFO mapreduce.Job: The url to track the job: http://master:80
88/proxy/application_1531043180901_0001/
18/07/09 11:18:37 INFO mapreduce.Job: Running job: job_1531043180901_0001
18/07/09 11:18:45 INFO mapreduce.Job: Job job_1531043180901_0001 running in uber
 mode : false
18/07/09 11:18:45 INFO mapreduce.Job:  map 0% reduce 0%
```

图 4.12　第一次 job 运行过程图

执行如下命令，查看本次 job 统计每个用户上传的视频总数、视频列表的前十条记录，结果如图 4.13 所示。

[hadoop@master~]${HADOOP_HOME}/bin/hadoop fs -cat /MR-test/output1/part-r-00000| head -n 10

```
[hadoop@master MR-test]$ hadoop fs -cat /MR-test/output1/part-r-00000 | head -n 10
000ILoveNaruto000#1#[qnC9R2g4B9Y]
007SimsMan#3#[3raQGf3ilEA,Lsu7ziGf5JY,QPZSFc8I3R4]
007soldier#1#[dUD9aE6BfrE]
033164#1#[p4Aei7nV5xg]
09224221550#1#[9IwLGLdU4II]
0eros80#1#[h-3W_9X4FtA]
0merone#1#[vKmnXh8zafo]
0sonalika0#1#[4z31fXh-UEY]
1001BG#1#[yJqLL1_Cu0A]
10cutie10#1#[pwutYAzbOJI]
```

图 4.13　第一次 job 的前十条记录

以第二条记录：007SimsMan#3#[3raQGf3ilEA,Lsu7ziGf5JY,QPZSFc8I3R4]为例进行说明。其中，"007SimsMan"表示上传者用户名，"3"表示该用户上传的视频数量，"[3raQGf3ilEA,Lsu7ziGf5JY, QPZSFc8I3R4]"表示用户上传的视频列表。通过分析前十条记录，可以发现，第一次 job 已经统计了用户上传的视频列表，但是并没有根据用户上传的视频数量进行倒序排列。这是因为 MapReduce 默认按照 Map 函数输出的 Key 值升序排列。所以，第二次 job 的任务，即在第一次 job 结果的基础上，自定义 Comparator，根据用户上传的视频数量降序输出。

6. 第二次任务 Mapper 类代码实现

```
1  public static class TopListSortMapper extends Mapper<LongWritable, Text, IntWritable,
   Text> {
2      private IntWritable uploaderNum = new IntWritable();
3      public void map(LongWritable key, Text value, Context context) throws IOException,
   InterruptedException {
4          String line = value.toString();
5          String[] str = line.split("#");
6          uploaderNum.set(Integer.valueOf(str[1]));
   context.write(uploaderNum, new Text(line.toString()));
7      }
8  }
```

将收到的数据集中的一条记录切分成各个字段，第 6 行抽取用户上传视频数量 uploaderNum 作为 map 函数输出的 key，第一次 job 输出的整条记录直接作为 value 输出。

7. 第二次任务 Reducer 类代码实现

```
1  public static class TopListSortReduce extends Reducer<IntWritable, Text, Text,
   NullWritable> {
2      public void reduce(IntWritable uploaderNum, Iterable<Text> lines, Context
   context) throws IOException, InterruptedException {
3          for (Text line : lines) {
4              context.write(new Text(line.toString()), NullWritable.get());
5          }
6      }
7  }
```

Reduce 函数的业务逻辑是遍历 values，在本次排序中，Reduce 函数无需进行统计计算，直接将 map 函数输出的 value 作为本次 reduce 函数的 key 输出。

8. 自定义 Comparator

```
1  public static class myComparator extends Comparator {
2      public int compare(WritableComparable a, WritableComparable b) {
3          return -super.compare(a, b);
4      }
5
6      public int compare(byte[] b1, int s1, int l1, byte[] b2, int s2, int l2) {
7          return -super.compare(b1, s1, l1, b2, s2, l2);
8      }
9  }
```

因为 MapReduce 默认按照 Map 函数输出的 Key 值升序排列，所以，可自定义 Comparator 实现排序逻辑。通过 compare 方法，进行排序大小比较的工作，实现 Map 函数按照用户上传视频数量（key 值）降序输出。

至于自定义的 Comparator，则需要在主函数 main 中指定，只需添加 job.setSortComparatorClass(myComparator.class)即可。

9. 运行结果

登录 Hadoop 集群，进入 TopList.jar 文件目录，运行 MapReduce job，执行：

```
[hadoop@master~]${HADOOP_HOME}/bin/hadoop jar TopList.jar bigdata.ch04.TopListSort
/MR-test/output1/part-r-00000 /MR-test/output2
```

其中，bigdata.ch04.TopListSort 指定本次 jar 包中要运行的主类名；/MR-test/output1/ part-r-00000 指定数据集位置；/test-MR/output2 指定结果输出位置。第二次 job 的运行过程如图 4.14 所示。

图 4.14　第二次 job 运行过程图

执行如下命令，查看本次 job 统计的每个用户上传的视频总数、视频列表的前十条记录，结果如图 4.15 所示。

[hadoop@master~]${HADOOP_HOME}/bin/hadoop fs -cat /MR-test/output2/part-r-00000| head -n 10

图 4.15　最终统计结果示意图

通过对比第一次 job 的输出结果，第二次 job 已经按照用户上传的视频数量降序输出；同时，用户上传的视频列表一并被打印输出。

习题

1. 在 Hadoop 环境中运行、学习本章示例代码。

2. 以词频统计为例，以 Java 基本类型代替 writable 类型变量，编译、运行并分析原因。

3. 以 YouTube 数据集为例，采用 MapReduce 编程，分析随着时间变化每类视频上传数量，并采用 Excel 绘制出相应的变化曲线。

4. 在习题 3 的基础上分析，MapReduce 程序在 Hadoop 上的运行过程。

5. 比较分析经典 MapReduce 调度模型与 YARN 的异同点。

6. 如何直接将从多行数据中抽取的键值对发送到 map 函数处理？

7. 尝试实现 Writable 类，在 map 和 reduce 函数间传递一组数据。

05 第5章 数据采集与预处理

随着移动互联网、物联网的迅速发展，产生了诸如物联网终端流数据、股票交易数据、网购数据、用户行为数据等大量需要处理与分析的数据。要处理这些数据，首要任务是采集及预处理，再使用第 2 章～第 4 章介绍的 Hadoop 等大数据存储、数据分布式计算的相关技术进行分析处理。

本章重点介绍大数据采集、传输数据的工具，包括 Flume、Sqoop 和 Kafka。

5.1 流数据采集工具 Flume

数据流通常被视为一个随时间延续而无限增长的动态数据集合，是一组顺序、大量、快速、连续到达的数据序列。通过对流数据处理，可以进行卫星云图监测、股市走向分析、网络攻击判断、传感器实时信号分析。流数据具有实时到达、不受系统控制、规模宏大、不易重复获取等特点，因此，要求流数据的采集系统有较好的实时性、可靠性和安全性。而 Apache Flume 是一种分布式、具有高可靠和高可用性的数据采集系统，可从多个不同类型、不同来源的数据流汇集到集中式数据存储系统中。图 5.1 所示为 Flume 的一个应用场景。用户使用 Flume 可以从云端、社交网络、网站等获取数据，存储在 HDFS、HBase 中，供后期处理与分析。理解 Flume 的工作机制，需要了解事件、代理、源、通道、接收器等关键术语。

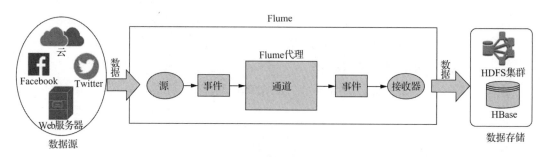

图 5.1　Flume 应用示例图

1. Flume 事件

在 Flume 中，数据是以事件为载体进行传输的。Flume 事件被定义为具有字节有效载荷的事件体和可选的一组字符串属性事件头的数据流单元。图 5.2 为一个事件的示意图，Header 部分可以包括时间戳、源 IP 地址等键值对，可以用于路由判断或传递其他结构化信息等。事件体是一个字节数组，包含实际的负载，如果输入由日志文件组成，那么该数组就类似于一个单行文本的 UTF-8 编码的字符串。

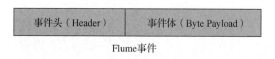

图 5.2　Flume Event 示意图

2. Flume 代理

一个 Flume 代理是一个 JVM 进程，是承载事件从外部源流向下一个目标的组件，主要包括事件源（Source）、事件通道（Channel）、事件槽/接收器（Sink）和其上流动的事件，如图 5.3 所示。

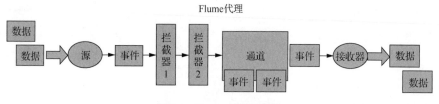

图 5.3　Flume 代理组成图

在代理中，从源到接收器传递的事件可以由事件拦截器对事件进行修改处理，也可以由事件选择器提供事件流动的分支，将事件传递到一个或多个通道上。

3. 源

Flume 消费由外部源传递给它的事件。外部源以 Flume 源识别的格式向 Flume 发送事件。

例如，Flume 提供了对 Avro 格式事件的支持（Avro 是 Hadoop 中的一个独立子项目，是一个基于二进制数据传输的高性能中间件），可用于从 Avro 客户端或其他 Flume 代理程序接收 Avro 事件。当 Flume 源接收到一个事件时，它将其存储到一个或多个渠道。该通道是一个被动存储，保持事件，直到它被 Flume Sink 消费。再如，文件通道，由本地文件系统支持，接收器从通道中删除事件，并将其放入外部存储库，或将其转发到流中下一个 Flume 代理 Flume 源。图 5.4 中有 a1、a2、b 三个 Flume 处理，其中 a1，a2 分别从 Excel 源获取数据并经过内存通道送到相应的 Avro 槽，然后与代理 b 的源绑定，经过代理 b 写到 HDFS 槽（HDFS 系统）。

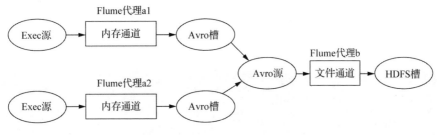

图 5.4　通道持久化与多代理示意图

4. 通道

事件在每个代理程序的通道暂存，并传递到下一个代理或终端存储库（如 HDFS）。事件只有在存储到下一代理程序的通道或终端存储库中之后才被从通道中删除。一个代理中可以有多个通道、多个接收器。

Flume 支持文件通道和内存通道。文件通道由本地文件系统支持，提供通道的可持久化解决方案；内存通道将事件简单地存储在内存中的队列中，速度快，但若由于故障，保留在内存通道中的事件将无法恢复。

Flume 采用交易方式来保证事件的可靠传递。在多跳流程的情况下，来自前一跳的汇聚和来自下一跳的源都具有其事务运行，以确保数据被安全地存储在下一跳的通道中。图 5.4 是一个多级代理示意图，在代理 a1 与 a2 使用内存通道，在代理 b 中使用文件通道。

5. 槽/接收器

Flume 代理的输出数据部分称为槽（Sink）或接收器，负责从通道接受数据，并可传递到另外一个通道。接收器只可以从一个通道里接收数据。如图 5.4 所示的 Flume 代理 a1 与 a2 的 Avro 接收器从内存通道接受数据，并传递给 Flume 代理 b 的 Avro 源，形成多级 Flume。

5.1.1　Flume 的安装

Flume 可以从其官网下载，当前 Flume 版本为 1.8.0。要求安装 Java1.8 或更高版本的 Java 运行环境，要求有足够内存与磁盘空间及目录读/写权限。

（1）解压并修改名字：

```
[hadoop@master ~]$ tar -xzvf apache-flume-1.8.0-bin.tar.gz
//为了使用方便，建立 apache-Flume-1.7.0-bin 目录的软连接
[hadoop@master ~]$ ln -s apache-flume-1.8.0-bin flume-1.8.0
```

（2）配置环境变量，修改 vi /etc/profile 文件，添加环境变量，如图 5.5 所示。

```
export FLUME_HOME=/home/hadoop/flume-1.8.0
export PATH=.:$PATH::$FLUME_HOME/bin
注意：/home/hadoop/flume-1.8.0 为解压 flume 的路径
```

```
# flume
export FLUME_HOME=/home/hadoop/flume-1.8.0
export PATH=.:$PATH::$FLUME_HOME/bin
```

图 5.5　flume 环境变量配置图

执行下面命令使之生效：

```
[hadoop@master ~]$ source ~/.bashrc
```

（3）运行 flume-ng version，若出现如图 5.6 所示的提示信息，表示 Flume 安装成功。

```
[hadoop@master ~]$ flume-ng version
Flume 1.8.0
Source code repository: https://git-wip-us.apache.org/repos/asf/flume.git
Revision: 99f591994468633fc6f8701c5fc53e0214b6da4f
Compiled by denes on Fri Sep 15 14:58:00 CEST 2017
From source with checksum fbb44c8c8fb63a49be0a59e27316833d
```

图 5.6　Flume 安装成功输出结果图

5.1.2　Flume 的配置与运行

安装好 Flume 后，使用 Flume 的步骤分为如下两步：

（1）在配置文件中描述 Source、Channel 与 Sink 的具体实现；

（2）运行一个 Agent 实例，在运行 Agent 实例的过程中会读取配置文件的内容，这样 Flume 就会采集到数据。

现使用 Flume 监听指定文件目录的变化，并通过将信息写入 logger 接收器的示例，说明 Flume 的配置过程。其关键是通过配置一个配置文件，将数据源 s1 指定为 spooldir 类型，将数据槽/接收器 k1 指定为 logger，配置一个通道 c1，并指定 s1 的下游单元和 k1 的上游单元均为 c1，实现 Source->Channel->Sink 的事件传送通道。具体步骤如下。

（1）首先进入/flume-1.8.0/conf 目录下，创建 Flume 配置文件 my.conf。

```
[hadoop@master conf]$ vim my.conf
```

（2）从整体上描述代理 Agent 中的 Sources、Sinks、Channels 所涉及的组件。

```
#指定 Agent 的组件名称
a1.sources = s1
a1.sinks = k1
a1.channels = c1
```

将代理 a1 的源、槽和通道分别指定为 s1、k1 和 c1。

（3）具体指定代理 a1 的 Source、Sink 与 Channel 的属性特征。

```
#指定 Flume Source 的类型为 spooldir，要监听的路径为 /home/hadoop/tmp
a1.sources.s1.type = spooldir
a1.sources.s1.spoolDir = /home/hadoop/tmp

#指定 Flume Sink 的类型为 logger
a1.sinks.k1.type = logger
```

#指定 Flume Channel 为内存通道，通道最大事件容量 capacity 为 1000，单事物一次读写 Channel 的最多事件数量为 100。

```
a1.channels.c1.type = memory
a1.channels.c1.capacity = 1000
a1.channels.c1.transactionCapacity = 100
```

（4）通过通道 c1 将源 r1 与槽 k1 连接起来。

```
#将源 s1 和槽 s1 绑定到通道 c1 上
a1.sources.s1.channels = c1
a1.sinks.k1.channel = c1
```

（5）启动 Flume Agent，编辑完毕 myFlume.conf 后如图 5.7 所示。

图 5.7　myFlume.conf 配置图

保存后，就可以用如下命令进行测试运行，运行结果如图 5.8 所示。

```
[hadoop@master conf]$ cd /home/hadoop/flume-1.8.0/
[hadoop@master flume-1.8.0]$ bin/flume-ng agent --conf conf --conf-file conf/myflume.conf --name a1 -DFlume.root.logger=INFO,console
```

图 5.8　flume 测试运行图

下面分别对其中的参数进行说明：

① conf：指定包含 flime-env.sh 和 log4j 的配置文件夹 conf；

② conf-file：指定编写的代理配置文件 myFlume.conf；

③ name：指定代理的名称 a1，与 myFlume.conf 中定义的 a1 一致；

④ DFlume.root.logger=INFO，DFlume.root.logger 属性覆盖了 conf/log4j.properties 中的 root logger，使用 console 追加器，若不指定，默认写到日志文件 conf/log4j.properties 中。也可以通过修改 conf/log4j.properties 文件中的 Flume.root.logger 属性达到同样的效果。

（6）写入日志文件，在 testFlume.log 文件中写入 Hello World，作为测试内容，然后将文件复制到 Flume 的监听路径上。

```
[hadoop@master ~]$ echo Hello World ! > flumeTest.log
[hadoop@master ~]$ cp flumeTest.log /home/hadoop/tmp/
```

（7）当数据写入监听路径后，在控制台上就会显示监听目录收集到的数据，如图 5.9 所示，从而完成对指定目录日志文件的实时采集。

```
2017-04-13 16:15:40,163 (SinkRunner-PollingRunner-DefaultSinkProcessor) [INFO -
org.apache.flume.sink.LoggerSink.process(LoggerSink.java:95)] Event: { headers:{
} body: 48 65 6C 6C 6F 20 77 6F 72 6C 64                    Hello world }
```

图 5.9　Flume 收集到的 Hello World 信息图

在上例中，Flume 代理配置存储在本地配置文件 myFlume.conf 上。用户可以自己命名配置文件名称，也可以在同一配置文件中指定一个或多个代理的配置。配置文件包括代理中每个源、槽和通道的属性，以及它们如何连接在一起形成数据流。

5.1.3　Flume 源

5.1.2 节中将源 s1 类型指定为 spooldir 类型，这是 Flume 支持的一种 Spool 目录源。此外，Flume 还支持 Avro、Thrift、Exec、Taildir、Kafka、NetCat、Syslog 源等。本节对 Exec 源、Spool 目录源、Avro 源、Netcat TCP 源、Syslog TCP 源进行简单介绍。

1．Exec 源

Exec 源在启动时运行 Unix 命令，并且期望它会不断地在标准输出中产生数据。如果进程因为某些原因退出，Exce Source 也将退出并且不会再产生数据。

Exec 源可以实时搜集数据，但 Flume 没有运行或者 Shell 命令出错时，将会丢失数据。可以考虑使用 Spool 目录源代替 Excel 源提高系统可靠性。

2．Spool 目录源

Spool 目录源自动搜集放在指定文件夹中的文件，监视该目录并解析新文件的出现。当一个文件被完全读入通道，Flume 会重命名其为以 COMPLETED 为扩展名的新文件，或通过配置立即删除该文件。

与 Exec 源相比，Spool 目录源更加稳定而不会丢失数据。但是，放置到自动搜集目录下的文件不能修改，也不能产生重名文件。在实际应用中，可以采用给日志文件名称增加诸如时间戳等唯一标识符的方式，对文件进行区分和避免文件重名错误。

若使用 Spool 目录源，则必须配置 Channels、type 和 spoolDir 属性。可以通过配置 fileSuffix 属性指定完成文件的后缀，默认为 .COMPLETED；配置 deletePolicy 为 never 或 immediate，修改删除文件的策略；同样也提供正则表达式方式对文件进行过滤等。

3. Avro 源

通过配置 Avro 源，指定 Avro 监听端口，从外部 Avro 客户端接受事件流。Avro 源可以与 Flume 内置的 Avro 槽结合，实现更紧密的多级代理机制。另外该源也可以接受通过 Flume 提供的 Avro 客户端发送的日志信息。使用该源必须配置的属性包括 Channels、type、bind 和 port。type 指定为 avro，bind 为主机名或者需要监听的 IP 地址，port 为指定的绑定端口。

可将 5.1.2 节示例中的源修改为 avro 源的代码如下：

```
a1.sources.s1.type = avro
a1.sources.s1.bind = 0.0.0.0
a1.sources.s1.port = 4545
```

除了源部分的配置不同，其余部分都一样。启动 Flume 后，通过 Flume 自带的 Avro 客户端向指定机器指定端口发送日志信息：

```
bin/flume-ng avro-client --conf ../conf --host 0.0.0.0 --port 4545 --filename ../mydata/
log1.txt
```

参数说明：filename 指定向端口 4545 发送的日志文件名。

4. NetCat TCP 源

一个 NetCat TCP 源用来监听一个指定端口，并将接收到的数据的每一行转换为一个事件。必须配置的属性跟 Avro 源类似，包括 Channels、type、bind 和 port。属性 type 需要指定为 Netcat。Flume 的 Netcat TCP 源会自动创建一个 Socket Server，只需将数据发送到此 Socket，Flume 的 Netcat TCP 源就能获取数据。

修改 Flume 配置文件源定义部分，如下：

```
a1.sources.s1.type = netcat
a1.sources.s1.bind = 0.0.0.0
a1.sources.s1.port = 44444
```

在 Flume 的 bin 目录下执行如下命令，启动一个名为 a1 的 Agent，此时 Flume 会在本机创建一个监听 44444 端口的 Socket 服务，如果有客户端向这个端口写数据，则 Flume 就直接抓取数据封装成 Event，命令如下：

```
[hadoop@master flume-1.8.0]$ bin/flume-ng agent --conf conf --conf-file conf/my.conf
--name a1 -DFlume.root.logger=INFO,console
```

启动成功后输出的最后两行信息如图 5.10 所示。

```
18/03/02 11:00:47 INFO source.NetcatSource: Source starting
18/03/02 11:00:47 INFO source.NetcatSource: Created serverSocket:sun.nio.ch.Serv
erSocketChannelImpl[/127.0.0.1:44444]
```

图 5.10　NetCat TCP 源输出结果图

通过 telnet 命令向 44444 端口写数据，查看 Flume 的 Agent 输出：执行 telnet，并随机写一些数据，回车发送。

```
[hadoop@master flume-1.8.0]$ telnet localhost 44444
Trying 127.0.0.1...
Connected to localhost.localdomain (127.0.0.1).
Escape character is '^]'.
Hello world! <ENTER>
OK
```

Flume 的 Agent 的输出：

```
18/03/02 11:02:19 INFO Source.NetcatSource: Source starting
18/03/02 11:02:19 INFO Source.NetcatSource: Created serverSocket:sun.nio.ch.ServerSocketChannelImpl[/127.0.0.1:44444]
18/03/02 15:32:34 INFO Sink.LoggerSink: Event: { headers:{} body: 48 65 6C 6C 6F 20 77 6F 72 6C 64 21 0D         Hello world!. }
```

5. Syslog TCP 源

Syslog 是一种用来在互联网协议（TCP/IP）的网络中传递记录档信息的标准，由美国加州大学伯克利软件分布研究中心（BSD）开发，目前已成为工业标准协议。Syslog 记录系统事件，通过适当配置，可以实现运行 Syslog 协议的机器之间的通信。管理者可追踪和掌握与设备及网络有关的情况。

Flume syslog 源包括 UDP、TCP 和多端口 TCP 源三种。在传递消息的负载较小的情况下，可以选择 UDP 源，否则应选择 TCP 或多端口 TCP 源。Syslog 源必须设置的属性有 Channels、host、port（多端口 TCP 源为 ports）。对于多端口 TCP 源允许同时指定多个端口进行监听，下面就简单介绍多端口 TCP 源的使用。

可将 5.1.2 节示例中的源修改为多端口 TCP 源的代码如下：

```
a1.sources.s1.type = multiport_syslogtcp
a1.sources.s1.host = 0.0.0.0
a1.sources.s1.ports = 10001 10002 10003  # 注意：是ports，不是port
a1.sources.s1.portHeader = port
```

portHeader 属性是多端口 TCP 源较其他两个源增加的一个新属性。指定后，Flume 消息的 header 部分就会包括转发消息的端口。Flume 的事件拦截器可以利用这个信息进行不同的处理。

在 IP 地址为 192.168.0.106 主机上启动 Flume 代理后，在 IP 地址为 192.168.0.104 的客户机上发送如下命名信息：

```
echo hello port1 |nc 192.168.0.106 10001
echo hello port2 |nc 192.168.0.106 10002
echo hello port3 |nc 192.168.0.106 10003
```

输出结果如图 5.11 所示。在消息 header 中有例如 port=10003 等信息，如：

`headers:{port=10001, Flume.syslog.status=Invalid}`。

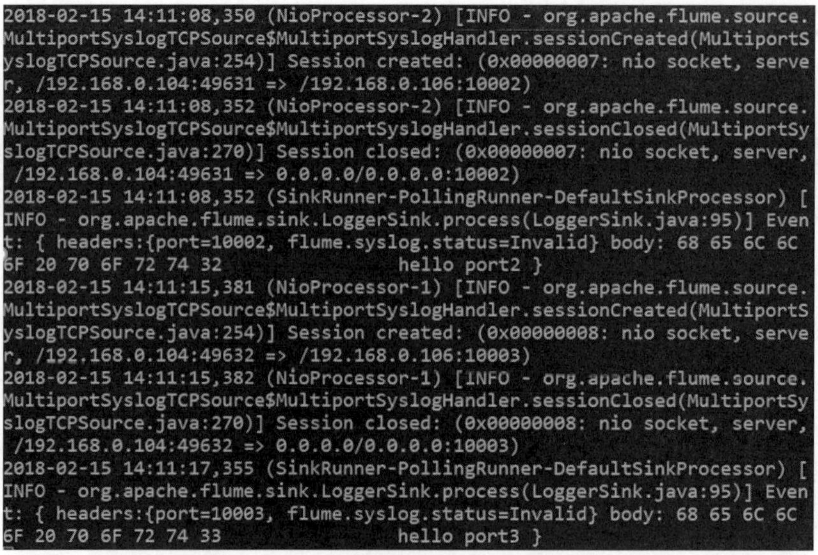

```
2018-02-15 14:11:08,350 (NioProcessor-2) [INFO - org.apache.flume.source.MultiportSyslogTCPSource$MultiportSyslogHandler.sessionCreated(MultiportSyslogTCPSource.java:254)] Session created: (0x00000007: nio socket, server, /192.168.0.104:49631 => /192.168.0.106:10002)
2018-02-15 14:11:08,352 (NioProcessor-2) [INFO - org.apache.flume.source.MultiportSyslogTCPSource$MultiportSyslogHandler.sessionClosed(MultiportSyslogTCPSource.java:270)] Session closed: (0x00000007: nio socket, server, /192.168.0.104:49631 => 0.0.0.0/0.0.0.0:10002)
2018-02-15 14:11:08,352 (SinkRunner-PollingRunner-DefaultSinkProcessor) [INFO - org.apache.flume.sink.LoggerSink.process(LoggerSink.java:95)] Event: { headers:{port=10002, flume.syslog.status=Invalid} body: 68 65 6C 6C 6F 20 70 6F 72 74 32                hello port2 }
2018-02-15 14:11:15,381 (NioProcessor-1) [INFO - org.apache.flume.source.MultiportSyslogTCPSource$MultiportSyslogHandler.sessionCreated(MultiportSyslogTCPSource.java:254)] Session created: (0x00000008: nio socket, server, /192.168.0.104:49632 => /192.168.0.106:10003)
2018-02-15 14:11:15,382 (NioProcessor-1) [INFO - org.apache.flume.source.MultiportSyslogTCPSource$MultiportSyslogHandler.sessionClosed(MultiportSyslogTCPSource.java:270)] Session closed: (0x00000008: nio socket, server, /192.168.0.104:49632 => 0.0.0.0/0.0.0.0:10003)
2018-02-15 14:11:17,355 (SinkRunner-PollingRunner-DefaultSinkProcessor) [INFO - org.apache.flume.sink.LoggerSink.process(LoggerSink.java:95)] Event: { headers:{port=10003, flume.syslog.status=Invalid} body: 68 65 6C 6C 6F 20 70 6F 72 74 33                hello port3 }
```

图 5.11　Syslog TCP 源输出结果图

5.1.4　Flume 槽

Flume Sink，与数据源对应，称为 Flume 数据槽或接收器，主要包括 Logger Sink、File Roll Sink、Avro Sink、HDFS Sink、Kafka Sink、Thrift Sink、Hive Sink、HBASE Sink、HTTP Sink 等。使用 Flume 可以将日志采集后传输到 HDFS、Hive、Hbase、Kafka 等常用大数据组件。Logger Sink 记录 INFO 级别的日志，一般用于调试，已经在 5.1.3 节中介绍。本节重点介绍 Avro Sink、HDFS Sink。

1.　File Roll Sink

在本地文件系统中存储事件。每隔指定时长生成文件，并保存这段时间内收集到的日志信息。必要属性包括 type、directory；间隔时间使用 rollInterval 属性。

配置 File Roll Sink 的示例代码如下：

```
a1.channels = c1
a1.sinks = k1
#指定数据槽类型为 file_roll
a1.sinks.k1.type = file_roll
a1.sinks.k1.channel = c1
#指定时间间隔为 30 秒
a1.sinks.k1.rollInterval = 30
#指定数据槽目录为/var/log/flume
a1.sinks.k1.sink.directory = /var/log/flume
```

2.　Avro Sink

Avro Sink 在实现 Flume 分层数据采集系统中有重要作用，是实现多级流动、1：N 出流和 N：1 入流的基础。可以使用 Avro RPC 实现多个 Flume 节点的连接，将进入 Avro 槽的事件转换为 Avro 形式的事件，并送到配置好的主机端口。其中，必要属性包括 type、hostname 和 port。

下面给出从一个 HTTP 源到两个 Avro Sink 的配置示例。

```
a1.sources=s1
a1.sinks=k1 k2
a1.channels=c1 c2
#配置源 s1,同时指定两个通道 c1 和 c2.
a1.sources.s1.type=http
a1.sources.s1.port=8888
a1.sources.s1.channels=c1 c2
#配置通道 c1
a1.channels.c1.type=memory
a1.channels.c1.capacity=1000
a1.channels.c1.transactionCapacity=1000
#配置通道 c2
a1.channels.c2.type=memory
a1.channels.c2.capacity=1000
a1.channels.c2.transactionCapacity=1000
#配置槽 k1,使用 c1 通道
a1.sinks.k1.type=avro
a1.sinks.k1.hostname=192.168.242.138
a1.sinks.k1.port=9988
a1.sinks.k1.channel=c1
```

```
#配置槽 k2，使用 c2 通道
a1.sinks.k2.type=avro
a1.sinks.k2.hostname=192.168.242.135
a1.sinks.k2.port=9988
a1.sinks.k2.channel=c2
```

上述配置中代理 a1 同时指定了两个通道和两个槽。在源 s1 的通道配置中同时指定 c1 和 c2 两个通道；而每个通道各自流向 k1 和 k2。代理数据流动如图 5.12 所示。

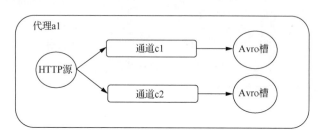

图 5.12　代理产生两个 Avro 槽示意图

Flume 支持将事件流复用到一个或多个目的地，如果要实现事件数据流的 1:N 流动需要配置多个通道和槽；可通过定义通道选择器（Flume Channel Selectors）复制或选择性地将事件路由到一个或多个通道来实现。如果只配置一个通道、多个槽，那么事件数据通过通道后不会被多个槽同时消费。

此外，为了跨多个代理或跨多级代理传输数据，前一个代理的宿和当前代理的源需要是 avro 类型，宿指向源的主机名（或 IP 地址）和端口。

3. HDFS Sink

HDFS Sink 将事件写到 Hadoop 分布式文件系统 HDFS 中，当前支持创建文本和序列化文件，并支持文件压缩。可以依据指定的时间、数据量或事件数量对文件进行分卷，且通过类似时间戳或机器属性对数据进行分区操作。HDFS Sink 要求已经安装并支持 sync() 调用 Hadoop 系统。Flume 还需要使用 Hadoop 提供的 jar 包与 HDFS 进行通信。该槽要求的必须属性包括 typc 和 hdfs.path。type 需指定为 hdfs，hdfs.path 为 HDFS 目录路径，例如：

```
hdfs://namenode/Flume/webdata/
```

此外，还可以指定创建文件的前后缀名称（hdfs.filePrefix 与 hdfs.fileSuffix）和正在处理文件的前后缀名称（hdfs.inUsePrefix 与 hdfs.inUseSuffix）等。

HDFS Sink 部分配置示例如下：

```
a1.sinks.k1.type=hdfs
a1.sinks.k1.hdfs.path=hdfs://0.0.0.0:9000/ppp
```

在日志收集中一个常见的情况是，大量日志生成客户端向连接到存储子系统的几个消费者代理发送数据。例如，从数百个 Web 服务器收集的日志发送到写入 HDFS 群集的十几个代理，图 5.13 所示为从三个 Web 服务器收集数据存入 HDFS 集群的示意图。

可以在 Flume 中通过配置一些具有 Avro 接收器的第一层代理来实现，所有这些代理都指向单个代理的 Avro 源。第二层代理的 Avro 来源将接收到的事件合并到一个信道中，该信道被一个信宿消耗到其最终目的地。

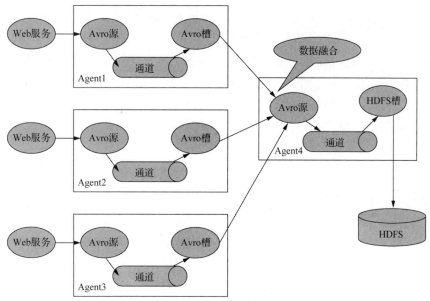

图 5.13　从 Web 服务器收集数据到 HDFS 中

5.1.5　通道、拦截器与处理器

1.　通道

在 Flume 代理中，通道是位于 Flume 源和槽之间，为流动的事件提供缓存的一个中间区域，是事件暂存的地方，源负责往通道中添加事件，槽负责从通道中移出事件，其提供了多种可供选择的通道，如 Memory Channel、File Channel、JDBC Channel、Psuedo Transaction Channel，比较常见的是前两种通道。具体使用哪种通道，需要根据具体的使用场景来选择。这里主要介绍 File Channel 和 Memory Channel。

File Channel 是一个持久化的通道，它持久化所有的事件，并将其存储到磁盘中。因此，即使系统崩溃或重启，再或者事件没有在管道中成功地传递到下一个代理（Agent），都不会造成数据丢失。文件通道设计用于需要数据持久性和不能容忍数据丢失的情况。

Memory Channel 在内存中存储所有事件。事件存储在内存队列中，对于性能要求高且能接受由于 Agent 失败丢失数据的情况是很好的选择。另外，内存空间受到 RAM 大小的限制，而 File Channel 则不同，只要磁盘空间足够，它可以将所有事件数据存储到磁盘上。

2.　拦截器

拦截器（Interceptor）是简单插件式组件，设置在源和通道之间，源接收到事件在写入到对应的通道之前，可以通过调用的拦截器转换或者删除过滤掉一部分事件。通过拦截器后返回的事件数不能大于原本的数量。在一个 Flume 事件流程中，可以添加任意数量的拦截器转换或者删除从单个源中来的事件，源将同一个事务的所有事件传递给通道处理器，进而可以依次传递给多个拦截器，直至从最后一个拦截器中返回的最终事件写入到对应的通道中。

Flume 提供了多种类型的拦截器，如 Timestamp Interceptor、Host Interceptor、Static Interceptor、UUID Interceptor 等，在用户源读取事件发送到槽时，对事件的内容进行过滤，完成初步的数据清洗，这在实际业务场景中非常有用。

时间戳拦截器将当前时间戳（毫秒）加入到 Events header 中，key 名为 timestamp，值为当前时间戳。例如，在使用 HDFS Sink 时，根据事件的时间戳生成结果文件；主机名拦截器将运行 Flume Agent 的主机名或者 IP 地址加入到 Events header 中；静态拦截器用于在 Events header 中加入一组静态的 key 和 value；UUID 拦截器用于在每个 Events header 中生成一个 UUID 字符串，例如：b5755073-77a9-43c1-8fad-b7a586fc1b97，生成的 UUID 可以在槽中读取并使用。

Flume 除了提供上述拦截器外，还为用户编写自定义拦截器开放了接口，用户可以根据具体的情况实现相应的拦截器。

3. 处理器

为了在数据处理管道中消除单点失败，Flume 提供了通过负载均衡以及故障恢复机制将事件发送到不同槽的能力。Flume 引入了 Sink groups 的概念，允许组织多个槽到一个实体上。槽处理器能够提供在组内所有槽之间实现负载均衡的能力，而且在失败的情况下能够从一个槽到另一个槽进行故障转移。

故障转移的工作原理是将连续失败的槽分配到一个池中，在那里被分配一个冷冻期，在这个冷冻期里，这个槽不会做任何事。一旦槽成功发送一个事件，槽将被还原到 live 池中。

而负载均衡处理器提供在多个槽之间负载平衡的能力。支持通过轮询或者随机方式来实现负载分发，默认情况下使用轮询方式，但可以通过配置覆盖这个默认值，并且还可以通过集成 AbstractSinkSelector 类来实现用户自己的选择机制。

5.2 数据传输工具 Sqoop

Apache Sqoop 是一个开源的数据库导入/导出工具，允许用户将关系型数据库中的数据导入 Hadoop 的 HDFS 文件系统，或将数据从 Hadoop 导入到关系型数据库。Sqoop 整合了 Hive、Hbase 和 Oozie，通过 MapReduce 任务来传输数据，具有高并发性和高可靠性的特点。

Sqoop 有 Sqoop1 和 Sqoop2 两个完全不兼容的版本，Sqoop1 的版本号为 1.4x，Sqoop2 的版本号为 1.99x。图 5.14 所示为 Sqoop2 架构示意图。

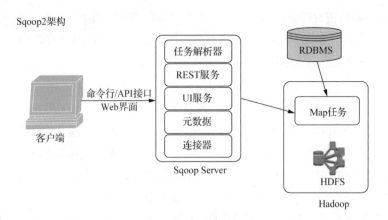

图 5.14　Sqoop2 架构示意图

Sqoop 工具接收到客户端的 Shell 命令或者 Java API 命令后，通过 Sqoop 中的任务解析器（Task

Translator）将命令转换为对应的 MapReduce 任务，而后将关系型数据库（RDBMS）和 Hadoop 中的数据进行相互转移，进而完成数据的复制。

Sqoop2 引入了 Connector 的概念，Connector 作为 Sqoop2 的连接器，一端连接关系型数据库，另一端连接 NTR。连接器 Connector 允许 Sqoop 在优化数据传输的同时避开各厂商定义的 SQL 规则的差异。Sqoop2 提供了 CLI、Web UI、Rest API 等多种交互方式。Sqoop2 在安全性方面做了一定的改善，如通过 CLI 方式访问，不会明文显示用户的密码。

5.2.1　Sqoop 的安装

在安装 Sqoop 之前，请确保已经安装了 JDK 和 Hadoop。从官网下载地址下载 Sqoop1.99.7 版本 Sqoop。

（1）安装前环境检测，查看 JDK 和 Hadoop 版本，本例 JDK 版本为 1.8，Hadoop 版本为 2.7.3。

（2）Sqoop 官网下载，解压缩到 local 目录，执行如下命令：

```
[hadoop@master ~]$ tar -zxvf sqoop-1.99.7-bin-hadoop200.tar.gz
//为了使用方便，建立 apache-Flume-1.7.0-bin 目录的软连接
[hadoop@master ~]$ ln -s sqoop-1.99.7-bin-hadoop200 sqoop-1.99.7
```

（3）进入到解压缩目录，创建两个相关目录，执行如下命令：

```
[hadoop@master sqoop-1.99.7]$ mkdir /home/hadoop/sqoop-1.99.7/extra
[hadoop@master sqoop-1.99.7]$ mkdir /home/hadoop/sqoop-1.99.7/logs
```

（4）配置环境变量并使之生效，执行如下命令：

```
[hadoop@master~]$ vim ~/.bash_profile
```

在文件中添加如下信息：

```
export SQOOP_HOME=/home/hadoop/sqoop-1.99.7
export PATH=$PATH:$SQOOP_HOME/bin
export SQOOP_SERVER_EXTRA_LIB=$SQOOP_HOME/extra
export CATALINA_BASE=$SQOOP_HOME/server
export LOGDIR=$SQOOP_HOME/logs/
```

修改后的环境变量立即生效，执行如下命令：

```
[hadoop@master~]$ source ~/.bash_profile
```

5.2.2　Sqoop 的配置与运行

Sqoop 服务器配置，主要是配置 conf 目录下的 sqoop.properties 和 sqoop_bootstrap.properties 两个文件，sqoop_bootstrap.properties 文件配置 config 支持类，一般采用默认值即可。

（1）配置 sqoop.properties 文件，指定 Hadoop 的安装路径，执行如下命令：

```
[hadoop@master ~]$ cd /home/hadoop/sqoop-1.99.7/conf/
[hadoop@master conf]$ vim sqoop.properties
```

将文件中的 org.apache.sqoop.submission.engine.mapreduce.configuration.directory 这个属性设置成当前安装的 Hadoop 的配置文件所在的目录，如图 5.15 所示。

```
# Hadoop configuration directory
org.apache.sqoop.submission.engine.mapreduce.configuration.directory=/home/hadoop/hadoop-2.7.3/etc/hadoop

# Log level for Sqoop Mapper/Reducer
org.apache.sqoop.submission.engine.mapreduce.configuration.loglevel=INFO
```

图 5.15　Hadoop 安装路径配置图

（2）在 conf 目录下，添加 catalina.properties 文件，加入本机 Hadoop 相关的 jar 文件路径，如下所示（注意与 Hadoop 路径对应）：

```
common.loader=${catalina.base}/lib,${catalina.base}/lib/*.jar,${catalina.home}/lib,$
{catalina.home}/lib/*.jar,${catalina.home}/../lib/*.jar,/home/hadoop
/hadoop-2.7.3/share/hadoop/common/*.jar,/home/hadoop/hadoop-2.7.3/share/hadoop
/common/lib/*.jar,/home/hadoop/hadoop-2.7.3/share/hadoop/hdfs/*.jar,/home/
Hadoop/hadoop-2.7.3/share/hadoop/hdfs/lib/*.jar,/home/hadoop/hadoop-2.7.3/share/hadoop/m
apreduce/*.jar,/home/hadoop/hadoop-2.7.3/share/hadoop/
mapreduce/lib/*.jar,/home/hadoop/hadoop-2.7.3/share/hadoop/tools/lib/*.jar,
/home/hadoop/hadoop-2.7.3/share/hadoop/yarn/*.jar,/home/hadoop/
hadoop-2.7.3/share/hadoop/yarn/lib/*.jar,/home/hadoop/hadoop-2.7.3/share/
hadoop/httpfs/tomcat/lib/*.jar
```

（3）Sqoop2 作为服务器启动，要求能访问到 MapReduce 配置文件及其开发包。打开 Sqoop2 服务，执行命令如下：

```
[hadoop@master conf]$ sqoop.sh server start
```

执行结果如图 5.16 所示。

图 5.16　Sqoop2 服务端启动图

（4）启动 sqoop2 客户端，执行命令如下：

```
[hadoop@master conf]$ sqoop.sh client
```

执行结果如图 5.17 所示。

图 5.17　Sqoop2 客户端启动图

5.2.3　Sqoop 实例

本实例主要讲解如何从 MySQL 数据库导出数据到 IIDFS 文件系统。从 MySQL 官网下载 JDBC 驱动压缩包，并解压其中的 jar 包文件到 Sqoop 的 server/lib 和 shell/lib 目录下。

（1）登录 Hadoop 平台，进入 MySQL 数据库，新建数据库 test，新建表 user（name,age），添加两条数据到 user 表。

（2）进入 sqoop-1.99.7-bin-hadoop200/bin 目录，执行以下命令进入 Sqoop2 命令行交互界面：

```
[hadoop@master~]$ ./sqoop2-shell
```

（3）连接服务器，配置参数如表 5.1 所示。

```
sqoop:000> set server --host 127.0.0.1 --port 12000 --webapp sqoop
```

表 5.1　　　　　　　　　　　　　　　**服务器连接参数表**

Argument	Default value	Description
-h，--host	localhost	Server name (FQDN) where Sqoop server is running
-p，--port	12000	TCP Port
-w，--webapp	sqoop	Jetty's web application name
-u，--url		Sqoop Server in url format

（4）Sqoop2 导入数据需要建立两条链接，一条链接到关系型数据库，另一条链接到 HDFS。而每一条链接都要基于一个 Connector。可以通过如下命令查看 Sqoop2 服务中已存在的 Connector：

```
sqoop:000> show connector
```

返回结果如图 5.18 所示。

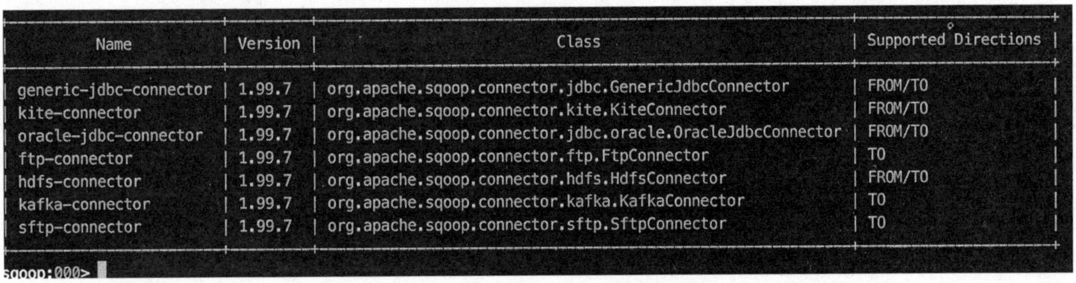

图 5.18　Sqoop2 默认支持连接器图

（5）创建 MySQL 链接，Sqoop2 默认提供了支持 JDBC 的 connector，执行：

```
sqoop:000> create link -connector generic-jdbc-connector
```

执行以上命令会进入到一个交互界面，依次配置表 5.2 中的信息。

表 5.2　　　　　　　　　　　　　　　**MySQL 链接配置表**

变量	含义
Name	标示 link 字符串，比如：MySQL
Driver Class	指定 JDBC 启动时加载的 driver 类，比如：MySQL 对应 com.mysql.jdbc.Driver
Connection String	使用 JDBC 连接时需要的 URL 参数，比如：jdbc:mysql://localhost:3306/test，test 是数据库名称
Username	连接数据库的用户名，比如：root
Password	连接的数据库密码
FetchSize	与 JDBC 中的 fetchSize 参数一样，需要更多行时应该从数据库获取行数，不需要直接回车键
Entry	手动指定更多的 JDBC 属性值，比如：protocol=tcp
Identifier encloser	指定 SQL 中标识符的定界符，比如：使用空格进行覆盖

（6）创建 HDFS 链接，Sqoop2 默认提供了支持 HDFS 的 connector，执行：

```
sqoop:000> create link -connector hdfs-connector
```

执行以上命令会进入交互界面，依次配置表 5.3 中的信息。

表 5.3   **HDFS 链接配置表**

变量	含义
Name	标示 link 字符串，如 HDFS
URI	集群 URI，对应/etc/hadoop/core-site.xml 文件中的 fs。defaultFS 属性，输入对应的 value 值
Conf directory	Hadoop 的配置文件目录，比如：/home/hadoop/local/hadoop-2.9.0/etc/Hadoop
Enrty#	覆写 Hadoop 中的配置值，可选项

查看目前已经建立的链接，执行：

```
sqoop:000> show link
```

（7）创建 Sqoop 的 job 提交到 MapReduce 框架平台运行，执行：

```
sqoop:000> create job -f name1 -t name2
```

name1：获取数据的链接，比如此处对应 MySQL；

name2：数据导入位置的链接，此处对应 HDFS。

执行以上命令会进入交互界面，依次配置表 5.4 中的信息。

表 5.4   **创建 job 配置表**

变量	含义
Name	标示 job 字符串，比如：mysqlTOhdfs
Schema name	数据库的 schema，使用 MySQL 对应的就是数据库的名称，比如：test
Table name	数据库的表名
SQL statement	SQL 查询语句，可选项
Element	重写数据相关的参数，可选项
Partition column	分割文件为多个，可选项
Partition column nullable	分区列可为空，可选项
Boundary query	边界查询，可选项
Check column	校验列
Last value	最终值，可选项
Override null value	覆盖值为空的列，可选项
Null value	覆盖的值是否为空，可选项
File format	文件格式，比如：0
Compression code	压缩编码器，不压缩选择 0
Custom code	自定义编码器，可选项
Output directory	导入的输出目录，指定存储在 HDFS 文件系统中的路径，此路径必须存在
Append mode	指定是否在已存在导出文件的情况下将新数据追加到数据文件中，可选项
Extractors	job 中 Map 的数量，可选项
Loaders	job 中 Reduce 的数量，可选项
Element	是否添加额外的 Jar 包，可选项

查看目前已经建立的 job，执行：

```
sqoop:000> show job
```

（8）启动 job，执行如下命令，结果如图 5.19 所示。

```
sqoop:000> start job -n mysqlTOhdfs
```

```
start job -n mysqlTOhdfs
sqoop:000> start job -n mysqlTOhdfs
Submission details
Job Name: mysqlTOhdfs
Server URL: http://localhost:12000/sqoop/
Create by: bigdata
Create date: 2018-03-07 15:23:34 CST
Lastly updated by: bigdata
External ID: job_1561888730145_0006
    http://hadoop:8088/proxy/application_1561888730145_0006/
2018-03-07 15:23:55 CST:SUCCEEDED
```

图 5.19　job 成功提交效果图

5.2.4　Sqoop 导入过程

由前面的 Sqoop 框架，可以知道 Sqoop 是通过 MapReduce 作业进行导入操作的。在导入过程中，Sqoop 从表中读取数据行，将其写入 HDFS，如图 5.20 所示。

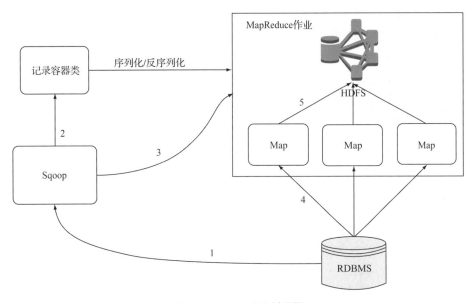

图 5.20　Sqoop 导入过程图

（1）Sqoop 使用 JDBC 来检查将要导入的数据表，提取导入表的元数据，如表的列名、SQL 数据类型等；

（2）Sqoop 把这些数据库的数据类型映射成 Java 数据类型，如把数据库 Varchar 类型映射为 Java 语言的 String 类型，把数据库 Integer 类型映射为 Java 语言的 Integer 类型，然后，Sqoop 生成一个与表名同名的类，完成反序列化工作，在容器中保存表中的每一行记录；

（3）Sqoop 启动 MapReduce 作业，调度 MapReduce 作业产生 imports 和 exports；

（4）Map 函数通过 JDBC 读取数据库中的内容，使用 Sqoop 生成的类进行反序列化，并将记录写到 HDFS 中。

在 import 时，Sqoop 需要制定 split-by 参数进行数据切分，并分配到不同的 Map 中。每个 Map 再逐一处理数据库中每一行并写入 HDFS 中。

5.2.5　Sqoop 导出过程

Sqoop 的导入功能一般是将 Hive 的分析结果导出到 RDBMS 数据库中，供数据分析人员查看。导出过程大致可以归纳为以下步骤。

（1）Sqoop 会根据数据库连接字符串来选择一个导出方法，如 JDBC；

（2）Sqoop 根据目标表的定义生成一个 Java 类；

（3）生成的 Java 类从文本中解析出记录，并向表中插入适当类型的值；

（4）启动一个 MapReduce 作业，从 HDFS 中读取源数据文件；

（5）使用生成的类解析出记录，并且执行选定的导出方法。

5.3　数据接入工具 Kafka

Apache Kafka 是一个分布式流媒体平台，由 LinkedIn 公司开源并贡献给 Apache 基金会。Kafka 采用 Scala 和 Java 语言编写，允许发布和订阅记录流，可用于在不同系统之间传递数据。Kafka 在普通服务器上也能每秒处理数十万条消息，LinkedIn 每天通过 Kafka 运行着超过 600 亿个不同的消息写入点。

Kafka 整体架构比较新颖，更适合异构集群，其逻辑结构如图 5.21 所示。在消息保存时，Kafka 根据 Topic（发布到 Kafka 集群的消息都有一个类别，这个类别被称为 Topic）进行分类，发送消息者称为 Producer，消息接受者称为 Consumer。不同 Topic 的消息在物理上是分开存储的，但在逻辑上，用户只需指定消息的 Topic 即可生成或消费数据而不必关心数据存于何处。Kafka 中主要有 Producer、Broker、Consumer 三种角色。

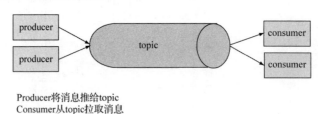

图 5.21　Kafka 逻辑结构图

1．Producer（生产者）

Producer 用于将流数据发送到 Kafka 消息队列上，它的任务是向 Broker 发送数据，通过 ZooKeeper 获取可用的 Broker 列表。Producer 作为消息的生产者，在生产消息后需要将消息投送到指定的目的地（某个 Topic 的某个 Partition）。Producer 可以选择随机的方式来发布消息到 Partition，也支持选择特定的算法发布消息到相应的 Partition。

以日志采集为例，生产过程分为三部分：一是为监控日志采集本地日志文件或者目录，如果有内容变化，则将变化的内容逐行读取到内存的消息队列中；二是连接 Kafka 集群，包括一些配置信息，诸如压缩与超时设置等；三是将已经获取的数据通过上述连接推送到 Kafka 集群。

2. Broker

Kafka 集群中的一台或多台服务器统称为 Broker，可理解为 Kafka 的服务器缓存代理。Kafka 支持消息持久化，生产者生产消息后，Kafka 不会直接把消息传递给消费者，而是先在 Broker 中存储，持久化保存在 Kafka 的日志文件中。

可以使用在 Broker 日志中追加消息（即新的消息保存在文件的最后面，是有序的）的方式进行持久化存储，并进行分区（Patitions）。为了减少磁盘写入的次数，Broker 会将消息暂时缓存起来，当消息的个数达到一定阈值时，再 flush 到磁盘，这样减少了磁盘 IO 调用的次数。

Kafka 的 Broker 采用的是无状态机制，即 Broker 没有副本，一旦 Broker 宕机，该 Broker 的消息将都不可用。但是消息本身是持久化的，Broker 在宕机重启后读取消息的日志就可以恢复消息。消息保存一定时间（通常为七天）后会被删除。Broker 不保存订阅者的状态，由订阅者自己保存。消息订阅者可以 rewind back 到任意位置重新进行消费，当订阅者出现故障时，可以选择最小的 offset 进行重新读取并消费消息。

3. Consumer（消费者）

Consumer 负责订阅 Topics 并处理其发布的消息。每个 Consumer 可以订阅多个 Topic，每个 Consumer 会保留它读取到某个 Partition 的 offset，而 Consumer 是通过 ZooKeeper 来保留 offset 的。

在 Kafka 中，同样有 Consumer group 的概念，它在逻辑上将一些 Consumer 分组。因为每个 Kafka Consumer 是一个进程，所以一个 Consumer group 中的 Consumers 将可能是由分布在不同机器上的不同进程组成的。Topic 中的每一条消息都可以被多个 Consumer group 消费，然而每个 Consumer group 内只能有一个 Consumer 来消费该消息。所以，如果想要一条消息被多个 Consumer 消费，那么这些 Consumer 就必须在不同的 Consumer group 中。因此也可以理解为，Consumer group 才是 Topic 在逻辑上的订阅者。

此外，Kafka 集群由多个 Kafka 实例组成，每个实例（server）都成为 Broker。无论是 Kafka 集群，还是 Producer 和 Consumer 都依赖于 ZooKeeper 来保证分布式协作。如图 5.22 所示，一个 Broker 上可以创建一个或者多个 Topic，同一个 Topic 可以在同一集群下的多个 Broker 中分布。

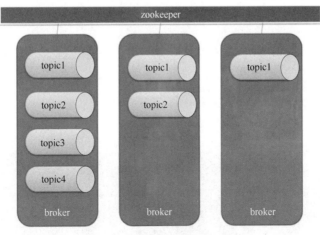

图 5.22　Broker 与 Topic 关系图

Message（消息）是通信的基本单位，每个 Producer 可以向一个 Topic 发布一些消息。Kafka 中的 Message 是以 Topic 为基本单位组织的，每条 Message 包含了以下三个属性。

（1）offset（offset，即消息的唯一标示，通过它才能找到唯一的一条消息），对应类型为 long。

（2）MessageSize 记录消息的大小，对应类型为 int。

（3）data 是 Message 的具体内容，可以看成一个字节数组。

消息是无状态的，消息消费的先后顺序是没有关系的，每一个 Partition 只能由一个 Consumer 来进行消费，但是一个 Consumer 可以消费多个 Partition，是一对多的关系。

5.3.1 Kafka 的安装与配置

运行 Kafka，首先需要保证 Java 环境能正常使用，可执行 java –version 查看。

1. 安装 ZooKeeper

（1）切换到安装目录：

```
[hadoop@master ~]$ cd /home/hadoop/kafka
```

（2）下载并安装 ZooKeeper，如图 5.23 所示。

```
[hadoop@master ~]$ wget https://archive.apache.org/dist/zookeeper/zookeeper-3.3.6/zookeeper-3.3.6.tar.gz
```

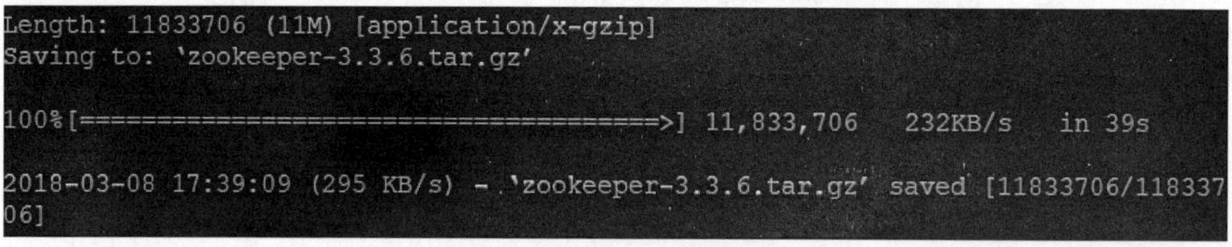

```
Length: 11833706 (11M) [application/x-gzip]
Saving to: 'zookeeper-3.3.6.tar.gz'

100%[===================================>] 11,833,706   232KB/s   in 39s

2018-03-08 17:39:09 (295 KB/s) - 'zookeeper-3.3.6.tar.gz' saved [11833706/1183370
6]
```

图 5.23　Zookeeper 安装图

（3）解压安装：

```
[hadoop@master ~]$ tar -zxvf zookeeper-3.3.6.tar.gz
```

（4）配置 ZooKeeper 的环境变量，执行 vim /etc/profile 命令编辑/etc/profile 文件，添加以下内容：

```
# set zookeeper environment
export zookeeper_home=/home/hadoop/kafka/zookeeper-3.3.6
```

（5）使之生效：

```
[hadoop@master ~]$ source /etc/profile
```

（6）测试 ZooKeeper 是否安装成功，命令如下：

```
[hadoop@master ~]$ cd zookeeper-3.3.6/bin
[hadoop@master ~]$ ./zkServer.sh start
```

ZooKeeper 成功安装示意图如图 5.24 所示。

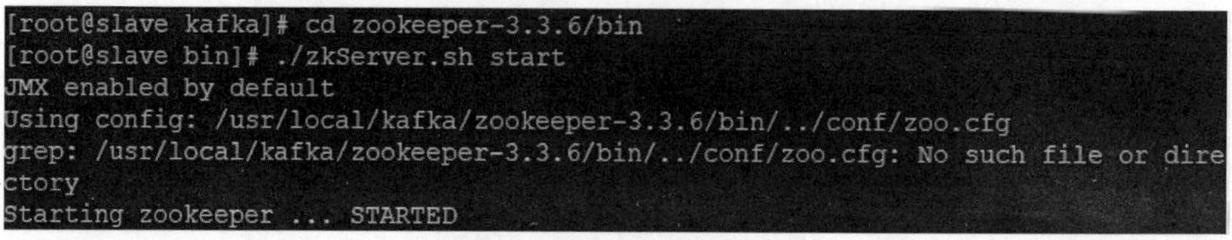

```
[root@slave kafka]# cd zookeeper-3.3.6/bin
[root@slave bin]# ./zkServer.sh start
JMX enabled by default
Using config: /usr/local/kafka/zookeeper-3.3.6/bin/../conf/zoo.cfg
grep: /usr/local/kafka/zookeeper-3.3.6/bin/../conf/zoo.cfg: No such file or dire
ctory
Starting zookeeper ... STARTED
```

图 5.24　ZooKeeper 启动图

2.　安装 Kafka

（1）切换到安装目录：

```
[hadoop@master ~]$ cd /home/hadoop/kafka
```

（2）下载 Kafka：

```
[hadoop@master ~]$ wget https://archive.apache.org/dist/Kafka/0.10.1.0/Kafka_2.11-0.10.1.0.tgz
```

（3）解压：

```
[hadoop@master ~]$ tar -xvf kafka_2.11-0.10.1.0.tgz
```

（4）切换目录：

```
[hadoop@master ~]$ cd kafka_2.11-0.10.1.0
```

（5）配置 Kafka，进入 Kafka 的 config 目录，修改 server.properties：

```
# Brokerid 就是指各台服务器对应的 id，所以各台服务器值不同
broker.id=0
# 端口号，无需改变
port=9092
# Zookeeper 集群的 ip 和端口号
zookeeper.connect=192.168.142.104:2181
```

（6）配置 Kafka 下的 ZooKeeper，创建相应目录：

```
[hadoop@master ~]$ mkdir /home/hadoop/kafka/zookeeper #创建 Zookeeper 目录

[hadoop@master ~]$ mkdir /home/hadoop/kafka/log/zookeeper #创建 Zookeeper 日志目录

[hadoop@master ~]$ cd /home/hadoop/kafka/kafka_2.8.0-0.8.0/config
```

（7）修改相应的配置文件 vim Zookeeper.properties：

```
dataDir=/home/hadoop/kafka/zookeeper
dataLogDir=/home/hadoop/kafka/zookeeper
# the port at which the clients will connect
clientPort=2181
# disable the per-ip limit on the number of connections since this is a non-production config
maxClientCnxns=0
```

（8）启动 Kafka，如图 5.25 所示则表示启动成功：

```
[hadoop@master ~]$ /home/hadoop/kafka/kafka_2.11-0.10.1.0/bin/zookeeper-server-start.sh  /home/hadoop/kafka/kafka_2.11-0.10.1.0/config/zookeeper.properties &
```

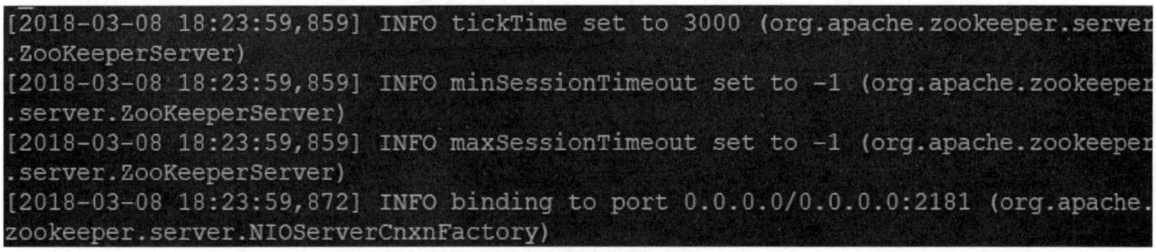

图 5.25　KafKa 启动图

3.　Kafka 运行

Kafka 成功启动后，另外打开一个 Shell 终端，用于简单测试和运行 Kafka 常用命令。

（1）进入 Kafka 目录，创建一个名为 test 主题，命令如下：

```
[hadoop@master ~]$ cd /home/hadoop/kafka/kafka_2.11-0.10.1.0/
.kafka-topics.sh --create --zookeeper localhost:2181 --replication-factor 2 --partitions
```

```
2 --topic test
```

（2）启动 Producer，命令如下：

```
[hadoop@master ~]$ ./kafka-console-producer.sh --broker-list 192.168.142.104:9092
--topic test
```

运行结果如图 5.26 所示。输入 hello Kafka!，然后回车。

```
[root@slave bin]# ./kafka-console-producer.sh --broker-list 192.168.142.104:9092
--topic test
hello kafka!
```

图 5.26　Producer 启动图

（3）打开另一个终端，在此终端下启动 Consumer，命令如下：

```
[hadoop@master ~]$ ./kafka-console-consumer.sh -zookeeper localhost:2181 -topic test
```

运行结果如图 5.27 所示。

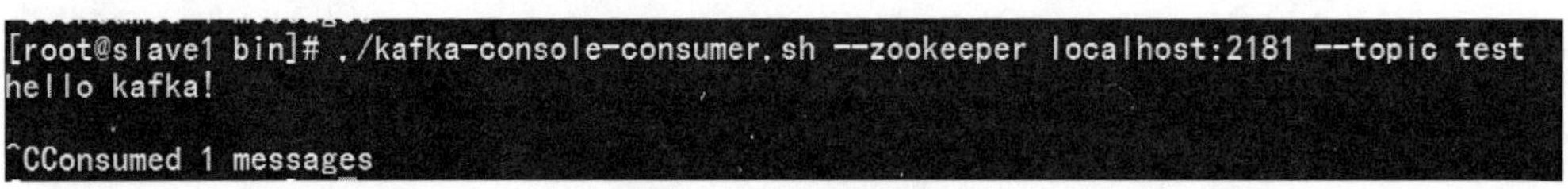

```
[root@slave1 bin]# ./kafka-console-consumer.sh --zookeeper localhost:2181 --topic test
hello kafka!

^CConsumed 1 messages
```

图 5.27　Consumer 启动图

5.3.2　Kafka 消息生产者

Producers 不需要经过任何中介的路由转发，即可直接发送消息到 Broker 上的 Partition。Kafka 的每个 Broker 都可以响应 Producer 的请求，并返回 Topic 的存活机器列表、Topic 的 Partition 位置、当前可直接访问的 Partition 等元信息。

Producer 客户端控制推送消息目标的 Partition。Kafka 提供自定义的分区接口，允许用户为每个消息指定一个 Partition key，并通过该 key 实现一些 Hash 分区算法。

Kafka 采用 Batch 的方式高效地推送数据，并可以通过 Producer 的参数控制 Batch 的数量大小。参数值可以设置为累计的消息数量、累计的时间间隔或者累计的数据大小。在设置参数时，需要在效率和时效性方面做一个权衡。

Producers 可以异步地、并行地向 Kafka 发送消息，并在发送完毕后得到偏移值或发送错误响应。如果 acks 设置数量为 0，Producer 不会等待 Broker 的响应，系统会获得最大吞吐量，但 Producer 无法确定消息是否发送成功，可能会导致数据丢失。如果 acks 设置为 1，Producer 会在 leader Partition 收到消息并得到 Broker 的确认，系统则会更可靠。如果设置为-1，Producer 会在所有备份的 Partition 收到消息时得到 Broker 的确认，系统可靠性达到最高。

Kafka 消息由一个定长的 header 和变长的字节数组组成。Kafka 支持任何用户自定义的序列号格式或者其他诸如 Apache Avro、protobuf 等已有的格式。Kafka 没有限定单个消息的大小，一般消息大小都为 1～10kB，不建议使用超过 1MB 的消息。

5.3.3　Kafka 消息消费者

在 0.9 版本之前 Kafka 提供 Sample 和 High-level 两套 Consumer API。

Sample API 是一个底层的 API，维持与单一 Broker 的连接，并且是完全无状态的。Sample API

要求每次请求均需指定偏移值。Consumer 负责维护当前读到消息的 offset。Consumer 可以决定读取数据的方式并维护当前读到消息的 offset。

High-level API 封装了对集群中一系列 Broker 的访问，不仅可以透明地消费 Topic，而且可以组的形式消费 Topic。如果 Consumers 组名相同，可以把 Kafka 看作一个队列消息服务，各个 Consumer 均衡地消费对应 Partition 中的数据。若 Consumers 有不同的组名，Kafka 就相当于一个广播服务，会把 Topic 中的所有消息广播到每个 Consumer（如图 5.28 所示）。

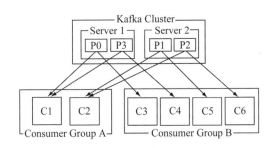

图 5.28　Consumer Group 消息传递图（源自 Kafka 官网）

在 Kafka 0.9 以后，Consumer 使用 Java 重写了 API，可以不再依赖 Scala 和 ZooKeeper。下面对新版本 Consumer 消费消息的过程进行简要介绍。

Kafka 的一个 Topic 中包含多个 Partition，而每个 Partition 只会分配给 Consumer Group 中的一个 Consumer member。新版本 Consumer 放弃了使用通过 ZooKeeper 实现 group management，转而由 Kafka Broker 负责。其实现方式是通过为每个 group 分配一个 Broker，即 group coordinator，负责监控 group 的状态；当增加或移除 group 中 member，或者更新 Topic metadata 时，group coordinator 负责去调节分区分配。

当 Consumer Group 初始化后，每个 Consumer member 开始从 Partition 顺序读取，Consumer member 会定期提交 offset。如图 5.29 所示，当前 Consumer member 读取到 offset 7 处，并且最近一次 commit 是在 offset 2 处。如果此时该 Consumer 崩溃了，group coordinator 会再分配一个新的 Consumer member 从 offset 2 开始读取，新接管的 Consumer member 会再一次重复读取 offset 2~offset 7 的消息。

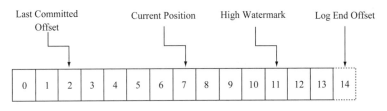

图 5.29　consumer 在记录的位置 t

如图 5.29 所示，High Watermark 代表 Partition 当前最后一个成功复制到所有 replica 的 offset。即使后面还有 offset12~14，Consumer 只能读取到 High Watermark 所在的 offset 11。

5.3.4　Kafka 核心特性

1. 压缩消息集合

Kafka 不仅支持以集合为单位的消息发送，还支持消息集合压缩。可以通过 GZIP 或 Snappy 在

Producer 端对消息集合进行压缩，在 Consumer 端进行解压缩。消息压缩后可以减小数据量，减轻网络传输压力。尽管压缩和解压会耗掉部分 CPU 资源，网络传输更容易成为分布式大数据处理的瓶颈。Kafka 消息头部有一个描述压缩属性的字节，其后两位表示采用压缩编码方式；如果后两位为 0，则表示未经压缩。

2. 消息可靠性

保证消息在生产和消费过程中的可靠性，对消息系统的重要性不言而喻。在实际消息传递过程中，可能会出现如下三种情况：①消息发送失败；②消息被发送多次；③每条消息都发送成功且仅发送了一次。

从 Producer 角度，当一个消息被发送后，Producer 会等待 Broker 成功接收到消息的反馈，如果消息在途中丢失或者 Broker 失效，Producer 会重新发送该消息。

从 Consumer 角度，Broker 端记录的 Partition 中的 offset 值指向 Consumer 下一个即将消费的消息。若 Consumer 在处理过程中失败，则可以通过该 offset 值重新找到上一个消息再进行处理（如图 5.29）。

3. 备份机制

备份机制提高了 Kafka 集群的可靠性和稳定性。一个备份数量为 n 的集群允许 $n-1$ 个节点失败。Kafka 集群中的单一节点失效，不会影响整个集群工作。在所有备份节点中，有一个节点作为 lead 节点，负责保存其他备份节点列表并维持各个备份间的状态同步。

习题

1. 安装配置 Flume，测试 Exec 源、Spool 目录源、Avro 源、NetCat TCP 源和 Syslog TCP 源，并比较它们异同。
2. 修改 Flume 槽，并比较分析 File Roll Sink、Avro Sink 和 HDFS sink。
3. 用 Flume 构建一个从 Spool 目录源获取信息，并通过内存通道后存储到 HDFS 的文件系统。
4. 安装 Sqoop 与 MySQL，完成 MySQL 与 HDFS 数据互导。
5. 简述 Kafka 架构及其组成部分，并比较其与 Flume 的异同。

06 第6章　数据仓库与联机分析处理

　　数据库的广泛使用积累了大量历史数据，人们已不再满足于仅用数据库对业务数据进行操作和管理，而是更加注重对这些历史数据进行各种分析以辅助决策。传统的数据库在事务处理方面的应用获得了巨大的成功，但它对分析处理的支持一直不能令人满意，于是数据仓库与联机分析处理技术应运而生。数据仓库综合和合并了多维空间的数据，涉及数据清理、数据集成和数据变换等技术。数据仓库提供联机分析处理（Online Analytical Processing，OLAP）工具，用于各种粒度的多维数据的交互分析。构造数据仓库和 OLAP 已经成为知识发现和数据挖掘的基本步骤，运用范围十分广泛，包括金融、保险和政府部门等各行各业，也可用于客户关系管理和企业资源规划等多方面的决策分析。

　　本章首先讨论广泛接受的数据仓库的概念和定义，研究应用于数据仓库和 OLAP 的多维数据模型——数据立方体，然后详细介绍基于 Hadoop 平台的数据仓库工具与相应的联机分析技术，包括 Hive、Kylin 及 Superset 等。

6.1 数据仓库

6.1.1 数据仓库的概念

目前并没有数据仓库（Data Warehouse）的严格定义，不准确地说，数据仓库也是一种数据库，它与操作性数据库进行分开维护。按照数据仓库系统构造方面的领头设计师 William H.Inmon 的说法，数据仓库是一个面向主题的（Subject Oriented）、集成的（Integrated）、相对稳定的（Non-Volatile）以及反映历史变化（Time Variant）的数据集合，用于支持管理决策。

- 面向主题是指数据仓库会围绕一些主题来组织和构建，如顾客、供应商、产品等，数据仓库关注决策者的数据建模与分析，而不是企业的日常操作和事务处理，因此，数据仓库排除对决策支持无用的数据，提供面向特定主题的视图。

- 集成是指通常构建数据仓库会将多个异构的数据源，如关系数据库、一般的文件和事务处理记录等集成在一起，这就需要使用数据清理和数据集成技术，来确保命名约定、编码结构和属性度量等的一致性。

- 相对稳定是指数据仓库大多会分开存放数据，数据仓库不需要进行事务处理、数据恢复和并发控制等机制，通常数据仓库只需要两种数据访问操作：数据的初始化装入和数据的访问。

- 反映历史变化是指数据仓库是从历史的角度提供信息，换句话说，数据仓库中的关键结构都会显式或者隐式地包含时间元素。

6.1.2 数据仓库与操作性数据库的区别

为了进一步加深对数据仓库概念的理解，这里把数据库和数据仓库进行对比。为了区分，这里把数据库称为操作性数据库。操作性数据库的主要任务是执行联机事务和查询处理，这种系统称为**联机事务处理**（Online Transaction Processing，OLTP）系统，它涵盖了企业组织机构大部分的日常操作，如购物、注册、记账等。数据仓库系统则是在数据分析和决策方面为用户和决策者提供服务，以特定的主题和格式来组织和提供数据，从而满足不同用户的需求，因此这种系统称为**联机分析处理**（Online Analytical Processing，OLAP）系统。

OLTP 和 OLAP 的主要区别体现在如下几个方面。

（1）系统面向的用户对象不同。OLTP 系统面向一般的客户，用于数据库用户的事务处理和查询，而 OLAP 系统则是面向知识工人或者管理决策人员，提供数据分析功能。

（2）处理数据的内容不同。OLTP 管理的是当前的数据，处理的对象为记录或者记录的某些字段，相对较为细小琐碎，无法用于决策。OLAP 则管理了大量的历史数据，处理的对象大多为表、多个表或者整个数据库，如一个销售公司一个月、一年甚至数年的销售数据，它提供了汇总和聚集机制，并且可以在不同的粒度级别、不同的维度视角来存储和管理数据，这些特点使得数据可以用于分析和决策任务。

（3）采用的模型和设计方法不同。通常 OLTP 系统采用实体—联系（E-R）模型和面向应用的数据库设计，而 OLAP 采用的是面向某个主题的星形模式、雪花模式和事实星座模式的数据库设计。

（4）访问模式不同。OLTP 系统的访问模式主要由短的原子事务所组成，既有读操作也有写操作，系统需要考虑事务处理、并发控制和故障恢复等机制。而 OLAP 的访问模式在完成数据的初始装载以后，基本都是只读操作。

（5）数据的视图不同。OLTP 主要关注当前处理数据，较少涉及历史数据。而 OLAP 系统通常要跨越数据库的多个版本，处理来自不同组织的数据信息，而且由于数据量巨大，数据通常会存放在多个存储介质上。

操作性数据库与数据仓库的其他区别，如数据量的大小、操作的频度和性能等，如表 6.1 所示。

表 6.1　　　　　　　　　　操作性数据库系统与数据仓库系统的比较

特性	操作性数据库	数据仓库
用户	办事员、DBA	知识工人、决策者
功能	日常事务处理	数据分析、决策支持
访问	读、写	读
访问记录数	数十个	数百万个
用户数	数万级	数十级
工作单元	短事务	复杂查询
数据规模	100MB～GB 级	TB～PB 级
性能优先	高性能，高可用	高灵活性、终端用户自治
度量	事务吞吐量	查询吞吐量

6.1.3　数据仓库的体系结构

数据仓库体系结构通常包含四个层次：数据源、数据存储和管理、数据服务及数据应用。

数据源：是数据仓库的数据来源，含外部数据、现有业务系统和文档资料等；对这些数据首先完成数据集成，包括数据的抽取、清洗、转换和加载任务。数据源中的数据采用 ETL（Extract-Transform-Load，抽取—转换—装载）工具并以固定的周期加载到数据仓库中。

数据存储和管理：此层次主要涉及对数据的存储和管理，含数据仓库、数据仓库检测、运行与维护工具和元数据管理等。

数据服务：为前端和应用提供数据服务，可直接从数据仓库中获取数据供前端应用使用，也可通过 OLAP 服务器为前端应用提供数据服务。

数据应用：此层次直接面向用户，含数据查询工具、自由报表工具、数据分析工具、数据挖掘工具和各类应用系统。经典的数据仓库的体系结构如图 6.1 所示。

随着应用需求的发展变化，传统的数据仓库也存在如下几个亟待解决的问题。

（1）无法满足快速增长的数据存储需求，传统数据仓库基于关系型数据库，横向扩展较差，纵向扩展有限。

（2）无法处理不同类型的数据，传统数据仓库只能处理和存储结构化数据。随着应用需求的发展，数据的格式越来越丰富，半结构化、非结构化数据所占比重越来越大，处理需求越来越迫切。

（3）传统数据仓库建立在关系型数据仓库之上，计算和处理能力不足，当数据量达到 TB 级后性能难以得到保证。

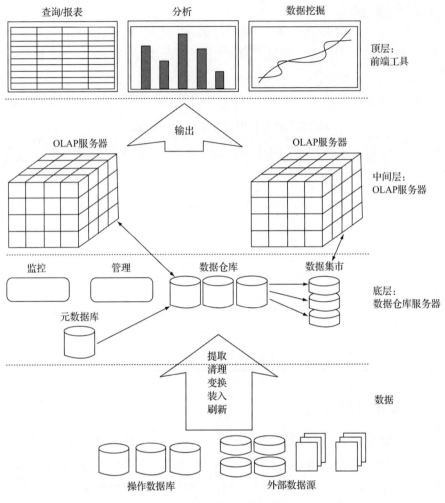

图 6.1 数据仓库体系结构图

6.2 多维数据模型

数据仓库和 OLAP 工具是基于多维数据模型的，该模型以数据立方体（Cube）的形式来观察和分析数据。本节首先讨论几种数据模型的定义以及如何对 n 维数据进行建模，然后介绍如何在基本的 OLAP 操作中使用它们。

6.2.1 数据立方体

区别于关系数据模型中的二维表，数据立方体是一个多维的数据模型，类似于一个超立方体。它允许从多个维度来对数据建模，并提供多维的视角观察数据。数据立方体由维和事实定义。一般来说，维是透视图或一个组织想要记录的实体。例如，对于一个记录商店数据的数据仓库来说，涉及的维有时间、商品、分店和地点等。这些维使得商店能够记录商品的月销售量、销售商品的分店和地点。每一个维都有一个表与之相关联，该表称为维表，维表对维进行进一步的描述和说明。例如，商品的维表可以包含商品名称、商品所在分店和商品类型等属性，维表可以由用户或专家设定，或者根据数据分布自动产生和调整。

在通常情况下，多维数据模型会围绕某个中心主题来构建，该主题被称为**事实**，事实是用数值来度量的。事实表包括事实的名称或度量，以及每个相关维表的关键字。例如，对于上述记录商店数据的数据仓库来说，其事实表包括营业金额、商品的销售量和总预算等。

虽然经常把数据立方体看作是三维几何结构，但数据仓库中的数据立方体通常是以多维形式存在的。为了便于读者理解数据立方体和多维数据模型，本节从二维数据立方体开始，由浅入深，引导读者认识数据立方体。

例如，某销售公司的其中一个分店的销售数据表，如表 6.2 所示，分店的销售按照时间维（按季度组织）和商品维（按所售商品的类型组织）表示。

表 6.2　　　　　　　　　　一个分店的销售数据表

时间（季度）	XX 分店	
	商品（类型）（单位：台）	
	笔记本	台式机
Q1	408	887
Q2	496	945
Q3	522	768
Q4	6000	1023

下面从三维角度观察销售数据，如表 6.3 所示，添加一个分店地址维，从时间、商品类型和分店地址来观察数据。

表 6.3　　　　　　　　　　四个分店的销售数据表

时间（季度）	XX 武汉分店		XX 宜昌分店		XX 北京分店		XX 郑州分店	
	商品（类型）（单位：台）							
	笔记本	台式机	笔记本	台式机	笔记本	台式机	笔记本	台式机
Q1	408	887	609	1089	812	1280	321	654
Q2	496	945	688	1671	1092	843	431	892
Q3	522	768	789	1230	533	657	450	900
Q4	600	1023	806	1800	1288	438	560	732

从概念上讲，这些数据也能够以三维数据立方体的形式来表示。如果需要四维的数据，可以在上表的基础上再多添加一个供应商维度。虽然不能直观地去想象，但是可以把四维的数据看作是三维数据的序列。例如，供应商 1 对应一个三维数据立方体，供应商 2 对应另一个三维数据立方体……以此类推，就可以把任意 n 维数据立方体看作是 n-1 维数据立方体的序列。

需要注意的是，数据立方体只是对多维数据存储的一种抽象，数据的实际物理存储方式并不等同于它的逻辑表示。

6.2.2　数据模型

在数据库设计中，通常使用的是实体—联系数据模型，数据的组织由实体的集合和实体之间的联系组成，这种数据模型适用于联机事务处理。然而，对于数据仓库的联机分析处理，则需要使用简明、面向主题的数据模型。目前最流行的数据仓库数据模型是**多维数据模型**。这种模型常用的模式有三种，分别是星形模式、雪花模式、事实星座模式。

对这三种模式的定义，将用到一种基于 SQL 的**数据挖掘查询语言**（Data Mining Query Language，DMQL）。DMQL 包括定义数据仓库的语言原语。数据仓库可以使用两种原语进行定义，一种是立方体定义，一种是维定义。

立方体定义语句具有如下语法形式：

```
define cube <cube_name>[<dimension_list>]:<meature_list>
```

维定义语句具有如下语法形式：

```
define dimension < dimension_name> as (<attribute_or_subdimension_list>)
```

1. 星形模式

星形模式是最常见的模型范例，其包括：

（1）一个大的、包含大量数据且不含冗余的中心表（**事实表**）；

（2）一组小的附属**维表**。

这种模式图很像是星星，如图 6.2 所示，维表围绕中心表显示在中心表的射线上。在这个图中，一个销售事实表 Sales 共有四个维，分别为 time 维、branch 维、item 维和 location 维。该模式包含一个中心事实表 Sales，它包含四个维的关键字和三个度量 units_sold、dollars_sold 和 avg_sales。

在星形模式中，每个维只用一个维表来表示，每个表各包含一组属性。例如，item 维表包含属性集{item_key, item_name, brand, type, supplier_type}，这一限制可能会造成某些冗余。例如，某些商品属于同一个商标，或者来自于同一个供应商。

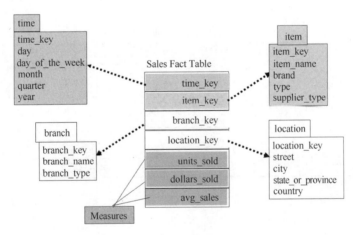

图 6.2　星形模式

图 6.2 中的星形模式使用 DMQL 定义如下：

```
define cube sales_star[time,item,branch,location]:
dollars_sold=sum(sales_in_dollars),units_sold=count(*),avg_sales=avg(sales_in_dollars)
define dimension time as (time_key, day, day_of_the_week, month, quarter, year)
define dimension item as (item_key, item_name, brand, type, supplier_type)
define dimension branch as (branch_key, branch_name, branch_type)
define dimension location as (lacation_key, street, city, state_or_province, country)
```

define cube 定义了一个数据立方体——sales_star，它对应于图 6.2 中的中心表 Sales 事实表。该命令说明维表的关键字和三个度量：units_sold、dollars_sold 和 avg_sales。数据立方体有四个维，分别为 time、item、branch 和 location，其中每一个 define dimension 语句分别定义一个维。

2. 雪花模式

雪花模式是对星形模式的扩展，如图 6.3 所示。在雪花模式中，某些维表被规范化，进一步分解到附加表（维表）中。从而使得模式图形变成类似于雪花的形状。从图 6.3 中可以看到，location 表被进一步细分出 city 维，item 表被进一步细分出 supplier 维。

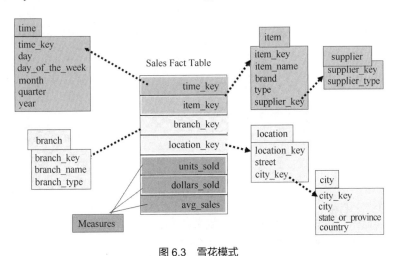

图 6.3　雪花模式

图 6.3 中的雪花模式可以使用 DMQL 定义如下：

```
define cube sales_snowflake[time,item,branch,location]:
dollars_sold=sum(sales_in_dollars),units_sold=count(*),avg_sales=avg(sales_in_dollars)
define dimension time as (time_key, day, day_of_the_week, month, quarter, year)
define dimension item as (item_key, item_name, brand, type, supplier(supplier_key,
supplier_type))
define dimension branch as (branch_key, branch_name, branch_type)
define dimension location as (lacation_key, street, city(city_key, state_or_province,
country))
```

该定义类似于星形模式中的定义，不同的是雪花模式对维表 item 和 location 的定义更加规范。在 sales_snowflake 数据立方体中，sales_star 数据立方体的 item 维被规范化成两个维表：item 和 supplier。注意 supplier 维的定义在 item 的定义中被说明，用这种方式定义 supplier，隐式的在 item 的定义中创建了一个 supplier_key。类似的，在 sales_snowflake 数据立方体中，sales_star 数据立方体的 location 维被规范化成两个维表 location 和 city，city 的维定义在 location 的定义中被说明，city_key 在 location 的定义中隐式地创建。

3. 事实星座模式

在复杂的应用场景下，一个数据仓库可能会由多个主题构成，因此会包含多个事实表，而同一个维表可以被多个事实表所共享，这种模式可以看作是星形模式的汇集，因而被称为事实星座模式。

如图 6.4 所示，图中包含两张事实表，分别是 Sales 表和 Shipping 表，Sales 表的定义与星形模式中的相同。Shipping 表有五个维或关键字：time_key，item_key，shipper_key，from_location，to_location。两个度量：dollars_cost 和 units_shipped。在事实星座模式中，事实表是能够共享维表的，例如，Sales 表和 Shipping 表共享 time、item 和 location 三个维表。

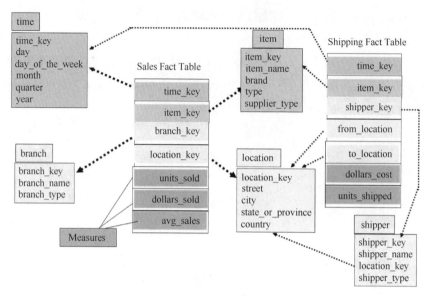

图 6.4　事实星座模式

图 6.4 中的事实星座模式可以使用 DMQL 定义如下：

```
define cube sales [time,item,branch,location]:
dollars_sold=sum(sales_in_dollars),units_sold=count(*),avg_sales=avg(sales_in_dollars)
define dimension time as (time_key, day, day_of_the_week, month, quarter, year)
define dimension item as (item_key, item_name, brand, type, supplier_type)
define dimension branch as (branch_key, branch_name, branch_type)
define dimension location as (lacation_key, street, city, state_or_province, country)
define cube shipping[time, item, shipper, from_location, to_location]:
dollars_cost=sum(cost_in_dollars), units_shipped=count(*)
define dimension time as time in cube sales
define dimension item as item in cube sales
define dimension shipper as (shipper_key, shipper_name, location as location in cube sales,
shipper_type)
define dimension from_location as location in cube sales
define dimension to_location as location in cube sales
```

define cube 语句用于定义数据立方体 sales 和 shipping，分别对应图 6.4 中的两个事实表。注意数据立方体 sales 的 time，item 和 location 维分别可以被数据立方体 shipping 共享，由于这三个维表已经在 sales 中被定义，在定义 shipping 时可以直接通过"as"关键字进行引用。

6.2.3　多维数据模型中的 OLAP 操作

在学习多维数据模型中的 OLAP 操作之前，首先需要认识一下概念分层。

概念分层提出的背景是因为由数据归纳出的概念是有层次的。例如，假定在一个 location 维表中，location 是"华中科技大学"，可以通过常识归纳出"武汉市""湖北省""中国""亚洲"等不同层次的更高级概念，这些不同层次的概念是对原始数据在不同粒度上的概念抽象。所谓**概念分层**，实际上就是将低层概念集映射到高层概念集的方法。

许多概念分层隐藏在数据库模式中。例如，假定 location 维由属性 number、street、city、province、country 定义。这些属性按一个全序相关，形成一个层次，如"city < province < country"。维的属性

也可以构成一个偏序，例如，time 维基于属性 day、week，month、quarter、year 就是一个偏序 "day < {month < quarter; week} < year"（通常人们认为周是跨月的，不把它看作是月的底层抽象；而一年大约包含 52 个周，常常把周看作是年的底层抽象）。这种通过定义数据库模式中属性的全序或偏序的概念分层称作**模式分层**。

概念分层也可以通过对维或属性值的离散化或分组来定义，产生**集合分组分层**。例如，可以将商品的价格从高到低区间排列，这样的概念分层就是集合分组分层。对于商品价格这一维，根据不同的用户视图，可能有多个概念分层，用户可能会更加简单地把商品看作便宜、价格适中、昂贵这样的分组来组织概念分层。

概念分层允许用户在各种抽象级别处理多维数据模型，有一些 OLAP 数据立方体操作允许用户将抽象层物化成为不同的视图，并能够交互查询和分析数据。由此可见，OLAP 为数据分析提供了友好的交互环境。

典型的 OLAP 的多维分析操作包括：下钻（Drill-down）、上卷（Roll-up）、切片（Slice）、切块（Dice）以及转轴（Pivot）等。下面将以表 6.3 的数据为例分别对这些操作进行详细介绍。

1. 下钻

下钻（Drill-down）是指在维的不同层次间的变化，从上层降到下一层，或者说是将汇总数据拆分成更加细节化的数据。如图 6.5 所示，下钻操作从时间这一维度对数据立方体进行更深一步的细分，从季度下钻到月份，从而能够针对每个月份的数据进行进一步细化的分析。

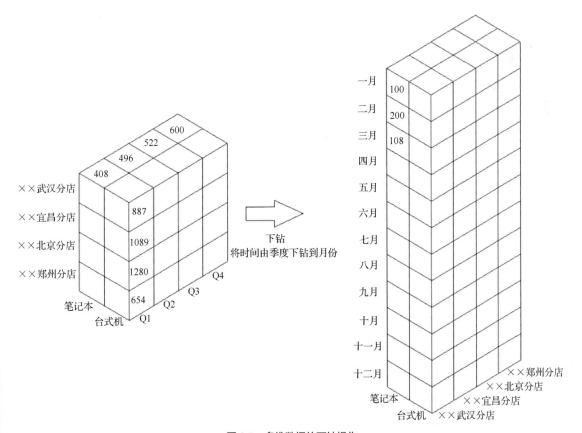

图 6.5　多维数据的下钻操作

2. 上卷

上卷（Roll-up）实际上就是下钻的逆操作，即从细粒度数据向高层的聚合。如图 6.6 所示，上卷操作也是从时间这一维度对数据立方体进行操作的，将第一季度和第二季度的数据合并为上半年的数据，将第三季度和第四季度的数据合并为下半年的数据，从而将数据聚合，使得在更高层次上进行数据分析成为可能。

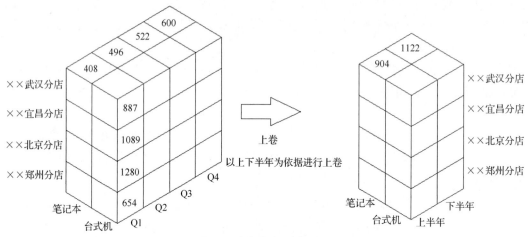

图 6.6　多维数据的上卷操作

3. 切片

切片（Slice）是指选择维中特定区间的数据或者某批特定值进行分析。如图 6.7 所示，对于商品类型这一维度添加限制条件，只针对台式机这个商品类型进行切片操作，就可以单独分析关于台式机的所有四个分店在各个季度的所有数据。

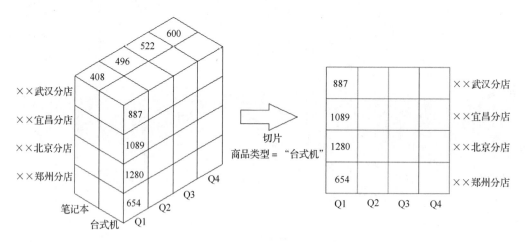

图 6.7　多维数据的切片操作

4. 切块

切块（Dice）操作通过在两个或多个维上进行选择，定义子数据立方体。图 6.8 展示了一个切块操作，它涉及三个维，并通过指定商品类型、时间和分店这三个限制条件对数据立方体进行切块。

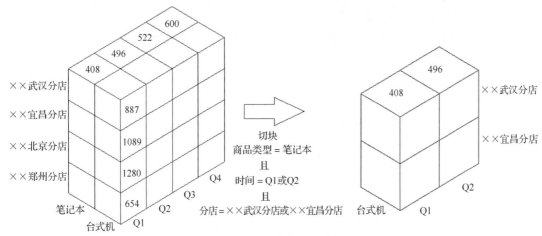

图 6.8　多维数据的切块操作

5. 转轴

转轴（Pivot）即维的位置的互换，就像是二维表的行列转换。转轴操作只是转动数据的视角，提供数据的替代表示。图 6.9 展示了一个转轴操作，转轴实际上只是将时间和分店这两个维在二维平面上进行转动。转轴的其他例子包括转动三维数据立方体，或将一个三维立方体变换成二维的平面序列等。

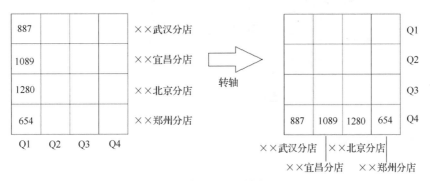

图 6.9　多维数据的转轴操作

6.3　Hive

Hive 是基于 Hadoop 文件系统之上的数据仓库架构,可以将结构化的数据文件映射成为一张数据库表，为数据仓库的管理提供了数据 ETL 工具、数据存储管理和大型数据集的查询和分析功能。同时，为了方便用户使用，Hive 还定义了与 SQL 相似的操作、允许开发人员使用 Mapper 和 Reducer操作，这种类似于 SQL 语言的查询语言称为 HiveQL。

6.3.1　Hive 简介

由于 HDFS 的高延迟性，即使 Hive 处理的数据集相对比较小，在任务提交和处理时也会消耗一定的时间成本，所以 Hive 的性能不能与传统的 Oracle 数据库进行比较。Hive 没有数据排序和查询Cache 功能，也不提供在线事务处理和实时的查询和记录级的更新，但 Hive 能更好地处理大规模静态数据集上的批量任务。

Hive 建立在 Hadoop 的体系架构之上，提供了一个 SQL 的解析过程，从外部接口获取用户命令并解析。Hive 可将命令转换解析为 MapReduce 任务，然后交给 Hadoop 集群进行处理。

Hive 的体系结构如图 6.10 所示。CLI（Command-Line Interface）即 Hive 命令行界面，是使用 Hive 的最常用方式，使用 CLI 可创建表、检查模式以及查询表等。CLI 可用于提供交互式的界面供输入语句，也可让用户执行含有 Hive 语句的脚本。Thrift 允许客户端使用包括 Java、C++、Ruby 和其他多种语言通过编程来远程访问 Hive，也提供使用 JDBC 和 ODBC 访问 Hive 的功能，这些都是基于 Thrift 服务实现的。所有的 Hive 客户端都需要一个元数据服务（Metastore Service）。Hive 使用元数据服务来存储表模式信息和其他元数据信息，通常会使用关系型数据库中的表来存储这些信息。解释器、编译器和优化器分别完成 HiveQL 查询语句从词法分析、语法分析、编译、优化以及查询计划的生成各个阶段的任务。生成的查询计划存储在 HDFS 中，并在随后由 MapReduce 调用执行。Hive 还提供了一个远程访问 Hive 的服务，即 HiveWeb 界面（Hive Web Interface，HWI）。

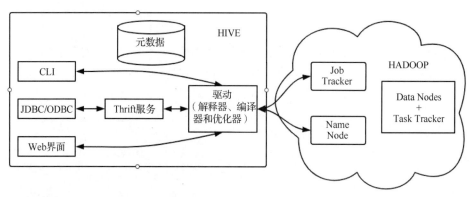

图 6.10　Hive 的体系结构

6.3.2　Hive 的安装与配置

1.　安装准备

Hive 需要在 Hadoop 已经成功安装并正常运行的基础上进行安装。关于 Hadoop 的安装请参考第 3 章 3.3 节 "Hadoop 的安装与配置"，这里不再赘述。

2.　下载 Hive 安装包

Hive 官方网站提供了 Hive 的文档、各个版本的安装包，读者可以根据自己的网络状态选择对应的镜像站点下载 Hive 2.1.1 的二进制安装包，并将其放置在/home/hadoop 目录下进行解压：

```
$ tar -zxvf apache-hive-2.1.1-bin.tar.gz
```

3.　配置 hive-site.xml

Hive 的配置文件名称为 hive-site.xml，这个文件默认是不存在的，需要手动在 Hive 根目录下的 conf 目录中创建。创建 hive-site.xml 的命令如下：

```
$ cd apache-hive-2.1.1-bin/conf/
$ vim hive-site.xml
```

将如下内容添加到 hive-site.xml 文件中：

```
1. <?xml version="1.0"?>
2. <?xml-stylesheet type="text/xsl" href="configuration.xsl"?>
3. <configuration>
```

```
4.    <property>
5.      <name>hive.metastore.local</name>
6.      <value>true</value>
7.    </property>
8.    <property>
9.      <name>javax.jdo.option.ConnectionURL</name>
10.     <value>
11.     jdbc:mysql://master:3306/hive?characterEncoding=UTF-8&amp;useSSL=false
12.     </value>
13.    </property>
14.    <property>
15.      <name>javax.jdo.option.ConnectionDriverName</name>
16.      <value>com.mysql.jdbc.Driver</value>
17.    </property>
18.    <property>
19.      <name>javax.jdo.option.ConnectionUserName</name>
20.      <value>hadoop</value>
21.    </property>
22.    <property>
23.      <name>javax.jdo.option.ConnectionPassword</name>
24.      <value>Hadoop@123</value>
25.    </property>
26. </configuration>
```

在上述配置项中，第 5 行的 hive.metastore.local 字段配置为 true，表示 Hive 会使用本地的 metastore，第 9 行的 javax.jdo.option.ConnectionURL 字段配置 MySQL 的 JDBC 连接，第 15、19、23 行的 Connection DriverName、ConnectionUserName、ConnectionPassword 分别代表 MySQL 的驱动、用户名和密码。

本书使用 MySQL 作为 Hive 的 Metastore（元数据存储），需要到 MySQL 的网站下载 Java connector，并将 jar 包复制到 Hive 的依赖库中，命令如下：

```
$ wget https://dev.mysql.com/get/Downloads/Connector-J/mysql-connector-java-5.1.46.tar.gz
$ tar -zxvf mysql-connector-java-5.1.46.tar.gz
$ cp mysql-connector-java-5.1.46/mysql-connector-java-5.1.46-bin.jar ../ apache-hive-
2.1.1-bin/lib/ mysql-connector-java-5.1.46-bin.jar
```

4. 配置环境变量

编辑环境变量文件 .bash_profile：

```
$ vim ~/.bash_profile
```

在文件末尾添加以下环境变量配置，为 Hive 配置环境变量：

```
1. # Hive
2. export HIVE_HOME=/home/hadoop/apache-hive-2.1.1-bin
3. export PATH=$PATH:$HIVE_HOME/bin
```

保存环境变量后在当前终端输入：

```
$ source ~/.bash_profile
```

使环境变量配置对当前终端生效。

5. 初始化 metastore

MySQL 作为 Hive 的 metastore 数据库，在使用之前需要被初始化。

首先在 master 节点上进入 MySQL：

```
$ mysql -u hadoop -p
```

先输入 MySQL 的密码，然后在 MySQL 中创建存储 Hive 的 metastore 的表，表名为 hive，与 hive-site.xml 中的 javax.jdo.option.ConnectionURL 字段所配置的表名相一致。

```
mysql>create database hive;
```

创建完成后使用 Hive 的 schematool 进行 Hive 元数据的初始化：

```
$ schematool -dbType mysql -initSchema
```

6. 运行 Hive

上述配置完成后，就可以启动 Hive 了，启动 Hive 的命令为：

```
$ hive
```

Hive 成功启动的命令行输出，如图 6.11 所示。

```
[hadoop@master apache-kylin-2.2.0-bin]$ hive
SLF4J: Class path contains multiple SLF4J bindings.
SLF4J: Found binding in [jar:file:/home/hadoop/apache-hive-2.1.1-bin/lib/log4j-s
lf4j-impl-2.4.1.jar!/org/slf4j/impl/StaticLoggerBinder.class]
SLF4J: Found binding in [jar:file:/home/hadoop/hadoop-2.7.3/share/hadoop/common/
lib/slf4j-log4j12-1.7.10.jar!/org/slf4j/impl/StaticLoggerBinder.class]
SLF4J: See http://www.slf4j.org/codes.html#multiple_bindings for an explanation.
SLF4J: Actual binding is of type [org.apache.logging.slf4j.Log4jLoggerFactory]

Logging initialized using configuration in jar:file:/home/hadoop/apache-hive-2.1
.1-bin/lib/hive-common-2.1.1.jar!/hive-log4j2.properties Async: true
Hive-on-MR is deprecated in Hive 2 and may not be available in the future versio
ns. Consider using a different execution engine (i.e. spark, tez) or using Hive
1.X releases.
hive>
```

图 6.11　Hive 服务启动图

6.3.3　Hive 使用

1. 数据类型

Hive 的数据类型可以分为两大类：基础数据类型和复杂数据类型，Hive 不仅支持关系型数据库中大多数的基本数据类型，同时也支持集合数据类型（STRUCT、MAP、ARRAY）。表 6.4、表 6.5 分别列举了 Hive 的基础数据类型和复杂数据类型。

表 6.4　　　　　　　　　　　　　　　　基础数据类型

序号	数据类型	长度	范围	例子
1	TINYINT	1Byte	$-128 \sim 127$	10
2	SMALLINT	2Byte	$-32,768 \sim 2,767$	10
3	INT	4Byte		10
4	BIGINT	8Byte	$-9,223,372,036,854,775,808 \sim$ $9,223,372,036,854,775,807$	10
5	BOOLEAN	布尔类型		TRUE
6	FLOAT	单精度浮点数		1.23456
7	DOUBLE	双精度浮点数		1.23456
8	STRING	字符序列	可指定字符集。可使用单引号和双引号	'hello hive' "hello hadoop"
9	TIMESTAM	时间戳，纳米精度	整数、浮点数或字符串	1232321232 12312341.21234421 '2017-04-07 15:05:56.1231352'
10	BINARY	字节数组		

表 6.5　　　　　　　　　　　　　　　　　　　复杂数据类型

序号	数据类型	描述	示例
1	STRUCT	STRUCT 封装一组有名字的字段，其类型可以是任意的基本类型，可以通过"点"号来访问元素的内容	names('Zoro'，'Jame')
2	MAP	MAP 是一组键-值对元组集合，使用数组表示法可以访问元素。其中 key 只能是基本类型，值可以是任意类型	money('Zoro'，1000，'Jame'，800)
3	ARRAY	ARRAY 类型是由一系列相同数据类型元素组成的，每个数组元素都有一个编号，从零开始。例如，fruits['apple'，'orange'，'mango']，可通过 fruits[1]来访问 orange	fruits ('apple'，'orange'，'mango')
4	UNION	UNION 类似于 C 语言中的 UNION 结构，在给定的任何一个时间点，UNION 类型可以保存指定数据类型中的任意一种，类型声明语法为 UNIONTYPE<data_type，data_type……>，每个 UNION 类型的值都通过一个整数来表示其类型，这个整数位声明时的索引从 0 开始	

2．数据定义

（1）创建数据库

Hive 是一种数据库技术，通过定义数据库和表来分析结构化数据。如果用户没有显式地指定数据库，那么将使用默认的数据库 default。Hive 对大小写并不敏感，本书为了便于读者的阅读与理解，将语句中的关键字全部大写。创建数据库的语句如下：

```
CREATE DATABASE|SCHEMA [IF NOT EXISTS] <database name>
```

在这里，IF NOT EXISTS 是可选子句，若创建的数据库已经存在，没有这个语句时，会抛出一个错误信息。可以使用 DATABASE 或 SCHEMA 这两个命令中的任意一个，创建一个名为 first 的数据库。

```
hive> CREATE DATABASE IF NOT EXISTS first;
```

或

```
hive> CREATE SCHEMA first;
```

可以使用如下命令查看 Hive 中的数据库：

```
hive> SHOW DATABASES;
default
first
```

除 default 数据库外，Hive 会为每一个数据库创建一个目录，数据库中的表会以数据库目录的子目录形式存储，数据库的文件目录是以.db 结尾的。

用户可以使用 DROP DATABASE 删除数据库，语法如下：

```
DROP (DATABASE|SCHEMA) [IF EXISTS] database_name [RESTRICT|CASCADE];
```

IF EXISTS 子句是可选的，加上这个子句可以避免因数据库不存在抛出的警告信息。

Hive 默认不允许用户删除包含有表的数据库。用户应在删除数据库中的所有表后，再删除数据库；或者在删除命令的最后面加上关键字 CASCADE，这会在删除数据库前先删除所有相应的表。如果以 RESTRICT 关键字代替 CASCADE，就和默认情况一样：若删除数据库，必须先删除掉数据库中的所有表。

（2）创建表

首先指定要创建表的数据库为 first：

```
hive>USE first;
```

Create Table 是用于在 Hive 中创建表的语句，语法如下：

```
CREATE [TEMPORARY] [EXTERNAL] TABLE [IF NOT EXISTS] [db_name.] table_name
```

```
[(col_name data_type [COMMENT col_comment], ...)]
[COMMENT table_comment]
[ROW FORMAT row_format]
[STORED AS file_format]
LIKE table_name1
[LOCATION hdfs_path]
```

使用关键字 CREATE TABLE 可以创建一个指定名字的表，若名字相同的表已经存在于数据库中则抛出异常，添加 IF NOT EXISTS 子句则会忽略这个异常。

EXTERNAL，创建一个外部表，后面的 LOCATION 语句是外部表的存放路径，COMMENT 是为表的属性添加注释，LIKE 是用户将已存在的表复制给新建表，仅复制定义而不复制数据。

创建普通表 employees 的命令如下：

```
hive> CREATE TABLE employees(
    > id INT COMMENT 'employee id',
    > name STRING COMMENT 'employee name',
    > salary FLOAT COMMENT 'employee salary',
    > address STRUCT<city:STRING,state:STRING,street:STRING> COMMENT 'employee address'
    > );
```

复制表 employees 的命令如下，使用了 LIKE 关键字：

```
CREATE TABLE IF NOT EXISTS test LIKE employees;
```

使用关键字 SHOW TABLES 命令列举所有的表。完成上述创建数据库和数据表的操作之后，可以查看已存在的表，操作如下：

```
hive>SHOW TABLES;
employees
test
```

也可以使用 DESCRIBE EXTENDED database.tablename 来查看所建表的详细信息，如下代码所示，查看 employees 表详细信息：

```
hive> DESCRIBE EXTENDED first.employees;
OK
id                      int                     employee id
name                    string                  employee name
salary                  float                   employee salary
address                 struct<city:string,state:string,street:string>  employee address
```

前面所创建的表都是内部表，也可以称为管理表，当删除一个管理表时，Hive 会删除这个表中的数据。在前面已经介绍了如何使用关键字 EXTERNAL，通过此 EXTERNAL 创建的是外部表，使用 LOCATION 语句告诉 Hive 存储外部表的数据所在的路径。删除外部表时并不会删除数据本身，只会删除用来描述表的数据信息。用户可以通过如下语句查看表是外部表还是内部表：

```
DESCRIBE EXTENDED [tablename]
```

对于内部表，可以看到如下信息：

```
#省略前面的大段输出
...tableType:MANAGED_TABLE)
```

对于外部表，可以看到如下信息：

```
#省略前面的大段输出
...tableType:EXTERNAL_TABLE)
```

（3）分区表

数据分区可以水平分散压力，并将数据从物理层面上转移到使用最频繁的用户最容易获取的位置，减少数据读写的总量，缩短数据库的响应时间。Hive 中也有分区表的概念，分区表对于管理表和外部表同样适用。

例如，对于表 emplyees 而言，可以在创建表的同时按照 country（国家）和 state（州）对数据进行分区：

```
hive> CREATE TABLE employees(
    > id INT COMMENT 'employee id',
    > name STRING COMMENT 'employee name',
    > salary FLOAT COMMENT 'employee salary',
    > address STRUCT<city:STRING,state:STRING,street:STRING> COMMENT 'employee address'
    > )
PARTITIONED BY（country STRING, state STRING）;
```

分区表改变了 Hive 对数据存储的组织方式，通过关键字 PARTITIONED BY 能够指定分区的依据。

（4）删除表

Hive 中删除表 employees 的命令为：

```
DROP TABLE IF EXISTS employees;
```

IF EXISTS 子句可以选择使用，如果表不存在的话会抛出错误信息，若加上这个关键字，则不会抛出错误信息。在前面已经提到，对于管理表（内部表），表中的元数据信息和表内的数据都会被删除。对于外部表，只会删除元数据的信息，不会删除表中的数据。

（5）修改表

可以通过 ALTER TABLE 关键字修改大多数表的属性，这种操作仅修改元数据，并不会修改数据本身。

① 表重命名。使用如下语句可以将表进行重命名。

```
ALTER TABLE first_table RENAME TO second_table;
```

② 增加、修改和删除表分区。通过 ALTER TABLE table ADD PARTITION 语句为表 table 增加新的分区，其中 LOCATION 关键字指定了新分区的 Hive 数据在哪个路径下。

```
ALTER TABLE table ADD IF NOT EXISTS PARTITION (year = 2017, month = 4, day = 11)LOCATION
'logs/2017/4/11';
```

Hive 也提供了高效的修改分区路径的方法，但下面这条命令不会将数据从旧的路径转移走，同时也不会删除旧的数据。

```
ALTER TABLE message PARTITION（year = 2017, month = 4, day = 11）
SET LOCATION 'tmp/logs/2011/01/02';
```

还能通过以下语句删除某个分区，语句中的 IF EXISTS 为可选语句，对于管理表，即使使用 ALTER TABLE … ADD PARTITION 语句增加的分区，分区内的数据也是会同时和元数据一起被删除的，对于外部表，分区内数据则不会被删除。

```
ALTER TABLE table DROP IF EXISTS PARTITION（year = 2017, month = 4, day = 11）;
```

③ 增加、修改、删除和替换列。Hive 支持在分区字段之前增加新的字段到已有的字段之后。

```
ALTER TABLE message ADD COLUMNS(
App_name string COMMENT 'application name',
Session_id LONG COMMENT 'The current session id');
```

其中 COMMENT 是可选的，为属性注释。如果新增的字段中有某个或者多个字段位置是错误的，那么需要使用"ALTER COLUMN 表名 CHANGE COLUMN"语句逐一将字段调整到正确的位置，并修改其类型和注释。

```
ALTER TABLE message
CHANGE COLUMN hms hours_minutes_seconds INT
COMMENT 'The hours, minutes, and seconds part of the timestamp'
AFTER severity
```

注意，即使字段名或字段类型没有改变，也需要在命令中显式地指定旧的字段名，并给出新的名字和字段类型。关键字 COLUMN 和 COMMENT 子句都是可选的。上面的例子中，新的字段被转移到 severity 字段之后，如果想把这个字段移动到第一个位置，只需要用关键字 FIRST 替代 AFTER severity 子句即可。

下面的这个例子移除了之前所有的字段并重新指定了新的字段：

```
ALTER TABLE message REPLACE COLUMNS(
hours_mins_secs INT COMMENT 'hour, minute, seconds from timestamp',
severity         STRING COMMENT 'The message severity',
message          STRING COMMENT 'The rest of the message');
```

这个语句使用了 REPLACE 关键字，实际上重命名了 message 表之前的所有字段并重新指定了新的字段。

④ 修改表属性。用户可以通过 ALTER TABLE 增加表属性或者修改已经存在的属性，但是无法删除属性：

```
ALTER TABLE message SET TBLPROPERTIES(
'note'='This column is always NULL');
```

3. 数据操作

（1）装载数据

Hive 中不存在行级别的数据插入、更新和删除操作，向表中装载数据的唯一途径就是使用一种"大量"的数据装载操作，或者通过其他方式仅仅将数据文件写入到正确的目录下。

当数据被装载至表中时，不存在对数据的任何转换操作。下面的 LOAD 操作只是将数据复制或者移动至 Hive 表对应的位置。

```
LOAD DATA [LOCAL] INPATH 'filepath'
[OVERWRITE] INTO TABLE tablename
[PARTITION (partcol1=val1, partcol2=val2 ...)]
```

若分区目录不存在，LOAD DATA 会先创建分区目录，然后将数据复制到该目录下，如果目标表是分区表，那么 PARTITION 应该省去。一般指定的路径是一个目录，而不是单个独立的文件，Hive 会将所有文件都复制到目录中，这样方便用户组织数据到多个文件中。

如果使用了 LOCAL 关键字，则表明路径应该是本地文件系统路径，数据将会被复制到本地文件系统的目标位置；如果省略了 LOCAL，那么路径应该是分布式文件系统的路径。如果使用关键字 OVERWRITE，那么目标文件夹中原有的数据将会被先删除；如果没有使用关键字 OVERWRITE，只会把新增的文件追加到目标文件夹中而不会删除之前的数据，但是如果存在同名的文件，旧的同名文件会被覆盖重写。

（2）通过查询语句向表中插入数据

INSERT 关键字允许用户通过查询语句向目标表中插入数据，用户也可以将一个 Hive 表导入到另一个已存在的表中。

```
INSERT OVERWRITE TABLE tablename
[PARTITION (partcol1=val1, partcol2=val2 ...)]
select_statement FROM from_statement
```

这里使用 OVERWRITE 关键字，因此之前分区中的内容会被覆盖。如果没有使用 OVERWRITE 关键字或者 INTO 关键字替换的话，那么 Hive 将会以追加的方式写入数据而不会覆盖之前已存在的数据。

（3）动态分区插入

如果需要批量创建分区，可以通过 Hive 提供的动态分区功能，动态分区功能可以基于用户的查询语句推断出需要创建的分区名称。

```
INSERT OVERWRITE TABLE employees
PARTTION(country, state)
SELECT …, se.cnty, se.st
FROM staged_employees se;
```

Hive 根据 SELECT 语句中的最后两列来确定分区字段 country 和 state 的值。注意表 staged_employees 中针对 country 和 state 使用了不同的命名，这是为了强调字段值和输出分区值之间的关系是根据位置而不是根据命名来匹配的。如果 staged_employees 中共有 100 个国家，执行完成上面的查询后，表 employees 就将会有 100 个分区。

（4）在单个查询语句中创建表并加载数据

Hive 可以在一个语句中完成创建表并将查询结果载入到这个表中。

```
CREATE TABLE ca_employees
AS SELECT name, salary
FROM employees
WHERE se.state = 'HB'
```

这张表只含有 employees 表中来自 HB（湖北）的雇员的 name 和 salary 信息，新表的模式是根据 SELECT 语句生成的。

6.3.4　Hive 导入数据实例

本节示例中所使用的表是一个典型的星形模式数据表，如图 6.12 所示。中间的 ORDER_FACT（商品 ID，销售员 ID，顾客 ID，日期 ID，订单数量，订单金额，成本金额）为事实表，事实表四周放射出来的则是各个主键所对应的维表。

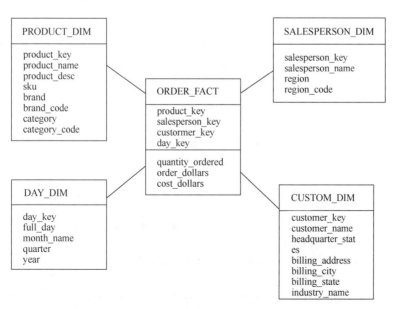

图 6.12　星形模式的数据表

下面对各个维表的字段进行介绍：

PRODUCT_DIM（商品 ID，名称，描述，库存，品牌，品牌编码，目录，目录编码）；

SALESPERSON_DIM（销售员 ID，姓名，地区，地区编码）；

DAY_DIM（日期 ID，天，月份，季度，年）；

CUSTOM_DIM（顾客 ID，姓名，总部所在地，订单地址，订单城市，订单省份，工厂名称）。

首先创建用来插入数据的 CSV 文件，这些文件的数据是为了让读者熟悉 Hive 的使用而随机生成的，对于每个数据表各列所代表的含义，可以参考下文中各表的建表语句。

创建 fact_order.csv，内容如下：

1. 2017-05-01, pd001, sp001, ct001, 100, 101, 51
2. 2017-05-01, pd001, sp002, ct002, 100, 101, 51
3. 2017-05-01, pd001, sp003, ct002, 100, 101, 51
4. 2017-05-01, pd002, sp001, ct001, 100, 101, 51
5. 2017-05-01, pd003, sp001, ct001, 100, 101, 51
6. 2017-05-01, pd004, sp001, ct001, 100, 101, 51
7. 2017-05-02, pd001, sp001, ct001, 100, 101, 51
8. 2017-05-02, pd001, sp002, ct002, 100, 101, 51
9. 2017-05-02, pd001, sp003, ct002, 100, 101, 51
10. 2017-05-02, pd002, sp001, ct001, 100, 101, 51
11. 2017-05-02, pd003, sp001, ct001, 100, 101, 51
12. 2017-05-02, pd004, sp001, ct001, 100, 101, 51

创建 dim_day.csv，内容如下：

1. 2017-05-01, 2017-05-01, 201705, 2017q2, 2017
2. 2017-05-02, 2017-05-02, 201705, 2017q2, 2017
3. 2017-05-03, 2017-05-03, 201705, 2017q2, 2017
4. 2017-05-04, 2017-05-04, 201705, 2017q2, 2017
5. 2017-05-05, 2017-05-05, 201705, 2017q2, 2017

创建 dim_salesperson.csv，内容如下：

1. sp001, hongbin, sp001, beijing, 10086
2. sp002, hongming, sp002, beijing, 10086
3. sp003, hongmei, sp003, beijing, 10086

创建 dim_custom.csv，内容如下：

1. ct001, custom_john, ct001, beijing, zgx-beijing, beijing, beijing, internet
2. ct002, custom_herry, ct002, henan, shlinjie, shangdang, henan, internet

创建 dim_product.csv，内容如下：

1. pd001, Box-Large, pd001, Box-Large-des, large1.0, brand001, brandcode001, brandmanager001, Packing, cate001
2. pd002, Box-Medium, pd001, Box-Medium-des, medium1.0, brand001, brandcode001, brandmanager001, Packing, cate001
3. pd003, Box-small, pd001, Box-small-des, small1.0, brand001, brandcode001, brandmanager001, Packing, cate001
4. pd004, Evelope, pd001, Evelope_des, large3.0, brand001, brandcode001, brandmanager001, Pens, cate002

创建完成后在当前目录进入 Hive。

```
$ hive
```

创建事实表并插入数据 fact_order.csv：

```
DROP TABLE IF EXISTS DEFAULT.fact_order;
create table DEFAULT.fact_order
(
    time_key string,
    product_key string,
    salesperson_key string,
    custom_key string,
    quantity_ordered bigint,
    order_dollars bigint,
    cost_dollars bigint
)
ROW FORMAT DELIMITED FIELDS TERMINATED BY ', '
STORED AS TEXTFILE;
load data local inpath 'fact_order.csv' overwrite into table DEFAULT.fact_order;
```

创建日期维表 day_dim 并插入数据 dim_day.csv：

```
DROP TABLE IF EXISTS DEFAULT.dim_day;
create table DEFAULT.dim_day
(
    day_key string,
    full_day string,
    month_name string,
    quarter string,
    year string
)
ROW FORMAT DELIMITED FIELDS TERMINATED BY ', '
STORED AS TEXTFILE;
load data local inpath 'dim_day.csv' overwrite into table DEFAULT.dim_day;
```

创建售卖员的维表 salesperson_dim 并插入数据 dim_salesperson.csv：

```
DROP TABLE IF EXISTS DEFAULT.dim_salesperson;
create table DEFAULT.dim_salesperson
(
    salesperson_key string,
    salesperson string,
    salesperson_id string,
    region string,
    region_code string
)
ROW FORMAT DELIMITED FIELDS TERMINATED BY ', '
STORED AS TEXTFILE;
load data local inpath 'dim_salesperson.csv' overwrite into table DEFAULT.dim_salesperson;
```

创建客户维表 custom_dim 并插入数据 dim_custom.csv：

```
DROP TABLE IF EXISTS DEFAULT.dim_custom;
create table DEFAULT.dim_custom
(
```

```
        custom_key string,

        custom_name string,

        custom_id string,

        headquarter_states string,

        billing_address string,

        billing_city string,

        billing_state string,

        industry_name string

)
ROW FORMAT DELIMITED FIELDS TERMINATED BY ', '
STORED AS TEXTFILE;
load data local inpath 'dim_custom.csv' overwrite into table DEFAULT.dim_custom;
```

创建产品维表并插入数据 dim_product.csv：

```
DROP TABLE IF EXISTS DEFAULT.dim_product;
create table DEFAULT.dim_product
(
        product_key string,

        product_name string,

        product_id string,

        product_desc string,

        sku string,

        brand string,

        brand_code string,

        brand_manager string,

        category string,

        category_code string
)
ROW FORMAT DELIMITED FIELDS TERMINATED BY ', '
STORED AS TEXTFILE;
load data local inpath 'dim_product.csv' overwrite into table DEFAULT.dim_product;
```

这样一个星形的结构表在 Hive 中创建完毕，实际上一个离线的数据仓库已经完成，它包含一个主题即商品订单。

6.4　Kylin

6.4.1　Kylin 简介

Apache Kylin™是一个开源的分布式分析引擎，提供 Hadoop 之上的 SQL 查询接口及联机分析处理（OLAP）能力以支持超大规模数据。

Kylin 的架构如图 6.13 所示。Kylin 核心包括 Kylin OLAP 引擎基础框架，包括元数据（Metadata）引擎、查询引擎、存储引擎等，同时包括 REST 服务器以响应客户端请求。Kylin 是为减少在 Hadoop 和 Spark 上百亿规模数据查询延迟而设计的，并为 Hadoop 提供标准 SQL 支持。通过 Kylin，用户可以与 Hadoop 中的数据进行亚秒级交互, 在同样的数据集上提供比 Hive 更好的性能。用户能够在 Kylin 里为数据量在百亿以上的数据集定义数据模型并构建数据立方体。Kylin 也提供与 Tableau、PowerBI/Excel、MSTR、QlikSense、Hue 和 SuperSetBI 工具的整合能力。

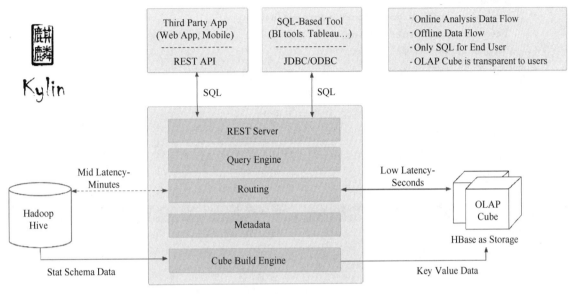

图 6.13　Kylin 架构图

6.4.2　Kylin 的安装与配置

Kylin 的运行需要依赖 HBase 和 Hive, 在安装 Kylin 之前, 需要已经安装好的 Hadoop 环境、HBase 和 Hive。Kylin 同时发布有 CDH 版本和 HBase 版本二进制包, 本书选用 Hbase 2.3.0 版本对 Kylin 进行介绍。

读者可以从 Apache 官方网站手动下载 Kylin 的二进制安装包, 也可以运行以下命令直接下载:

```
$ wget http://www.apache.org/dyn/closer.cgi/kylin/apache-kylin-2.3.0/apache-kylin-
2.3.0-hbase1x-bin.tar.gz
```

下载完成后, 解压 apache-kylin-2.3.0-hbase1x-bin.tar.gz 并进入 Kylin 的文件目录:

```
$ tar -zxf apache-kylin-2.3.0-hbase1x-bin.tar.gz
$ cd apache-kylin-2.3.0-hbase1x-bin
```

运行环境测试脚本 check-env.sh, 此脚本能够自动导入 Kylin 的环境变量:

```
$ bin/check-env.sh
```

导入 Kylin 官方提供的的样例数据立方体:

```
$ bin/sample.sh
```

通过 jps 命令检查 Hadoop 的 JobHistoryServer 是否启动。JobHistoryServer 是 Hadoop 的作业历史服务器, 可以通过它来查看已经运行完成的 MapReduce 作业记录, 如用了多少个 Map、多少个 Reduce、作业提交时间、作业启动时间、作业完成时间等信息, Kylin 的运行需要使用 JobHistoryServer。在默认情况下, JobHistoryServer 是没有启动的, 需要进行参数配置才能启动。

```
$ jps
# 返回结果省略其他进程
```

......
```
114766 JobHistoryServer
```
在上面结果中，114766 为进程的 PID，JobHistoryServer 为进程的名称。如果 JobHistoryServer 没有启动，那么需要在 Hadoop 的配置文件 mapre-site.xml 中添加以下内容。

```
1.  <property>
2.     <name>mapreduce.jobhistory.address</name>
3.     <value>master:10020</value>
4.  </property>
```

配置文件修改完成后，通过以下命令启动 JobHistoryServer：

```
$ $HADOOP_HOME/sbin/mr-jobhistory-daemon.sh start historyserver
```

一切准备完成后，通过 Kylin 的启动脚本启动 Kylin：

```
$ bin/kylin.sh start
```

此时可以通过 http://localhost:7070/kylin 通过默认的用户名 ADMIN 和密码 KYLIN 访问 Kylin 的管理界面，如图 6.14 所示。

图 6.14　Kylin 管理界面

下面的操作通过对 Kylin 的官方示例数据立方体的查询，体现使用 Kylin 进行数据查询的效率。

选择样例 "kylin_sales_cube"，单击 Action，在下拉框中选择 Build，然后选择一个晚于 2014 年 1 月 1 日的截止日期，就可以覆盖所有的 10000 条记录。

Build 的进度能够在 Monitor 标签中查看，如图 6.15 所示。

在 Insight 标签中执行 SQL 语句，单击 Submit 按钮提交。

```
select part_dt, sum(price) as total_selled, count(distinct seller_id) as sellers from
kylin_sales group by part_dt order by part_dt
```

执行完毕后如图 6.16 所示，可以看到得到了 731 个结果，用时 2.73s。

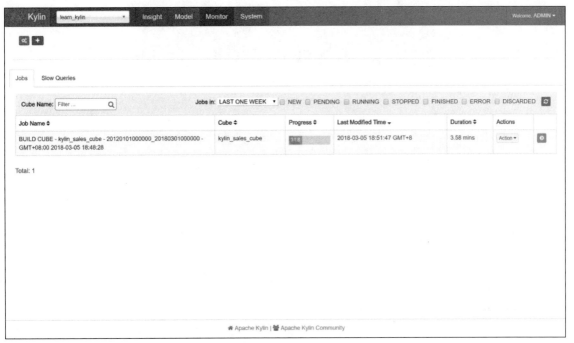

图 6.15　Kylin 的 Monitor 界面

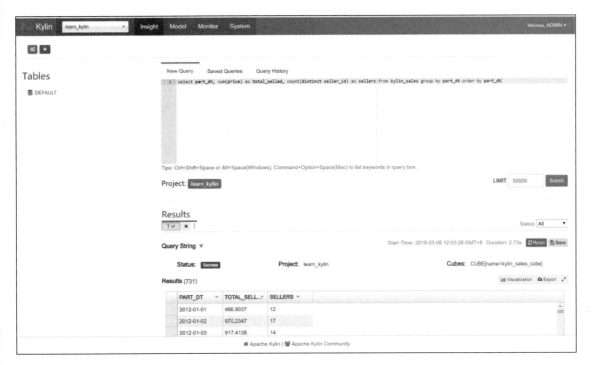

图 6.16　执行 SQL 语句的结果

而在同一环境的 Hive 内执行同样的语句，花费时间则超过 47s，如图 6.17 所示，使用 Kylin 的性能提升显而易见。

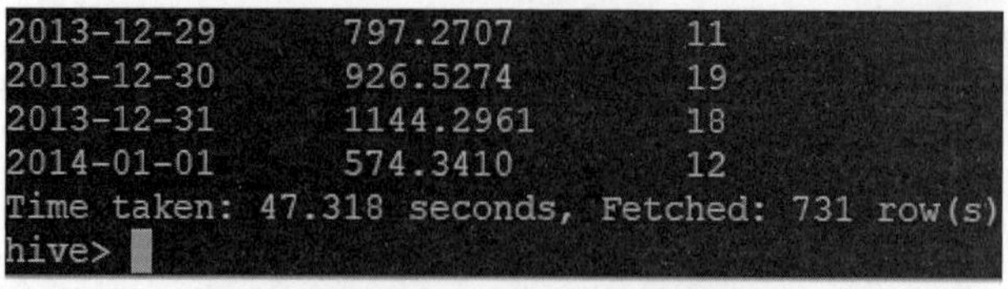

图 6.17 直接使用 Hive 进行查询的结果

6.4.3 Kylin 的使用

上一节的示例让我们体会到使用 Kylin 进行查询的强大之处，它能够使查询速度提升几十倍到几千倍。下面将带领读者一步步地构建自定义的 Cube（数据立方体），并使用 Cube 来提高数据分析的效率，达到通过 Kylin 来提高查询效率的目的。

1. 导入 Hive 表定义

本节使用 6.3.4 节中所导入的 Hive 表数据源。所导入的 Hive 表定义是一个典型的星形结构（见图 6.12），订单的事实表有三个度量值（Messures）——订单数量、订单金额和订单成本；另外有四个度量维（Dimession）——时间、产品、销售员和顾客。这里时间以天为单位，注意 day_key 必须是（YYYY-MM-DD）格式（这是 Kylin 的规定）。

在工作开始之前，需要创建一个工程（Project）。可以发现在 Kylin 中已经有一个存在的工程，即通过 sample.sh 创建的 learn_kylin 工程。一个工程中可以包含多个数据模型，这些数据模型共享工程中的数据源（Data Source）。为了使操作更加清晰明确，本节将新建一个工程来进行数据模型的设计。

登录到 Kylin 的 Web 页面，单击控制台左上角的蓝色加号按钮，创建一个数据仓库工程，命名为 kylin_test_project，如图 6.18 所示，单击 Submit 提交，这样一个新的工程就建立成功了。

图 6.18 新建 Kylin 工程

工程创建完成之后，需要做的就是将 Hive 中的表定义导入到 Kylin 中。单击 Web 界面上的"Model"→"Data Source"下的"Load Hive Table"图标，然后输入表的名称（可一次导入多张表，以分号分隔表名），如图 6.19 所示。

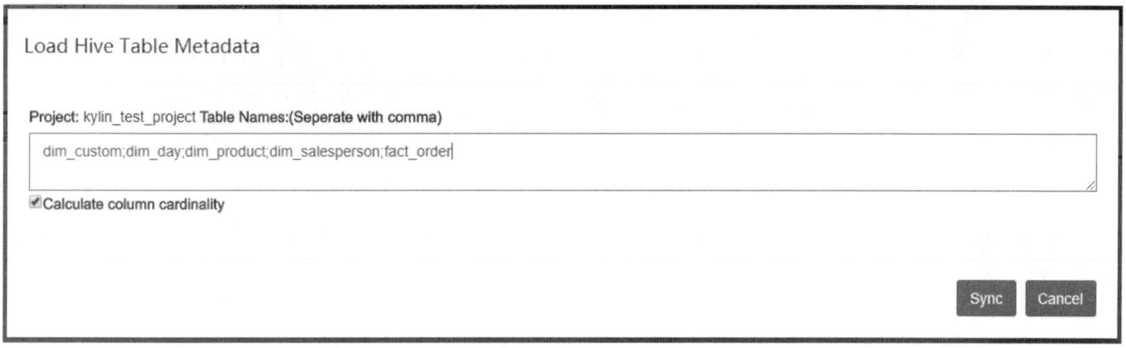

Load Hive Table Metadata
Project: kylin_test_project Table Names:(Seperate with comma)
dim_custom;dim_day;dim_product;dim_salesperson;fact_order
Calculate column cardinality
Sync
Cancel

图 6.19　导入 Hive 表

单击“Sync”按钮，Kylin 就会使用 Hive 的 API 从 Hive 中获取表的属性信息。导入成功后，表的结构信息会以树状的形式显示在页面左侧，可单击展开，如图 6.20 所示。

Models
Data Source
Tables
DEFAULT
DIM_CUSTOM
DIM_DAY
DIM_PRODUCT
DIM_SALESPERSON
FACT_ORDER

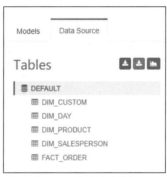

图 6.20　表的结构信息

同时，Kylin 会在后台触发一个 MapReduce 任务，计算此表每个列的基数。通常经过几分钟后刷新页面，就会看到显示出来的基数信息（Cardinality 列），如图 6.21 所示。

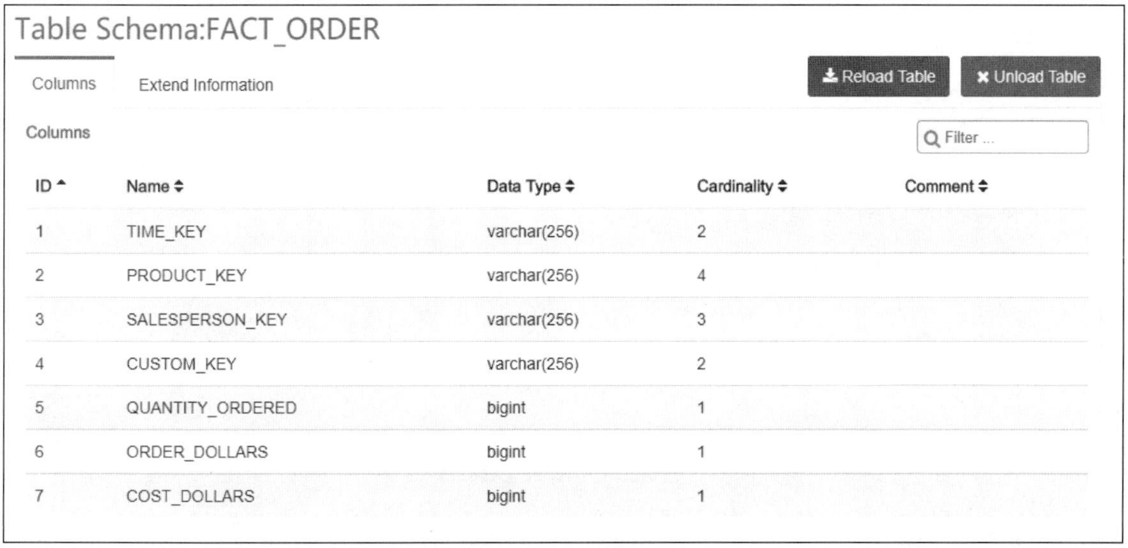

Table Schema:FACT_ORDER
Columns
Extend Information
Reload Table
Unload Table
Columns
Filter ...

ID	Name	Data Type	Cardinality	Comment
1	TIME_KEY	varchar(256)	2	
2	PRODUCT_KEY	varchar(256)	4	
3	SALESPERSON_KEY	varchar(256)	3	
4	CUSTOM_KEY	varchar(256)	2	
5	QUANTITY_ORDERED	bigint	1	
6	ORDER_DOLLARS	bigint	1	
7	COST_DOLLARS	bigint	1	

图 6.21　表的基数信息

2. 创建数据模型

导入数据表之后，就可以开始创建数据模型（Data Model）。数据模型是 Cube 的基础，它主要用于描述一个星形模型。有了数据模型之后，定义 Cube 的时候就可以直接从此模型定义的表和列中进行选择，省去重复指定连接（Join）条件的步骤。基于一个数据模型还可以创建多个 Cube，以减少用户的重复性工作。

在 Kylin 界面的"Model"页面中，单击"New"→"New Model"，开始创建数据模型，如图 6.22 所示。

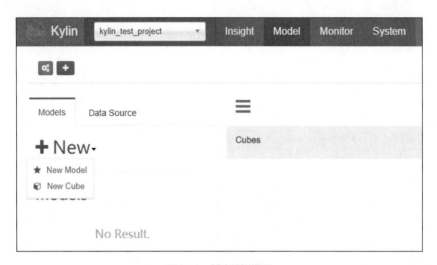

图 6.22　创建数据模型

输入 Model Name 为 kylin_test_project_model，单击"Next"按钮，如图 6.23 所示。

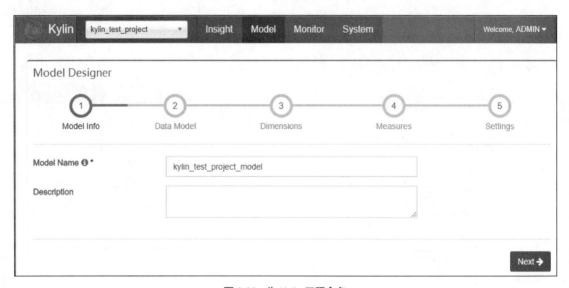

图 6.23　为 Kylin 工程命名

将 FACT_ORDER 选为事实表（Fact Table），这是必须的，然后单击"Add Lookup Table"按钮增加维表（可选），如图 6.24 所示。

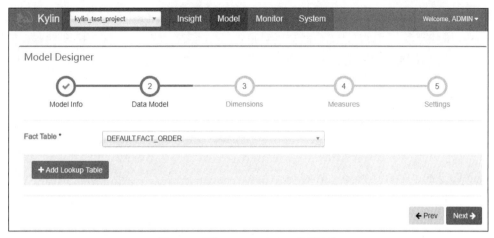

图 6.24　添加 FACT_ORDER 为事实表

在添加维表的时候，需要选择连接的类型，是 Inner 还是 Left，然后选择连接的主键和外键，这里也支持多主键，如图 6.25 所示。

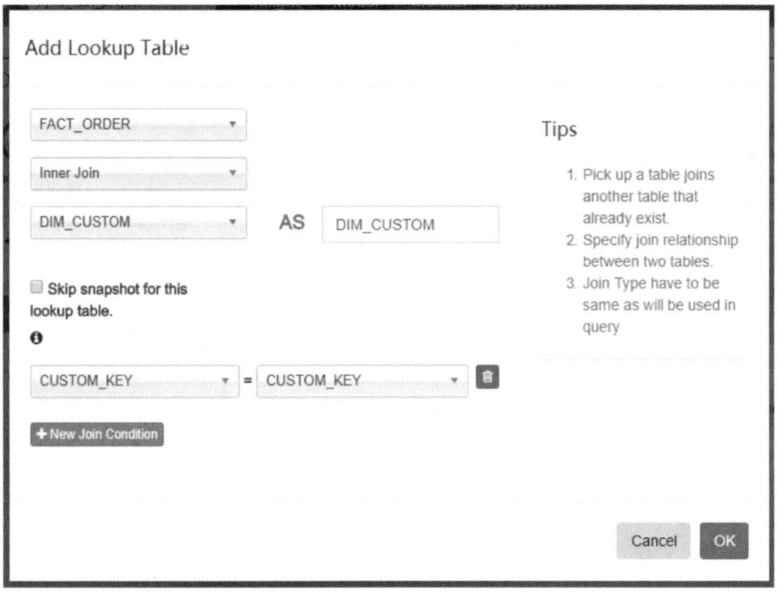

Add Lookup Table

FACT_ORDER	▼
Inner Join	▼
DIM_CUSTOM	▼	**AS**	DIM_CUSTOM

☐ Skip snapshot for this lookup table.
❶

| CUSTOM_KEY | ▼ | = | CUSTOM_KEY | ▼ | 🗑 |

➕ New Join Condition

Tips

1. Pick up a table joins another table that already exist.
2. Specify join relationship between two tables.
3. Join Type have to be same as will be used in query

Cancel　OK

图 6.25　选择连接类型

所有维表添加完成后的示例，如图 6.26 所示。

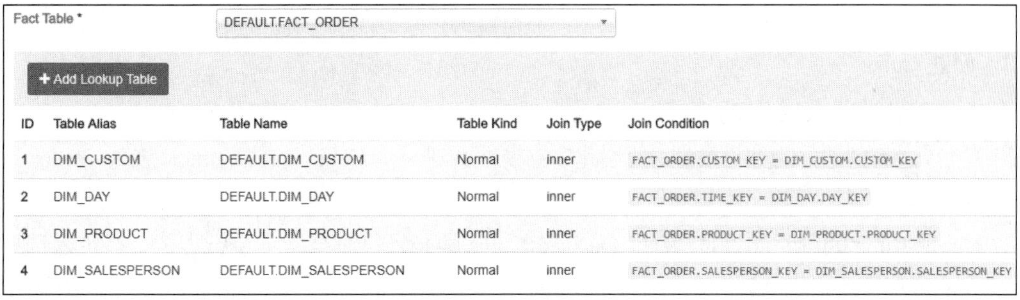

| Fact Table * | | DEFAULT.FACT_ORDER | | | ▼ |

➕ Add Lookup Table

ID	Table Alias	Table Name	Table Kind	Join Type	Join Condition
1	DIM_CUSTOM	DEFAULT.DIM_CUSTOM	Normal	inner	FACT_ORDER.CUSTOM_KEY = DIM_CUSTOM.CUSTOM_KEY
2	DIM_DAY	DEFAULT.DIM_DAY	Normal	inner	FACT_ORDER.TIME_KEY = DIM_DAY.DAY_KEY
3	DIM_PRODUCT	DEFAULT.DIM_PRODUCT	Normal	inner	FACT_ORDER.PRODUCT_KEY = DIM_PRODUCT.PRODUCT_KEY
4	DIM_SALESPERSON	DEFAULT.DIM_SALESPERSON	Normal	inner	FACT_ORDER.SALESPERSON_KEY = DIM_SALESPERSON.SALESPERSON_KEY

图 6.26　维表

接下来 Kylin 会提示选择用作维的列。在这里只是选择一个列的范围，不代表这些列将来一定要用作 Cube 的维或度量，可以把所有可能会用到的列都选进来，在后续创建 Cube 的时候，只能从这些列中选择。选择维列时，维可以来自事实表，也可以来自维表，如图 6.27 所示。

ID	Table Alias	Columns
		Select dimension columns
1	FACT_ORDER	TIME_KEY × PRODUCT_KEY × SALESPERSON_KEY × CUSTOM_KEY × QUANTITY_ORDERED × ORDER_DOLLARS × COST_DOLLARS ×
2	DIM_CUSTOM	CUSTOM_KEY × CUSTOM_NAME × CUSTORM_ID × HEADQUARTER_STATES × BILLING_ADDRESS × BILLING_CITY × BILLING_STATE × INDUSTRY_NAME ×
3	DIM_DAY	FULL_DAY × DAY_KEY × MONTH_NAME × QUARTER × YEAR ×
4	DIM_PRODUCT	PRODUCT_KEY × CATEGORY_CODE × PRODUCT_NAME × PRODUCT_ID × PRODUCT_DESC × SKU × BRAND × BRAND_CODE × BRAND_MANAGER × CATEGORY ×
5	DIM_SALESPERSON	REGION_CODE × SALESPERSON_KEY × SALESPERSON × SALESPERSON_ID × REGION ×

图 6.27　选择维列

选择度量列时，可以添加各种类型的度量，这里只选用默认值即可。

这一步是为模型补充分割时间列信息和过滤条件，如图 6.28 所示。

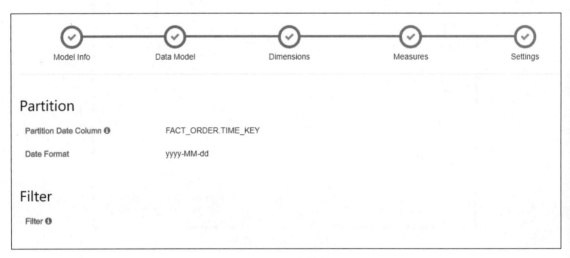

图 6.28　选择度量列

最后，单击"Save"保存此数据模型，随后它将出现在"Models"列表中。

3.　创建 Cube

本节将介绍创建 Cube 时的各种配置选项。

（1）选择之前创建好的数据模型，使用此数据模型新建一个 Cube，并将 Cube 命名为"order_cube"，如图 6.29 所示。

（2）选择 Cube 的维，如果是衍生（Derived）维，则必须是来自于某个维表，一次可以选择多个列，如图 6.30 所示。

图 6.29　给 Cube 命名

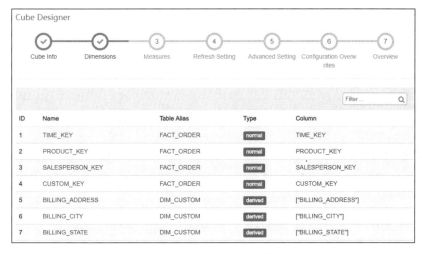

图 6.30　选择 Cube 的维

（3）为 Cube 增加度量，Kylin 会默认创建一个 Count（1）的度量。单击"Measures"按钮来添加新的度量。Kylin 支持的度量有：SUM、MIN、MAX、COUNT、COUNT DISTINCCT、TOP_N、RAW 等。如图 6.31 所示，首先选择需要的度量类型，然后再选择适当的参数。

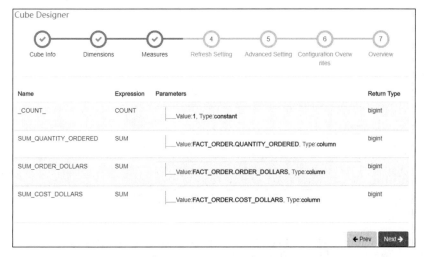

图 6.31　选择 Cube 的度量

度量添加完成后单击 "Next" 按钮，进行 Cube 的刷新设置，这项功能是为了 Cube 的增量构建而提供的，保持默认设置即可，如图 6.32 所示。

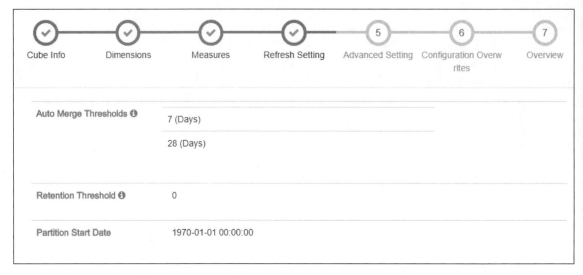

图 6.32　Cube 的刷新设置

此时 Cube 的创建已经基本完成，下面第 5 步的高级设置中使用默认配置，第 6 步的目的是针对 Cube 覆盖 Kylin 的属性设置，也使用默认配置，最后进入第 7 步总览，确认后 Kylin 自动开始 Cube 的创建。

Cube 创建开始后，可以在 Monitor 页面查看 Build 状态。Build 过程实际上是把 Cube 存储到 Hbase 中，方便快速检索，如图 6.33 所示。

Name ⇕	Status ⇕	Cube Size ⇕	Source Records ⇕	Last Build Time ⇕	Owner ⇕	Create Time ⇕	Actions	Admins
⊙ order_cube	READY	5.00 KB	12	2018-03-10 20:43:17 GMT+8	ADMIN	2018-03-10 20:36:54 GMT+8	Action ▾	Action ▾

Total: 1
Storage: 5.00 KB

图 6.33　创建完成的 Cube

4．使用 Cube 进行查询

切换到 Kylin 的 Web 页面中的 Insight 标签页，此页面可以输入 SQL 语句来进行数据仓库的查询操作。

例如，如果需要查询 2017-05-01～2017-05-15 的每天的订单数量、订单金额和订单成本，查询语句如下。

```
select fact.time_key, sum(fact.quantity_ordered), sum(fact.order_dollars), sum(fact.cost_dollars) from fact_order as fact
```

```
where fact.time_key between '2017-05-01' and '2017-05-15'
group by fact.time_key order by fact.time_key
```

如图 6.34 所示，Kylin 只用了 0.16s 就完成查询，而同样的语句在 Hive 中运行则花费长达几十秒。

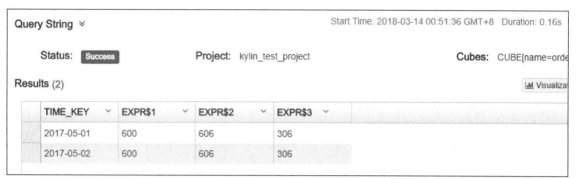

图 6.34　Kylin 的查询结果

6.5　Superset

6.5.1　Superset 简介

Apache Superset 是一款现代化的企业级商业智能 Web 应用程序，最初名为 Panoramix，于 2016 年 3 月更名为 Caravel，截至 2016 年 11 月，命名为 Superset。Superset 具有以下特征：

（1）丰富的数据可视化集；

（2）一个易于使用的界面，用于探索和可视化数据；

（3）能够创建和共享仪表盘；

（4）通过集成主要身份验证提供程序（数据库，OpenID，LDAP，OAuth 和通过 Flask AppBuilder 的 REMOTE_USER）进行企业级身份验证；

（5）可扩展的、高粒度的安全/权限模型，允许用户可以访问各个功能和数据集的复杂规则；

（6）一个简单的语义层，允许用户通过定义哪些字段应显示哪些下拉列表以及哪些聚合和功能指标可供用户使用，从而控制数据源在 UI 中的显示方式；

（7）通过 SQLAlchemy 与大多数类 SQL 语言的 RDBMS（关系数据库管理系统）集成；

（8）与 Druid.io 深度集成。

6.5.2　Superset 的安装与配置

Superset 主要是使用 Python 语言编写的，并且在 Python 2.7 和 Python 3.4 上通过测试，Airbnb（知名在线房屋短租公司）目前在生产环境中使用 Python 2.7 作为 Superset 的运行环境。Superset 官方并没有对 Python 2.6 提供支持的计划。

在安装 Superset 之前，首先要通过以下命令在 CentOS 上安装 Superset 所需要的系统依赖：

```
$ sudo yum upgrade python-setuptools
$ sudo yum install gcc gcc-c++ libffi-devel python-devel python-pip python-wheel
openssl-devel libsasl2-devel openldap-devel
```

Superset 官方文档推荐使用 Anaconda 进行 Superset 环境的配置。Anaconda 是一个开源的 Python 发行版本，其中包含了大量的科学计算库及其依赖项，能够方便地进行 Python 环境的配置。Anaconda 官网提供 Anaconda 最新版本的下载，读者可以通过以下命令下载 Anaconda2：

```
$ wget https://repo.continuum.io/archive/Anaconda2-5.1.0-Linux-x86_64.sh
```

由于 Anaconda 的下载链接可能会发生变动，读者可先访问 Anaconda 官方网站，确定正确的下载地址后，再参考上述命令将下载地址修改为自己对应的 Anaconda 版本。

下载完成后，通过 bash 命令来安装 Anaconda，注意不同版本的 Anaconda 安装包文件名会有所区别：

```
$ bash Anaconda2-5.1.0-Linux-x86_64.sh
```

安装程序会提示我们阅读其条款：

```
In order to continue the installation process, please review the license agreement.
```

按回车键阅读条款，页面翻动到最下方时输入"Yes"（不带引号）同意安装条款。随后安装程序会提示是否接受默认安装路径，按回车键同意，默认 Anaconda 的安装路径为～/anaconda2，此处也可手动输入安装路径。输入完成后按回车键即可进入安装，各种模块安装完成后，安装程序会提示是否将 Anaconda 添加到.bashrc 环境变量配置文件中去，输入"Yes"回车即可完成安装。

下面的命令使用 Anaconda 创建一个用于运行 Superset 的虚拟环境，参数-n 指定虚拟环境的名称，python=2.7 指定虚拟环境中的 python 版本为 2.7。

```
$ conda create -n superset python=2.7
```

输入以下命令进入虚拟环境 superset：

```
$ source activate superset
```

此时终端左侧会多出一个"（superset）"，表明正处于 Anaconda 创建的虚拟环境中。

用于退出虚拟环境的命令如下：

```
$ source deactivate
```

由于还要继续安装 superset，所以现在先不执行上述退出虚拟环境的命令。

在虚拟环境 superset 中，升级 pip 和 setuptools 到最新版本：

```
$ pip install --upgrade setuptools pip
```

升级完成后，通过以下几步安装 superset。

（1）安装 superset。

```
$ pip install superset
```

（2）创建一个 superset 管理员用户（安装程序会提示你设置用户名、姓名和密码）。

```
$ fabmanager create-admin --app superset
```

（3）初始化数据库。

```
$ superset db upgrade
```

（4）加载 superset 自带的示例到数据库中。

```
$ superset load_examples
```

（5）创建默认的角色和权限并初始化。

```
$ superset init
```

初始化完成后，就可以通过以下命令运行，默认 Superset 在 8088 端口启动 Web 服务。

```
$ superset runserver
```

也可以通过参数-p 来手动设置 Superset 的 Web 服务端口。例如，运行命令 superset runserver -p 8765 就可以指定 Web 端口为 8765。

6.5.3　Superset 的使用

1.　Web 界面

Superset 启动之后，通过浏览器访问 http://localhost:8088/，输入安装时设置的用户名和密码就能够进入 Superset 的 Web 界面，如图 6.35 所示。

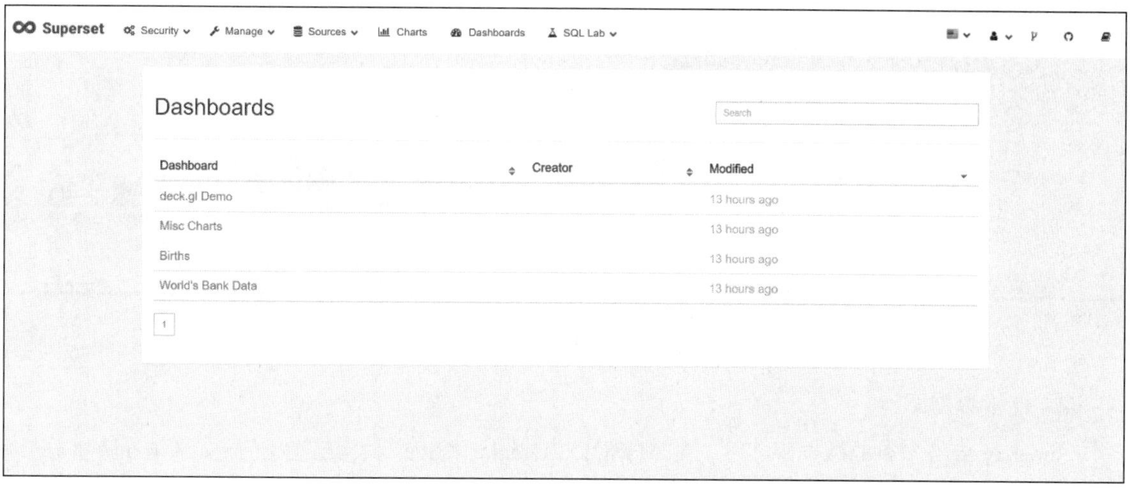

图 6.35　Superset 主页

Superset 提供多语言支持，可以在右上角国旗标志处将语言修改为中文，如图 6.36 所示。

图 6.36　设置语言为中文

Dashboard 中的四个项目分别是 Superset 的四个示例，例如，单击 Births 可以查看全美国新生儿的数据，如图 6.37 所示。

可以看到，Superset 对数据可视化的展示是非常简洁美观的。

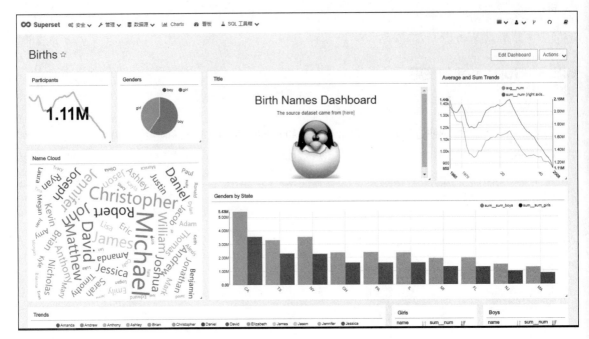

图 6.37　全美国新生儿的数据

2. 连接数据库

Superset 支持多种的数据库连接，如 MySQL、Oracle、Hive 等，其连接方式如表 6.6 所示。

表 6.6　　　　　　　　　　　　Superset 的数据库连接

数据库类型	在服务器执行命令	URL 填写方式
MySQL	pip install mysqlclient	mysql://用户名:密码@IP/数据库名
Postgres	pip install psycopg2	postgresql+psycopg2://
Presto	pip install pyhive	presto://
Oracle	pip install cx_Oracle	oracle://
SQLite		sqlite://
Redshift	pip install sqlalchemy-redshift	redshift+psycopg2://
MSSQL	pip install pymssql	mssql://
Impala	pip install impyla	impala://
Hive/SparkSQL	pip install pyhive	hive://

下面对 Superset 连接 MySQL 数据库的具体操作进行详细介绍。

首先进入 Superset 的虚拟环境：

```
$ source activate superset
```

使用以下命令查看环境中是否已经安装 mysqlclient：

```
$ pip list|grep mysqlclient
```

如果出现了 mysqlclient 说明已经安装，可以跳过下面安装 mysqlclient 的步骤，否则需要手动安装。安装命令如下：

```
$ pip install mysqlclient
```
安装过程中可能会报错如下：
```
EnvironmentError: mysql_config not found
```
这是因为安装 mysqlclient 需要 MySQL 的配置文件，但是 mysqlclient 里面的 setup_posix.py 文件默认设置的 mysql.config 路径是错误的，需要手动更改。

重新下载 mysqlclient：
```
$ pip download mysqlclient
```
上述命令使用 pip 下载当前的 mysqlclient 包 mysqlclient-1.3.12.tar.gz。解压 mysqlclient-1.3.12.tar.gz 并进入解压目录：
```
$ tar -zxf mysqlclient-1.3.12.tar.gz
$ cd mysqlclient-1.3.12
```
修改目录下的 setup_posix.py 文件：
```
mysql_config.path = "mysql_config"
```
将上面一行中右侧的路径修改为当前系统中 mysql_config 文件的路径。修改完成后运行以下命令安装 mysqlclient：
```
$ pip install .
```
mysqlclient 安装完成后，就可以通过它将 MySQL 作为 Superset 的数据源。如图 6.38 所示，进入 Superset 的 Web 界面，单击"数据源"→"数据库"。

图 6.38　进入数据库管理

数据库界面如图 6.39 所示。

图 6.39　数据库界面

单击图 6.39 右上角加号按钮添加数据库连接，如图 6.40 所示。

按照格式填写数据库的 URI 地址。
```
mysql://hadoop:XXXXXXXXXX@localhost/test
```
其中 hadoop 为数据库用户名，XXXXXXXXXX 为密码。单击测试连接按钮可以对数据库连接进行测试，若测试成功，浏览器会返回一个 "Seems OK!" 的弹窗。添加数据库成功后的界面，如图 6.41 所示。

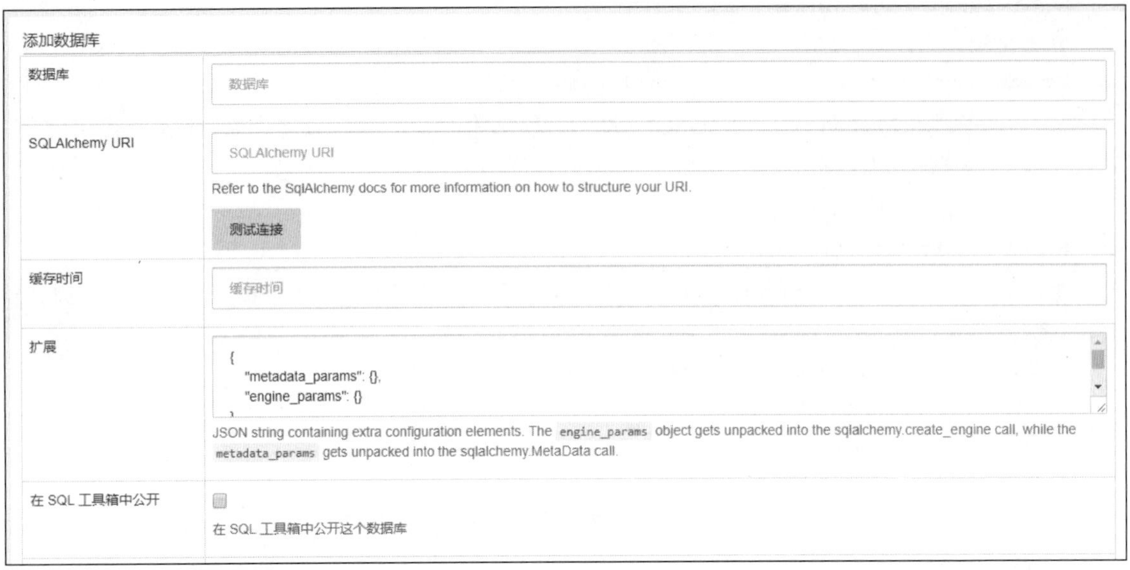

图 6.40　添加数据库连接

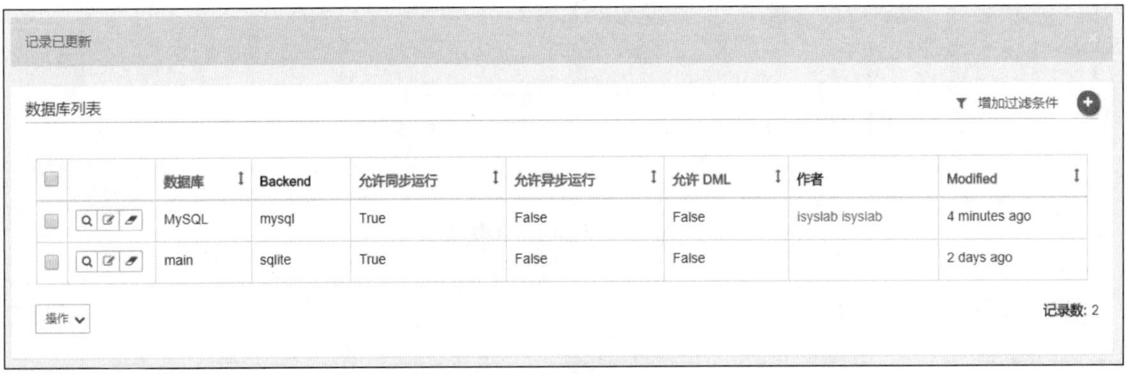

图 6.41　添加数据库成功

3.　连接 Kylin

本章在 6.4 节中介绍了 Kylin，读者一定会有这样的疑惑：既然 Superset 能够连接并使用这么多的数据库，Kylin 作为一个数据分析引擎，其分析出的结果能够被 Superset 所用吗？答案是肯定的。Apache Kylin 背后的商业公司 Kyligence 给出了 Superset 连接 Kylin 的开源解决方案——Kylinpy。Kylinpy 的代码维护在 GitHub 上，提供了对 SQLAlchemy 的支持。安装 Kylinpy 也很简单，只需要使用 pip。

```
$ pip install kylinpy
```

安装完成之后，打开如图 6.39 所示界面，点击右上角的加号按钮添加数据库连接。Kylin 的 URI 填写方式与 MySQL 类似，如图 6.42 所示，注意 URI 最后面填写的应为 Kylin 的工程名称，这里填写的是在之前创建的工程 kylin_test_project。

填写完成后，可以单击"测试连接"按钮进行测试，如果测试成功，页面底部会显示数据库内所包含的表的名称，如图 6.43 所示。如果测试没有问题，就可以单击"保存"按钮保存此数据库连接设置。

编辑数据库	
数据库	Kylin
SQLAlchemy URI	kylin://ADMIN:XXXXXXXXX@localhost:7070/kylin_test_project Refer to the SqlAlchemy docs for more information on how to structure your URI. 测试连接
缓存时间	缓存时间

扩展	{
	　　"metadata_params": {},
	　　"engine_params": {}
	}
	JSON string containing extra configuration elements. The `engine_params` object gets unpacked into the sqlalchemy.create_engine call, while the `metadata_params` gets unpacked into the sqlalchemy.MetaData call.

在 SQL 工具箱中公开	☑ 在 SQL 工具箱中公开这个数据库
允许同步运行	☑ 允许用户运行同步查询，这是默认值，可以很好地处理在web请求范围内执行的查询（<~ 1 分钟）
允许异步运行	☐ 允许用户对异步后端运行查询。 假设您有一个 Celery 工作者设置以及后端结果。
允许 CREATE TABLE AS	☐ 在 SQL 编辑器中允许 CREATE TABLE AS 选项
允许 DML	☐ 允许用户在 SQL 编辑器中运行非 SELECT 语句（UPDATE，DELETE，CREATE，...）
CTAS 模式	CTAS 模式 当在 SQL 编辑器中允许 CREATE TABLE AS 选项时，此选项可以此模式中强制创建表
Impersonate the logged on user	☐ If Presto, all the queries in SQL Lab are going to be executed as the currently logged on user who must have permission to run them. If Hive and hive.server2.enable.doAs is enabled, will run the queries as service account, but impersonate the currently logged on user via hive.server2.proxy.user property.

保存🖫 ←

图 6.42　添加 Kylin 数据库连接

保存🖫 ←

Tables:

DIM_CUSTOM	DIM_DAY	DIM_PRODUCT	DIM_SALESPERSON	FACT_ORDER

图 6.43　Kylin 数据表

181

4. 新建数据表

建立好数据库连接之后，就可以着手进行 Superset 中数据表的创建。

如图 6.44 所示，单击 Web 界面上的"数据源"→"数据表"，进入数据表界面。

在数据表界面的左上角，单击"添加新记录"按钮，添加新的数据表，如图 6.45 所示。

图 6.44　数据表菜单项

图 6.45　添加新表记录

如图 6.46 所示，添加 Kylin 中的事实表 FACT_ORDER，单击"保存"按钮进行保存。

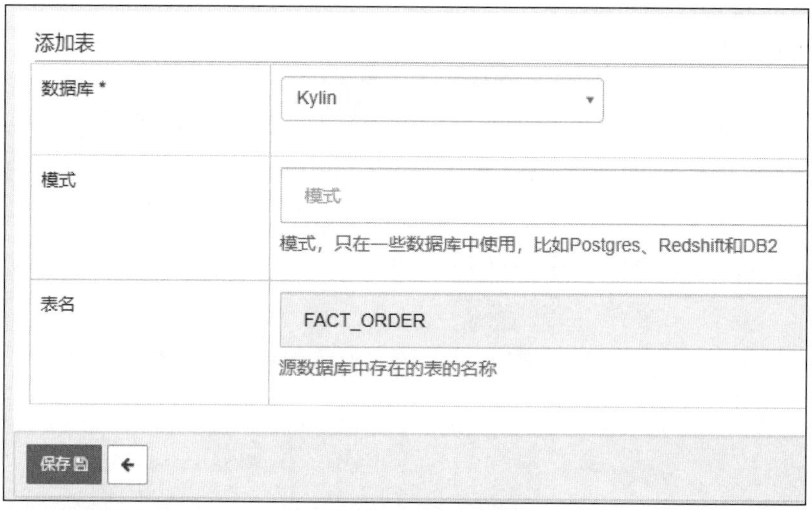

图 6.46　添加 Kylin 数据表

添加完成后的数据表 FACT_ORDER，如图 6.47 所示。

图 6.47　添加好的 Kylin 数据表

5. 查询 Kylin 表单

表单建立完成后，Superset 可以通过各种查询将其可视化，下面是对 Kylin 表单进行查询，并创建一个统计各个销售员总订单量的饼状图的操作。

单击图 6.47 的表名，进入单表的查询和可视化界面，界面左侧为设置项，如图 6.48 所示。

图 6.48　可视化分析的设置项

此时网页右侧为根据图 6.48 设置项实时变化的可视化图表，如图 6.49 所示，默认 Superset 会以表格视图（Table View）进行显示。

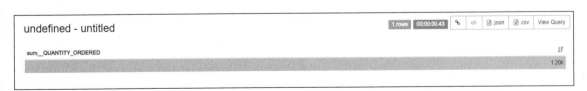

图 6.49　Superset 表格视图

根据 FACT_ORDER 表创建一个统计各个销售员总订单量的饼状图。修改可视化类型（Visualization Type）为饼状图（Pie Chart），如图 6.50 所示。

修改 Query 标签下的设置，在度量（Metrics）的文本框中选择 sum_QUANTITY_ORDERED，即订单的总量，在 Group By 分组中选择 SALESPERSON_KEY，即以销售员分组，如图 6.51 所示。

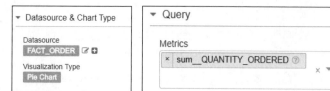

图 6.50 修改可视化类型为饼状图

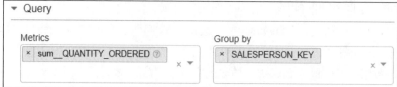

图 6.51 设置度量和分组

单击界面左上角的"Run Query"按钮，如图 6.52 所示。

此时网页的可视化界面会实时显示设计出的饼状图，如图 6.53 所示。除饼状图外，Superset 还提供了各种丰富多彩的图表模板，读者可以一一尝试，制作出简洁美观的可视化图表。

图 6.52 Run Query 按钮

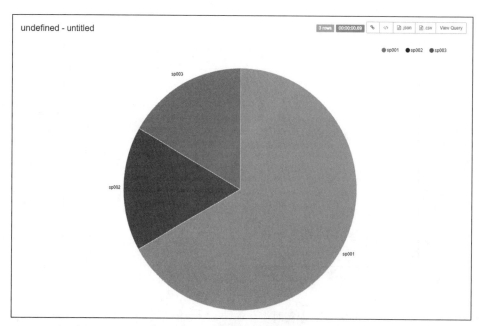

图 6.53 各个销售员订单总量的饼状图

在图 6.48 中设置项的图表选项（Chart Options）上可以对可视化图形进行进一步的细致修改，如图 6.54 所示，读者可以修改颜色、标签等内容，本节不再赘述。

图 6.54 图表选项

6. 使用 SQL Lab 查询 Apache Kylin 多表

Kylin 的 Cube 通常都是以多表关联建模为基础生成的，因此分析 Kylin 的 Cube 的数据时，使用多表进行查询对于 Kylin 来说是非常常见的。在使用 Superset 分析 Kylin 数据时，可以使用 Superset 中的 SQL Lab 功能来查询多表，并对其进行可视化分析。

在进行多表查询之前，首先要将 4 张维表也添加到 Superset 的数据表中（如图 6.46 所示），并要确认添加的 Kylin 数据库是否在 SQL 工具箱中已经公开，可以通过以下步骤确认数据库是否公开。通过数据源-数据库打开数据库列表（见图 6.44），单击 Kylin 数据库左侧的"编辑记录"按钮，如图 6.55 所示。

在数据库编辑页面中，勾选"在 SQL 工具箱中公开"项，单击底部的"保存"按钮保存，这样 Kylin 数据库就可以在 SQL 工具箱中看到了，如图 6.56 所示。

图 6.55　编辑数据库记录　　　　　图 6.56　"在 SQL 工具箱中公开"项

单击页面顶部的"SQL 工具箱"→"SQL 编辑器"，进入到 SQL 编辑器界面，如图 6.57 所示。Superset 默认会建立一个 Query 标签，在此标签下选择数据库为 Kylin，如图 6.58 所示。

图 6.57　SQL 工具箱菜单项　　　　　图 6.58　Superset 的 Query 标签

在图 6.59 中的 SQL 文本框内填入下面的 SQL 语句，这是前面两节中在 Hive 和 Kylin 中进行查询所使用过的语句，不过略有差异，语句中添加了别名作为查询结果中的表头。

```
select
fact.time_key, sum(fact.quantity_ordered) as sum_quantity_ordered,
sum(fact.order_dollars) as sum_order_dollars,
sum(fact.cost_dollars) as sum_cost_dollars
from
fact_order as fact
where
fact.time_key between '2017-05-01' and '2017-05-15'
group by fact.time_key order by fact.time_key
```

SQL 语句填写完成后，单击文本框左下角的"Run Query"按钮执行查询，如图 6.59 所示。

执行查询的结果和在 Kylin 中执行的结果是一样的，如图 6.60 所示。

单击"Visualize"按钮，进行查询结果的可视化操作，如图 6.61 所示。

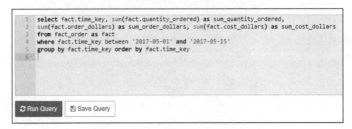

图 6.59　填写完成后的 SQL 语句

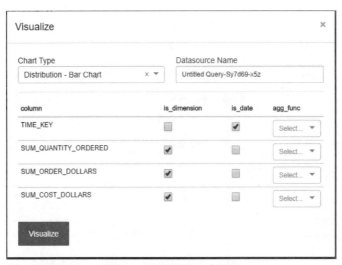

图 6.60　Superset 执行查询后的结果

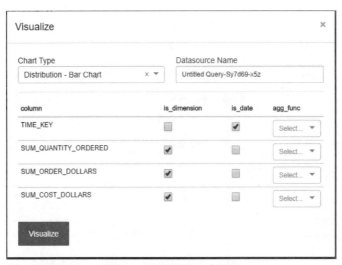

图 6.61　多表查询可视化选项

单击"Visualize"按钮，即可进入和单表查询一样的界面，进行可视化分析，转换为美观的可视化图表。

习题

1. 简单比较星形模式、雪花模式、事实星座模式的区别与联系。
2. 部署 Hive、Kylin，并选择合适的数据表在 Kylin 中建立 Cube。
3. 在 Kylin 中使用相应的维和度量对 Cube 进行查询。
4. 部署 Superset，使用 Kylinpy 连接 Superset 和 Kylin。
5. 练习使用 Superset 的可视化图表展示。
6. 使用本章所讲知识点，通过 Hive 来实现单词计数。

07 第7章　大数据分析与挖掘技术

　　数据挖掘在当前数据量激增的环境下，得到了社会的广泛关注，特别是在信息产业界，在电子商务、市场营销、欺诈检测、产品控制、工业生产和科学探索等领域都有着十分广泛的应用。究其原因，是当前社会存在了大量可以广泛使用的数据，数据量的剧增造成单位数据所含价值的降低，这就迫切需要将这些数据转换成为有用的信息和知识。第 6 章已经对如何构造数据仓库进行了详细介绍，那么，如何在构造好的数据仓库之上进行挖掘和分析，找出内在的规律呢？"工欲善其事，必先利其器"，找到一种适合大数据分析与挖掘的工具，就能提高数据分析的能力和效率，并能准确地从大数据中寻找出隐含的规律和模式，而 Hadoop+ Mahout 的模式正是首选。

　　本章将对数据挖掘与分析的基本原理进行讨论，并对 Hadoop 家族中的重要成员之一 ——Mahout 进行介绍，描述其在具体应用中的使用方法。

7.1 概述

数量快速增长的数据存放在大型的数据储存库中，若没有强有力的辅助工具，光是理解它已经远远超出了人的能力，这就导致收集了大量数据的存储库变成了"数据坟墓"。因此，数据分析与挖掘技术就应运而生，数据挖掘技术的发展可以看作是人类对数据应用需求的自然演化结果。本节先对数据挖掘的基本概念进行讨论，然后着手使用 Mahout 进行数据分析和挖掘。在使用 Mahout 之前，需要进行一些必要的系统搭建与安装工作，本节第二部分将对在 Linux 环境下搭建 Mahout 的过程进行介绍。如果读者要运行本章所提供的例程，请按照顺序将 Mahout 开发环境配置完成。

7.1.1 数据挖掘简介

数据挖掘也被称为知识发现，是目前数据科学领域的热点研究课题。数据挖掘，就是从海量数据中发现隐含的、不平凡的、具有价值的规律或模式。在人工智能、机器学习、模式识别、数据库管理和图像处理等专业领域，数据挖掘技术都是必不可少的技术支持。基于对数据的分析，可以对数据之间的关联进行抽取和整理，构建合理的模型来提供决策支持。相比其他领域，数据挖掘在商业上的应用更易于理解，通过分析企业大量的数据，获得其内含的规律，从而将其模型化并应用于实际场景，使企业获得更高的利润和关注度。

数据挖掘属于前沿技术领域，目前处于蓬勃发展阶段，国内外学者对数据挖掘领域关注度极高。但通过挖掘发现的知识、规律或者模式，不等同于数学定理和自然规律，也不是可以超越具体应用领域的存在，它是面向特定领域、面向特定前提和约束，甚至面向特定人群的一种知识发现。

数据挖掘的常用方法有以下几种：

（1）分类分析：分类是指按照某种分类模型将具有相同特征的数据对象划分为同一类。其中，分类模型的构造方法由所应用领域和具体对象决定，而数据特征的相同点也有很多，如何选择也取决于具体应用场景和需求。其实，分类方法是人们生活中随处可见也经常使用的方法之一，在商业上运用极其广泛，可应用于用户喜好分析预测、用户购买趋势预测等。例如：十二星座就是按照每个人的出生日期的分类模型将人们分为十二个类别，并对每个类别给予自己的理解从而与其他类别区别开；新浪微博 APP 也将用户分为美妆、情感、搞笑、教育、科技等多个类别，这样使推送的博文有侧重，从而促进用户活跃度。

（2）聚类分析：聚类分析是一种创建数据对象集合的方法，这种数据集合也称为簇（Cluster），聚类分析力求使得同簇成员尽可能相似，异簇成员尽可能相异。聚类分析与数据分类是两种不同的方法，在数据分类中，数据对象被分配到预定义的类中，但在聚类分析的过程中，类本身是没有预先创建的，甚至类的数量也是未知，而是在聚类过程中逐渐形成，并加以度量的，在聚类结束前每个数据点都不一定被稳定分配到某个聚类中。用术语进行解释，聚类分析的过程是属于无监督的学习方法，而分类过程则属于有监督学习的方法。

（3）关联分析：关联分析是指找出多个事物之间具有的规律性(关联)，这一概念最早是由 Rakesh Apwal 等人提出的。在数据库领域存在数据关联，它是其中存在的一种重要知识。简单来说，可以分为简单关联、时序关联和因果关联。例如，经典的销售领域的案例——啤酒与尿布，就是一个很典型的数据关联的例子。可以说，关联分析可以在很大程度上辅助销售人员拟定销售策略，帮助零售商进行各种商业活动。

（4）时序模式分析：时序模式分析反映的是属性在时间上的特征，属性在时间维度上如何变化，时序模式分析试图在这些历史数据中找到重复概率较高的模式，从而可以利用已知的数据预测未来的值，主要应用在产品生命周期预测，寻求客户等方面。

（5）偏差分析：偏差分析是指关注数据库中的异常点，因为对管理者来说，这些异常点往往是更需要给予关注的。譬如，大学生成绩评价中，某几个学生数据偏离于其他聚类，这些学生往往有偏科严重或其他困难情况，教学管理者应给予更多的关心和了解，来帮助学生解决困难。

尽管数据挖掘方法有这么多不同的种类，但是其大致的处理流程却是类似的，主要流程由以下几个阶段构成。

（1）问题的定义：要明确问题的目标，制定挖掘计划，这个问题决定了需要采用的数据分析方法，是采用聚类分析方法还是关联分析方法，或者是采用时序模式分析的方法。比如，在商业应用中，若要对某一客户群体（大约数十万）进行客户细分，根据不同的客户群的特征采取不同的商业手段进行拓展业务，实现客户增长，在这个问题中目标是对客户进行细分，选用聚类分析方法比较合适。

（2）数据的获取与预处理：明确了问题之后，就要对任务所涉及的数据对象（目标数据）进行数据采集，得到与挖掘任务相关的数据集。事实上，获得的数据集往往不是理想状态，其中可能会有很多缺失值、异常样本等，还要采用一定的手段对数据集进行清洗和转换，使样本具有一致性和可用性，这一过程被称为数据预处理。

（3）建模：这一阶段的主要任务是应用各种建模技术，选择最适合的模型，对其进行参数校准调优。仍然以第一阶段中的客户细分问题为例，在建模阶段，可以采用 K-means 聚类算法进行建模，此时需要明确建模中的参数和输入变量，建模参数包括聚类个数、最大迭代次数等，而输入变量则关乎聚类效果的好坏，对客户数据而言，其特征属性往往比较多，哪些属性是与业务相关性强的，哪些是无关紧要的，需在变量输入进行控制。值得注意的是，建模往往是一个螺旋上升不断优化的过程，不是一个一成不变的模型。因此，每次聚类结束后，要进行结果分析，如果客户细分的结果特征不明显，说明聚类的效果不佳，则需要调整模型参数，对模型进行优化。

（4）模型评价与分析：一般而言，通过上述步骤，可以得到一系列的分析结果和模型，它们可能是对业务问题从不同侧面进行的描述，需要对这些模型进行评估和分析，才能得到支持业务决策所需要的信息，如果发现模型与实际数据应用有较大偏差，则还需要返回上面的步骤进行调整。

7.1.2　Mahout 的安装与配置

1. 初识 Mahout

Mahout 是 Apache 公司的开源机器学习软件库，其实现了机器学习领域的诸多经典算法，例如，推荐算法、聚类算法和分类算法。Mahout 可以让开发人员更方便快捷地创建智能应用程序，另外，Mahout 通过应用 Hadoop 库可以有效利用分布式系统进行大数据分析，大大减少了大数据背景下数据分析的难度。

目前，Mahout 主要着力于三个领域——推荐（协同过滤）、聚类和分类的实现上，尽管在理论上它可以实现机器学习中的所有技术。其中，推荐引擎是最为常见的，很多电子商务、社交媒体应用上都广泛使用了推荐系统。例如，淘宝、京东等购物平台会根据用户的购物记录和浏览记录为用户推荐可能会感兴趣的商品；腾讯 QQ、新浪微博这样的社交媒体也会使用推荐系统为用户推荐可能认识的朋友、感兴趣的新闻、广告等，这些平台通过推荐系统能产生实实在在的商业价值与用户粘性。

聚类技术是将大量的事物组合成为拥有类似属性的簇，从而可以在一些规模较大和难于理解的数据集上发现层次结构和顺序等模式。聚类是将无标签的数据按照自身属性的相似程度进行划分，使得相似度高的数据归为一簇。聚类的目的是使簇内数据的相似度尽可能大，不同簇之间数据的相似度尽可能的小，从而发现数据之间隐藏的联系。分类系统则更为明确，它的主要目的是在已经事先知道类标号情况下，确定一个对象多大程度地属于某一确定的类，对每一个输入数据可以给出单一、明确的类标号输出，因此也称为有监督学习。更多关于聚类和分类的概念，将在后文详细讨论。

2. Mahout 配置与安装

Mahout 上所有的机器学习算法是基于 Java 实现的，Mahout 并没有提供用户接口与预装服务器或安装程序，这使得开发者拥有更加灵活自由的配置框架。为了让使用本书的读者能够方便地运行后文的例程，需要进行一些必要的系统搭建和安装工作。

（1）安装 JDK+IDEA 集成开发环境；

（2）安装配置 maven；

（3）安装配置 Mahout；

（4）安装配置 Hadoop 伪分布式环境。

下面我们将对安装过程进行简要的介绍。

第一步,在 Linux 环境下进行 Mahout 程序编写首先要要进行 Java 环境的搭建,在这里使用 Oracle 版本的 JDK1.8 开发工具,基于 Java8 的新特性可以使 Java 代码更加简洁和高效。JDK 在不断地更新,到目前为止，最新版本是 Java SE 9 （JDK1.9.0）。本书以 IntelliJ IDEA 为例介绍 Mahout 开发环境的配置，当然也可以使用 Eclipse 或 Netbeans 等进行操作，配置方式也略有差异。IntelliJ IDEA 在智能代码助手、代码自动提示、重构、J2EE 支持、Ant、JUnit、CVS 整合、代码审查、创新的 GUI 设计等方面的性能十分优异。它是 JetBrains 公司的产品，下面介绍 Linux 环境下 JDK 的配置以及可视化 Java 开发环境配置。

首先，查看和卸载 Linux 自带的 OpenJDK，打开控制台窗口，使用命令"java–version"可以查看当前系统上 JDK 版本，如果显示下面的结果或类似结果：

```
openjdk version "1.8.0_131"
OpenJDK Runtime Environment (build 1.8.0_131-b12)
OpenJDK 64-Bit Server VM (build 25.131-b12, mixed mode)
```

出现以上提示，则表明系统已经安装了 OpenJDK，需要先卸载它然后再安装 SUN 公司的 JDK，使用如下命令可以删除 OpenJDK：

```
yum -y remove java java-1.8.0-openjdk-headless.x86_64
```

若再次查询 Java 版本显示如下：

```
bash: java: command not found…
```

表明系统自带的 OpenJDK 已经卸载，下面开始安装 Sun 的 JDK，首先需到 Oracle 官网下载适合系统版本的 JDK，通过下面的命令安装 Sun JDK（默认安装在/usr/java 目录下）：

```
rpm -ivh jdk-8u77-linux-x64.rpm
```

然后，在/etc/profile 文件末尾添加 Java 环境变量：

```
vim /etc/profile
export JAVA_HOME=/usr/java/1.8.0_151
export CLASSPATH=.:$HADOOP_HOME/sbin:$HADOOP_HOME/bin:$JAVA_HOME/jre/lib/rt.jar:
$JAVA_HOME/lib/dt.jar:$JAVA_HOME/lib/tools.jar
export PATH=.:$PATH:$JAVA_HOME/bin
```

执行下面命令使修改生效：

```
source /etc/profile
```

然后通过 java -version 命令查看，若显示如下结果：

```
java version "1.8.0_151"
Java(TM) SE Runtime Environment (build 1.8.0_151-b12)
Java HotSpot(TM) 64-Bit Server VM (build 25.151-b12, mixed mode)
```

表明 JDK 已经配置完毕，然后安装可视化编程工具就可以很轻松的在 Linux 上进行 Java 编程了。在这里我们使用 IDEA 集成开发环境，它可以很方便地进行组件安装，而且集成 maven 依赖，可以很快从现有的 maven 模型中创建一个新的项目。IDEA 的安装过程非常简单，到 jetbrains 网站下载对应版本的文件，然后将其解压。再进入到解压后文件夹的 bin 目录下执行命令：

```
./idea.sh
```

执行命令后会自动安装可视化界面，选择需要的组件即可。

完成前两步后，还需要配置一些环境，以便运行 Mahout 代码。首先，在本地安装一个伪分布式 Hadoop，并下载最新的 Mahout。最新版的 Mahout 可到 Apache 的官网上进行下载，下载后解压配置环境变量即可。

开发 Mahout 程序步骤如下：

（1）使用 IDEA 新建 maven 标准 Java 程序；

（2）进入 File→Project Structure→Project Settings→Libraries，单击加号→Java；

（3）选中自己安装的 Mahout 文件夹，全部导入即可；

（4）导入后界面如图 7.1 和 7.2 所示，就可以在 Java 代码中使用 Mahout 类库中的类了。

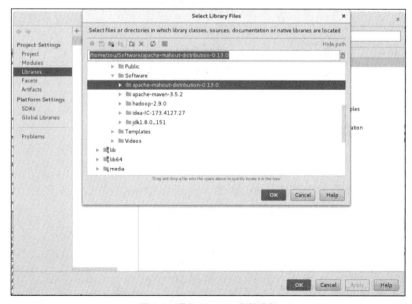

图 7.1　进入 Mahout 安装路径

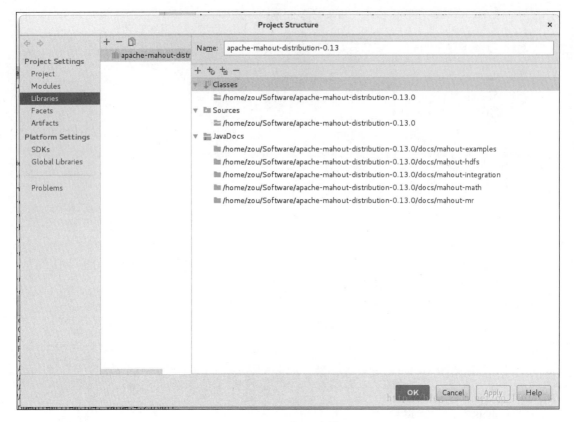

图 7.2　导入 Mahout 包

7.2　推荐

推荐是 Mahout 机器学习算法的主题之一，它极大地渗透到了人们日常生活的方方面面，比如，购物、社交等。本节将从三个方面对其进行阐述，首先对推荐程序的定义等概念进行描述，方便读者从更加规范化的层次理解推荐程序；然后介绍 Mahout 中关于推荐部分的一些算法，讲解一个推荐程序是如何做到根据历史数据进行预测和推荐的；最后给出一个实例进行算法演示，示范如何利用 Mahout 进行数据分析，并得出对用户的推荐结果。

7.2.1　推荐的定义与评估

1. 推荐的定义

人们每天对各种事物形成各自的观点：喜欢、不喜欢或者毫不关心，这些过程看似都是在无意识中发生的，但却是有规律可循。例如，当你从书架上拿起了某本书，这一定是有某种潜在的原因——也许这本书本身的内容你是感兴趣的；也许是你的某位同事向你推荐了这本书；也许是因为它恰好放在了你感兴趣的书籍的旁边。

这些原因和策略虽然各不同，但是在发现新鲜事物上都是同等有效的。推而广之，倘若你想要找到你所感兴趣的事物，可以有两种策略：一种策略是观察与你兴趣相同的人喜欢什么，因为他们喜欢的对象和事物你也极有可能会喜欢。例如：倘若你是一个骑行爱好者，你自然会去关心其他喜欢骑行的朋友在关注什么品牌的自行车，在购买哪一类骑行装备，而此刻喜欢钓鱼的朋友在购买什么品牌的钓竿或者使用什么类型的鱼饵的信息则对你是无用的，这一类推荐被称为基于用户的推荐。另一种策略是观察哪些物品和事物与你喜欢的事物相类似，例如，你骑过一辆捷安特的自行车，在更换新车时自然会关注同品牌的自行车或者不同品牌同级别的自行车品牌。

实际上，以上两种策略揭示了最为典型的两种推荐模式，**基于用户**（User-based）的推荐和**基于物品**（Item-based）的推荐，Mahout 的推荐程序中应用最广的也就是这两类。严格说来这两种算法的推荐程序都是属于协同过滤。协同过滤就是通过用户和物品之间的关联进行推荐，算法并不关心物品和用户自身的属性，只关心这两者之间的对应关系，进而给出推荐结果。

当然，除此之外还有基于内容的推荐。基于内容的推荐必须与特定的领域相结合，它更关心的是物品和用户自身的属性，从而难以规整地成为一个框架。例如：向读者推荐图书时，可以通过书籍的主题内容、语言、出版商、价格、装订方式等来确定潜在的读者。但是，这些知识无法直接转换并应用于其他领域，这种对图书的推荐方法，对于骑行爱好者挑选骑行装备则是毫无用处的，因此，Mahout 中对基于内容的推荐所言甚少。

2. 推荐的评估

推荐只是一种工具和手段，但是，推荐的结果是否符合用户的需求呢？这就是评估一个推荐程序的优劣程度。一个优秀的推荐程序，应该是在用户行动之前就能准确地获知用户喜欢的每一种物品的可能性，而且这些物品是用户并没有见过或者没有对其表达过喜好意见的。准确预测用户所有喜好和行为的推荐程序还应该按照用户未来的喜好把对象进行排队，一个好的推荐结果就应该是这样呈现的。给出一个从优到劣的推荐列表可以满足大多数场景的需求，事实上，在大多数情况下，精确的列表也没有那么重要，只要给出几个好的推荐结果就足够了。因此，可以用经典的信息检索（Information Retrieval）中的度量标准——查准率和查全率来对推荐进行评估。

查准率（Precision Ratio）是在推荐结果中相关结果的比率，是衡量检索系统和检索者检出相关信息的能力；**查全率**（Recall Ratio）是指所有相关结果中被推荐结果所占比例，是衡量检索系统和检索者拒绝非相关信息的能力。我们通常用这两个参数来评估推荐系统的效率，但是这两者存在相反的依赖关系。即当一个系统输出的结果中正确的比例越高（如只输出一个，命中一个，此时查准率最高 100%），那么，这个正确结果占所有正确结果的比例越低；反之，一个系统试图以输出所有正确结果为目的（追求最高的查全率），那么，它犯的错误就必然会越多（查准率越低）。

另一个重要的概念是相似性度量，在基于用户/物品进行推荐时，常常要度量两个用户（物品）之间的相似程度，常用的相似性度量有以下几种：皮尔逊相关系数、欧氏距离、余弦相似性、斯皮尔曼相关系数、Jaccard 系数（用于忽略了偏好值的数据）、对数似然比等，这些概念都有标准的定义和描述。

在 Mahout 中，推荐引擎通常需要输入用户偏好数据，Mahout 使用 preference 对象标识一个数据对象，它由三部分构成，包括用户 ID、物品 ID 和偏好值。PreferenceArray 是一个接口，表示偏好（Preference）的聚合，类似于 Java 数组，但是进行了存储优化，分为基于用户的实现 GenericUserPreferenceArray 和基于物品的实现 GenericItemPreferenceArray，两者在内存实现上分别面向单一用户和单一物品实现。

另一个常常使用的数据对象是 DataModel，它用于封装输入数据（常以文件形式），各种推荐算法均要用到，DataModel 可以提供输入数据中所有用户 ID 的计数或者列表，提供与某个物品相关的所有偏好，或者给出所有对一组物品 ID 表达过偏好的用户个数。常见的 DataModel 分为三种实现：内存级 GenericDataModel、基于文件 FileDataModel 和基于数据库 JDBCDataModel。

7.2.2　Mahout 中的常见推荐算法

1. 基于用户的推荐算法

基于用户的推荐本身的原理植根于用户之间的相似性，通过参考相似性最大的用户的偏好进行推荐，算法过程描述如下：

```
for 用户 u 尚未表达偏好的每个物品 i
    for 对 i 有偏好的每个用户 v
            计算 u v 之间的相似度 s
            按权重 s 将 v 对 i 的偏好并入平均值
return 排序后最高值物品
```

理论上说，该算法是一个严谨的基于所有用户的推荐程序。对外层循环，将每个未表达偏好的物品作为潜在推荐项进行评估；内层循环则将所有其他用户对此物品偏好值按照用户相似度进行加权叠加。也就是说，相似度越大的用户，那么他在物品偏好值赋予时所占比例也就越大。

实际上，为了使算法性能提升，通常不会考虑所有用户，而是先计算出所有用户的相似度，在一个用户领域内进行偏好值叠加，对于用户 u 来说，算法描述如下：

```
for 除用户 u 外的其他用户 w
    计算用户 u 和用户 w 的相似度 s
    按相似度进行排序，得到用户邻域 n
for n 中用户有偏好，u 中用户无偏好的物品 i
    for n 中所有对 i 有偏好的用户 v
            计算用户 u 和用户 v 相似度 s
            按权重 s 将用户 v 对物品 i 的偏好并入平均值
return 值最高的物品
```

在 Mahout 中，采用的是后一种算法，其中，各种工具采用以下类实现：

（1）数据模型，由 DataModel 实现；

（2）用户相似性度量，由 UserSimilarity 实现；

（3）用户邻域，由 UserNeighborhood 实现；

（4）推荐引擎类，由类 Recommender 实现，在实际应用中常用其派生类 GenericUserBasedRecommender 实现。

2. 基于物品的推荐算法

基于物品的推荐算法与基于用户的推荐类似，但该算法是以物品之间的相似度进行判定的。一个简单的逻辑就是，如果喜欢 A 物品的用户也喜欢 B 物品，那么，就表明 A、B 物品之间是具有一定联系的，这种联系构成了推荐引擎的核心，与之对应算法描述如下：

```
for 用户 u 未表达偏好的每个物品 i
    for 用户 u 表达偏好的每个物品 j
```

　　　　　　　计算 i，j 之间的相似度 s

　　　　　　　按权重 s 将用户 u 对 j 的偏好并入

return 值最高的物品

　　可以看出，基于物品和基于用户的算法很相似，但又不完全相同。首先体现在，随着物品数量的增长，基于物品推荐的程序运行时间也会随之增长，而基于用户的推荐程序运行时间是随着用户数量的增加而增加的，因此，在选择推荐引擎时，需要考虑用户和物品的数量与分布情况，一般而言，哪一个比较少，就基于哪一个做推荐，这是由推荐算法本身的复杂度决定的。

　　在 Mahout 实现中，采用的实现方式与前一个算法一样，除了推荐引擎，常常采用的 Recommender 是 GenericItemBasedRecommender。值得注意的是，并没有 ItemNeighborhood 存在，因为对于物品来说，某些物品是用户已经表达过偏好的，相当于已经确定了物品的邻域，而计算各个用户的偏好物品的邻域是没有意义的。

　　3. 基于 SVD 的推荐算法

　　奇异值分解（Singular Value Decomposition）是线性代数中一种重要的矩阵分解，在很多领域有着重要的应用。在推荐系统中使用 SVD 并不需要用户了解其具体过程，但为了使概念不至于混淆，用一个例子来简单介绍其原理。假设要处理的数据是某音乐软件的曲库，要对用户进行推荐，其中的歌曲数量可能有数十亿，然而用户对某些类型的歌可能会有特殊偏好，例如，喜欢古典钢琴的用户，可能会出现几百条关于古典钢琴曲的偏好，其他类型歌曲的数量少一些，其实可以抽象成 "用户-歌曲类型-偏好值"，这样物品就由歌曲提炼为音乐类型（音乐类型是歌曲的一个特征），数量会大大降低，但推荐效果并不会差太多。在这个过程中，SVD 起到的作用就是将歌曲抽象提炼出类型，也就是说它可以从繁杂的物品列表中提炼出一种特征，这种特征可能更具有代表性，根据用户对物品的偏好性得到的这种特性往往具有一般性，这也往往是一个小得多的数据集。

Mahout 中基于 SVD 的推荐引擎实现如下：

```
new SVDRecommender(model, new ALSWRFactorizer(model, 10, 0.05, 10))
```

　　构造方法中的第二个参数是一个 Factorizer，可以选择不同的 Factorizer。以其子类 ALSWRFactorizer 为例，第二个参数 10 表示生成 10 条特征，第三个参数 0.05 是正则化分解其特征值，第四个参数是需要执行的训练步骤数，数目越大，训练时间将会越长。

　　4. 基于线性插值的推荐算法

　　Mahout 中实现了一种基于物品的推荐方法，与传统的基于物品的推荐方法不同的是，它不再简单地使用用户表达过偏好的物品之间的相似度，而是使用一些代数技术计算出所有物品之间的最优权重集合，对权重进行优化。同时，它采用了与用户邻域相似的概念，选择了 N 个最邻近的物品邻域，以使得上述的数学计算量不会变得过于巨大，具体实现方式如下所示：

```
1. ItemSimilarity similarity = new LogLikeLihoodSimilarity(model);
2. Optimizer optimizer =new NonNegativeQuadraticOptimizer();
3. return new KnnItemBasedRecommender( model, similarity, optimizer, 10);
```

　　在上述代码中，KnnItemBasedRecommender 是核心函数，第二个参数是计算物品之间的相似度，采用对数似然相似性度量 LogLikeLihoodSimilarity，第三个参数 optimizer 表明采用二次规划的方法来进行求解，最后一个参数 10 表明选择最邻近的 10 个物品进行插值计算，当然这一数字需要根据数据集实际情况来确定。

5. 基于聚类的推荐算法

目前，基于聚类的推荐算法是公认的效果最好的推荐算法，与传统的基于用户的推荐算法不同，基于聚类的推荐算法不再将推荐局限于某一个用户，而是将推荐结果推荐给相似的用户簇。因此，必须有一个划分用户簇的过程——聚类，它根据用户集划分到不同簇，对于每个簇的内部而言，一般认为其中的用户是足够相似的，这样推荐出来结果会被尽可能多的用户所接受。

显而易见，这种方式的好处在于推荐过程会很快，推荐程序不需要再为每一个用户单独计算物品偏好序列。但是，缺点也十分明显，推荐的结果的个性化不强。当用户本身没有历史数据可供参考时，我们可以将他划分到一个聚簇中，往往会具有比较好的效果。根据对用户的不断了解和重新划分，推荐的结果也会越来越好。

在 Mahout 中，基于聚类的推荐算法可以采用如下实现方式：

```
1. UserSimilarity similarity =new LogLikelihoodSimilarity(model);
2. ClusterSimilarity clusterSimilarity= new FarthestNeighborClusterSimilarity (
3. similarity);
4. return new TreeClusteringRecommender (model, clusterSimilarity,10);
```

在上述代码中，实现基于聚类的推荐引擎由 TreeClusteringRecommender 构造，第一个参数是输入的数据，第二个参数为聚簇相似性 clusterSimilarity，它由用户相似性 similarity 通过构造函数 FarthestNeighborClusterSimilarity（根据两个簇之间最不相似用户的相似度得出）得到，也可以采用 NearestNeighborClusterSimilarity（根据两个簇之间最相似用户的相似度得出）进行构造。

7.2.3 对 GroupLens 数据集进行推荐与评价

这一节中，以 GroupLens 数据集为例来演示 Mahout 进行推荐的具体流程。这个数据集包括了很多用户对电影的评价，每一个数据由四个维度构成，用户编号、电影编号、评分和时间戳，对于推荐程序而言，前三个维度就已经足够，可以利用这些数据进行推荐评估。相关的数据集可以在 http://files.grouplens.org/datasets/movielens/中下载，在这里使用 100kB 大小的数据集进行演示，在上述链接中下载 ml-100k.zip 即可，在解压文件中找到 ua.base 文件作为评估数据集。

1. 如何使用推荐器进行推荐

数据读取，这是一个以制表位分隔的数据文件，可以使用 FileDataModel 类进行读取。

```
DataModel model= new FileDataModel(new File("ua.base"));
```

什么是 FileDataModel 呢？在推荐程序中，常常见到 preference（用户偏好）数据，包含 userId、itemId 和偏好值（user 对 item 的偏好），处理的数据一般是 preference 的集合，如果使用 Collection <Preference>或者 Preference[]来处理偏好集合会十分低效。为了提高数据存储和使用效率，Mahout 使用 PreferenceArray 和其他一些数据结构来改造前两者，使得对大量数据的存储变的高效。实际上 Mahout 接受的数据输入常常是 DataModel，这是对 PreferenceArray 的进一步封装，提供了偏好数据中与用户 ID 相对应的 count 计数表，可以加快对具体用户偏好数据的访问。一般不直接使用 DataModel，而是使用 GenericDataModel、FileDataModel 和 JDBCDataModel，它们分别是针对内存数据、文件数据和数据库数据而设计的。

推荐引擎通常需要计算用户与用户或者物品与物品之间的相似度，对于量级较大的数据源来说，Mahout 提供了大量用于计算相似度的组件，如皮尔森相关度（PearsonCorrelationSimilarity）、欧氏距离相似度（EuclideanDistanceSimilarity）等。在这个例子中，我们使用皮尔森相似度进行用户相似性计算：

```
UserSimilarity userSimilarity = new PearsonCorrelationSimilarity(dataModel);
```

根据上面计算得出的相似度，选用一部分最相似的用户来作为推荐参考，即指定用户邻域：

```
UserNeighborhood userNeighborhood = new NearestNUserNeighborhood (2,userSimilarity,
dataModel);
```

当得到了用户相似度和用户邻域后，就可以开始进行推荐了（这里对用户 a 推荐一个物品，a 为用户编号，可以自己设置）

```
1. Recommender recommender =new GenericUserBasedRecommender (dataModel, userNeig
2. hborhood,userSimilarity);
3. List<RecommendedItem> recommendedItems=recommender.recommend (a,1);
4. for (RecommendedItem recommendedItem:recommendedItems){
5. System.out.println(recommendedItem)
6. }
```

2. 如何评估推荐器的好坏

推荐程序编写完毕后，往往想要知道推荐程序推荐结果怎么样，Mahout 使用 RecommenderEvaluator 类对象的 evaluate 方法。

```
double evaluate (RecommenderBuilder recommenderBuilder,
                 DataModelBuilder dataModelBuilder,
                 DataModel dataModel,
                 double trainingPercentage,
                 double evaluationPercentage)
```

evaluate 方法对一个推荐器构造方法进行评价，参数说明如下。

（1）recommenderBuilder：推荐器的构造方法，下面会给出实例。

（2）dataModelBuilder：dataModel 构造方法，可以为 null。

（3）dataModel：评价时使用的数据集。

（4）trainingPercentage：训练样本比例，[0,1]区间取值。

（5）evaluationPercentage：评估样本比例，[0,1]区间取值。

当对之前的推荐器进行评价时，并不能直接使用 recommender，而是要构造一个 recommenderBuilder 对象，这个对象描述了 recommender 是如何构造的，代码如下所示：

```
1. RecommenderBuilder builder=new RecommenderBuilder() {
2.    public Recommender buildRecommender(DataModel dataModel) throws
3.       TasteException {
4.    UserSimilarity userSimilarity=new
5.       PearsonCorrelationSimilarity(dataModel);
6.    UserNeighborhood userNeighborhood = new NearestNUserNeighborhood(
7.       2, userSimilarity, dataModel);
8.    return new GenericUserBasedRecommender (dataModel, userNeighborhood,
9.       userSimilarity);
10.    }
11. };
```

然后，创建一个 RecommenderEvaluator 对象对上面的 builder 进行评估，此时，程序输入评估的结果为 0.8761682242990649，这意味着推荐程序所给出的估计值与实际值的偏差为 0.8，因为输入样本偏好是从 1 到 5，所以，0.8 的偏差不算太大，但也不算很好。

```
1. RecommenderEvaluator evaluator=new
2. AverageAbsoluteDifferenceRecommenderEvaluator();
3. double score=evaluator.evaluate(builder,null,dataModel,0.7,1.0);
4. System.out.println("the simple evaluate score is: "+ score);
```

这里使用的是基于用户的推荐程序（GenericUserBasedRecommender），读者可以试着使用其他形式的推荐器,如 slope-one 推荐程序等,构造一个 RecommenderBuilder 对象并使用 RecommenderEvaluator 对其进行推荐评价。

7.3 聚类

中国有句古语叫"物以类聚,人以群分",也就是说,人们倾向于与志趣相投的人生活在一起。在实际生活中,人类的很多行为模式都是将相似的物品联系在一起,如味觉,当人尝到蜂蜜和白糖时,会不自觉将其归为一类;但尝到蜂蜜和辣椒时,则会将其归为不同的类。在不断品尝食物的过程中,人们会根据食物的味道将它们分为酸甜苦辣等等不同的味道;更复杂的,根据食材、烹饪方式、调味料等数据,将菜肴分为不同菜系等。实际上,这就是一个聚类过程,本章将介绍聚类的基本概念,以及在 Mahout 中如何使用聚类算法对数据进行分析。

7.3.1 聚类的基本概念

数据聚类,也称为聚类分析、分割分析或无监督分类,是一种创建数据对象集合的方法,这种数据集合也称为簇。聚类的目标是力求达到同一个簇中对象的相似程度尽可能的高,在不同簇中对象相似性差异尽可能大。聚类分析与数据分类是两个不同的方法,在数据分类中,数据对象被分配到预定义的类中,但在聚类的过程中,类本身是没有预先创建的,也不知道有多少个类,类的概念是在聚类过程中逐渐形成,并加以度量的,在聚类结束前每个数据点都不一定被稳定分配到某个类中。用术语来解释,聚类分析的过程是属于无监督的学习方法,而分类过程属于监督学习的方法。

数据挖掘的目的是要从大量数据中发现有用信息,因为数据量大,这些数据看起来可能是毫无关联的,但是在聚类分析的帮助下,就可以发现数据对象之间的隐藏联系。同时,聚类分析也是模式识别过程中的一个基本问题。聚类算法一般分为四个设计阶段:数据表示、建模、数据聚类和有效性评估。数据表示阶段已经预先确定了数据中可以发现什么样的簇,在此阶段需要对数据进行规范化,除去噪声点与冗余数据;在建模阶段,产生对数据相似性与相异性度量方法,数据聚类的主要目标就是将相似的数据成员聚成一簇,将相异性较大的成员分配到不同的簇中,一般而言,聚类过程需要迭代多次才能得到收敛结果并将各个数据对象划分到各个簇中去;在最后的有效性评估中,是将聚类结果进行量化度量。因为聚类是无监督的过程,必须要指定一些有效性标准,并且在某些聚类算法中,初始聚类数目没有给出,也需要用到有效性指标来找出合适的聚类数。

图 7.3 所示为一个简单的二维平面上的聚类示例,在这个例子中,将 XY 平面上的点根据距离远近划分为了三个簇,簇的中心点的坐标就是簇中所有样本的坐标的平均值,半径就是簇中最远点距离中心点的距离。这是一个二维平面上的聚类问题,可以用圆的中心点和半径解释,在实际应用中,数据维度往往会很大,可以将其看成一个多维的超球体,那么问题就抽象成了多维数据的距离度量问题了,常见的度量方式有欧氏距离、曼哈顿距离、余弦距离、皮尔森相似度和 Jaccard 相似度等。

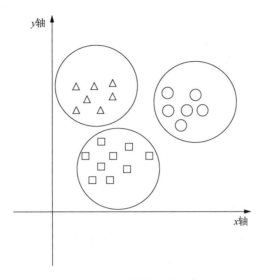

图 7.3　一个简单的二维聚类

7.3.2　常见的 Mahout 数据结构

在 Mahout 中，许多数据结构是通用的，如向量（Vector）在聚类算法和分类算法中都会用到。本节将对两个常见的数据结构进行介绍，一个是向量（Vector），用于结构化表示数据；另一个是文本文档，这是一个比较常见的数据类型，相对于数值型数据来说，文本文档类型的数据需要进行一些预处理来规范化表示，这就涉及文本文档的向量化算法，后文也将对此进行介绍。

1. 向量（Vector）

向量是一个很适合用于表示多维数据的方法，对于聚类的对象而言，将其抽象为向量可以大大简化数据存储和运算的消耗，例如，对苹果进行聚类，每个苹果有三个特征（形状、大小和颜色），可以将苹果对象进行向量化，形成一个三维的向量。Mahout 针对不同场景给出了三个适用的向量实现，分别是 DenseVector、RandomAccessSparseVector 和 SequentialAccessSparseVector。

（1）DenseVector 从字面上理解是密集向量，在使用时我们可以将它视为一个 double 型数组，在创建向量时，所有的元素就已经被赋值了，无论其是否为 0，所以称之为密集向量（DenseVector）。

（2）RandomAccessSparseVector，随机访问稀疏向量，为能够随机访问，构造了一组 double 型和整形的散列函数。与密集向量不同的是，当元素为 0 时，创建向量并不会为其分配空间，因此被称为稀疏向量。

（3）SequentialAccessSparseVector，顺序访问稀疏向量，从字面上看和上面的随机访问稀疏向量很相似，只不过它针对顺序访问做出了优化，更加适合处理需要顺序访问的数据。

显然，在处理不同的数据时，应选择最合适的向量表示。例如，Kmeans 聚类算法就更加适合顺序访问稀疏向量，因为它需要重复多次顺序遍历数据集；相反，如果需要对向量做快速大量的随机访问，SequentialAccessSparseVector 就远不如其他二者的效率了。

2. 文本文档

文本文档是一个特殊的数据类别，它的向量化与一般的数据不同，最常用的文本文档向量化方法是向量空间模型（Vector Space Model，VSM）。

假设一篇文章中出现了 N 个词，那么令向量维度为 N，其中每一维的大小取决于所对应单词在文章中出现的次数或者权重，也就是说，如单词'我'对应文档向量的第 110 维，那么'我'出现的次数，就将存储于第 110 个维度，我们将这种存储方式定义为词频（Term Frequency，TF）权重，单词出现的次数越多，该维度数值就越大，在计算向量距离的时候所占权重也就越大。

但是，TF 权重方式有一个很严重的缺陷，在一篇文章中，最常出现的词往往不是最重要的，而是一些连接词、代称词等，就一篇文章的主题来说，这些词是没有意义的，反映文章主题的词往往不会出现得太频繁，但也不会只出现一两次，因此，在基于词频权重的方式上，应该引入一个其他的变量来控制权重。词频-逆文档频率（Term Frequency-Inverse Document Frequancy，TF-IDF）是一个广泛应用的改进词频加权方式，它在原有的 TF 权重上加入了词的文档频率参数，当一个单词在所有文档中使用的越频繁，那么它在权重上被抵消的越多。TF-IDF 计算方式如下：设单词 wi 在一个文档中的词频为 fi，文档频率为 DF，那么它的逆文档频率为 IDF=1/DF，通常还会乘以一个归一化常数 N，使得 IDF=N/DF，这个 N 值等于文档个数。那么，我们定义单词 wi 的权重 Wi=fi×IDF。从这个公式可以看出，当一个单词在文档集合中出现的越频繁，那么，IDF 值越小，权重相应也会变小，而对于单个文档而言，单词出现的越频繁，fi 会增大，权重相应会变大。在实际应用中，人们发现 IDF 值会掩盖 fi 对权重 W 的影响，所以常常将 IDF 取对数，那么公式变为 Wi=fi×log(N/DF)，这就是经典 TF-IDF 权重。对于那些连接词或者是代称词来说，其权重很小，而反映文章主题的词的 fi 较大，IDF 也比较大，因此会得到一个较大的权重，从而让这些词的权重反映了它的重要性。

在 Mahout 中，关于文本文档向量化的工具主要有两个，一个是 SequenceFilesFromDirectory 类，该类可以将目录结构下的文本文档转换成 SequenceFile 格式；另一个是 SparseVectorsFromSequenceFile 类，该类基于 n-gram（词组）的 TF 或者 TF-IDF 加权将 SequenceFile 格式的文本文档转换为向量。

7.3.3 几种聚类算法

聚类的概念已经被提出了很多年，按照传统的划分方式，聚类算法大致可以分为以下几种：划分聚类、层次聚类、基于模型的聚类算法、基于密度的聚类算法和基于网格的聚类算法等，而且聚类算法还在不断的发展更新中。比较典型的具体算法有 K-means 算法及其变种等等，这些算法从被提出到现在仍被广泛使用，许多新的算法都是基于这几种经典算法改进过来。Mahout 中也实现了这些算法，本节将对这几种比较常用的算法及其在 Mahout 中的实现进行简单介绍。

1. K–means

K-means 算法是最广泛使用的一种基于划分的聚类算法，它的主要思想是将对象划分为固定数目的簇，力求同簇元素尽可能相似，异簇元素尽可能相异，因此 K-means 算法较之于混合正态分布的最大期望算法十分相似，二者均尝试找到自然聚簇的中心。K-means 算法的主要思想非常简单，首先选择 k 个对象最为初始聚类中心，大部分情况下这一步骤是随机的（或者通过一定的算法得到初始聚类中心，如最大最小距离算法等），然后对所有的数据对象进行分配，分配到最近的聚类中心上，分配完毕后再重新计算各个簇的中心，然后再进行分配，一般循环到各个簇成员不再发生变动或者准则函数收敛为止。这个算法是期望最大化（Expectation Maximization，EM）算法的一个经典例子，其算法描述如下：

输入: k, data[n];

（1）选择 k 个初始中心点，例如，c[0]=data[0],…c[k-1]=data[k-1];

（2）对于 data[0]….data[n]，分别与 c[0]…c[k-1]比较，假定与 c[i]差值最少，就标记为 i；

（3）对于所有标记为 i 点，重新计算 c[i]={ 所有标记为 i 的 data[j]之和}/标记为 i 的个数；

（4）重复（2）（3），直到所有 c[i]值的变化小于给定阈值。

K-means 算法中涉及到两个先决条件，一个是聚类个数 k 的选择，另一个是初始聚类中心的选择。默认情况下 Mahout 中的 K-means 实现使用 RandomSeedGenerator 类生成包含 k 个向量的 SequenceFile。随机中心的生成速度非常快，但是缺点也十分明显，它无法保证为 k 个簇估计一个比较好的中心，随机性较大，如果选择了不好的初始聚类数目和中心点，就会极大地影响 K-means 的聚类收敛速度，甚至影响聚类效果。

在 Mahout 中，实现 K-means 算法过程的类主要是 KMeansDriver，可以通过调用 KMeansDriver.run() 方法对数据进行聚类，具体的使用方法将在后面的实例中给出。

2. 模糊 K-means

模糊 K-means 算法是 K-means 聚类模糊形式。与 K-means 算法排他性聚类不同，模糊 K-means 尝试从数据集中生成有重叠的簇。在研究领域，也被称作模糊 C-means 算法（FCM 算法），可以把模糊 K-means 看作是 K-means 算法的扩展。

K-means 致力于寻找硬簇（一个数据集点只属于某一个簇），而在一个模糊聚类算法中，任何点都属于不止一个簇，而且该点到这些簇之间都有一定大小的隶属度，这种隶属度与该点到这个簇中心距离成比例。

模糊 K-means 有一个参数 m，叫做模糊因子，与 K-means 不同的是，模糊因子的引入不是把向量分配到最近的中心，而是计算每个点到每个簇的关联度。

3. Canopy 聚类算法

在实际应用中，很多时候并不知道聚类的最佳数目应该是多少，这往往需要靠人的经验判断，具有明显的不确定性。为了降低或者消除这种不确定性，可以采用一种被称为近似聚类算法的技术。这种聚类算法一般速度很快，但是聚类的精确性不高，结果并没有多少分析价值，但是可以提供一个簇数量的大概估计以及近似的中心点位置估计。

Canopy 聚类算法是一种近似聚类算法，其时间复杂度很低，只需要进行一次遍历就可以得到结果，所以它有聚类结果不精确的缺点。我们可以利用 Canopy 聚类的结果确定聚类数目以及初始聚类中心，为 K-means 算法铺平道路。

Canopy 算法使用了快速近似距离度量和两个距离阈值 T1 和 T2 来处理，T1>T2。基本的算法是，从一个点集合开始并且随机删除一个，创建一个包含这个点的 Canopy，并在剩余的点集合上迭代。对于每个点，如果它的距离第一个点的距离小于 T1，然后这个点就加入这个聚集中。除此之外，如果这个距离<T2，则将这个点从这个集合中删除。一直循环到初始集合为空，显然，这不是一个硬聚类，每个点可能不仅存在于一个 Canopy 中。Canopy 聚类不要求指定簇中心的个数，中心个数的确定仅仅依赖于距离测度 T1 和 T2 的选择。使用生成的 canopy，可以将点赋给最近的 Canopy 中心，理论上就是对这个点进行聚类，称之为 Canopy 聚类。与 K-means 类似，Mahout 中对 Canopy 聚类的实现由类 CanopyDriver 完成，可以通过调用 CanopyDriver.run()方法进行聚类，得到初步的聚类中心和个数。

4. 基于模型的聚类算法

K-means 算法存在的一个局限性就是无法处理非对称正态分布数据，例如，当数据点呈现椭圆形、三角形分布时，K-means 算法往往会出现聚簇过大或者过小的情况，无法将真实的数据分布进行呈现。同时，聚类数目的确定也是 K-means 的短板，即便是采用 canopy 算法进行生成，也需要在后续步骤中进行距离调优才能对 k 值进行估计。这类问题在许多基于模型的聚类算法中是可以解决的，其中典型的一种是狄利克雷聚类（Dirichlet Clustering）。狄利克雷在数学上指代一种概率分布，狄利克雷聚类就是利用这种分布搭建的一种聚类方法，其原理十分简单。假设数据点集中在一个类似圆形的区域内呈现均匀分布，我们有一个模型用于描述该分布，从而就可以通过读取数据并计算与模型的吻合程度来判断数据是否符合这种模型。

在 Mahout 中，单机狄利克雷聚类使用 DirichletClusterer 类实现，其实现方式和 KMeansDriver.run() 方法不一样，下面使用一个简单的例子来说明如何通过使用 DirichletClusterer 类来进行聚类，代码如下所示：

```
1. List<VectorWritable> sampleData = new ArrayList<VectorWritable> ();
2. generateSamples (sampleData, 400, 1, 1, 3);
3. generateSamples (sampleData, 300, 1, 0, 0.5);
4. generateSamples (sampleData, 300, 0, 2, 0.1);
5. DirichletClusterer dc= new DirichletClusterer (sampleData,
6.     new GaussianClusterDistribution (new VectorWritable(
7.     new DenseVector(2))), 1.0, 10, 2, 2);
8. List<Cluster []> result = dc.cluster();
```

上述代码中，调用了三次 generateSamples 方法用于生成一些样本点，在狄利克雷聚类对象的构造方法 DirichletClusterer() 中使用了以下几个参数：第一个参数是以 List<VectorWritable>表示的 vector 数据；第二个参数是传入一个数据拟合模型，使用了正态高斯分布（Gaussian Cluster Distribution）进行拟合；第三个参数值 alpha=1.0，是一个平滑因子，值越大，模型的收敛速度就越慢，但是如果值太小会导致模型收敛过快而欠拟合；第四个参数指明初始模型数目是 10 个；最后两个参数用来降低聚类中内存使用率，在这里不进行深入探究。

创建好 DirichletClusterer 对象后，就可以调用 cluster() 方法进行聚类，返回值将会是一个 List<Cluster[]>类型的结果集。

7.3.4 聚类应用实例

前面介绍了一些常用的聚类算法，接下来我们分别使用 K-means 算法和模糊 K-means 算法对一个实际生活中的数据集进行聚类分析。

1. 使用 K-means 聚类算法对新闻进行聚类

Reuters-21578 是一个关于新闻的数据集，在机器学习领域中是最常用的文本分类的数据集之一，可以在 http://www.daviddlewis.com/resources/testcollections/reuters21578/中找到。该数据集存放在 22 个文件之中，包含 22578 篇文档，文件格式为 SGML 格式，类似于 XML。可以为 SGML 创建一个解析器，将文档 ID 和文档文本写入 SequenceFile 中后，再使用 SpareseVectorsFromSequenceFiles 将它们转换为向量。

（1）向量化数据

Mahout 安装文件中包含了处理这个数据集的一个解析器，存放在 Mahout 安装目录下 D 的 example/directory 中，只需要运行这个目录中的 org.apache.lucene.benchmark.utils. ExtractReuters 即可。详细步骤如下：

首先，将下载好的 Reuters 数据集解压到 examples/下的 reuters/目录中，在 examples 目录下执行如下代码。

```
mvn -e -q exec:java
-Dexec.mainClass="org.apache.lucene.benchmark.utils.ExtractReuters"
-Dexec.args="reuters/reuters-extracted/"
```

上述代码将 Reuters 的文章转换为 SequenceFile 格式，然后，需要运行 SpareseVectorsFromSequence Files 类，借助 Mahout 的启动器脚本可以很简单的完成：

```
bin/Mahout seq2sparse -i reuters-seqfiles/ -o reuters-vectors -ow
```

其中，-ow 参数用于表示是否覆盖输出文件夹，因为数据集过于庞大，一旦出现意外删除的情况，往往需要数小时才能重新完成输出。seq2sparse 命令从 SequenceFile 中读取 Reuters 的数据，并将基于词典的向量化程序所生成的向量写入输出目录中，该命令所用的默认选项如表 7.1 所示。

表 7.1　seq2sparse 命令参数格式和功能描述

选项	类型	标志	描述	默认值
覆盖	Bool	-ow	如果该标志被设置，则输出目录被覆盖；否则，当输出目录不存在时创建该目录，当输出目录存在时，该作业失败并报错，默认为不设置	N/A
Lucene 分析器名	String	-a	所用分析器类名	org.apache.lucene.analysis. standard.StandardAnalyzer
块大小	int	-chunk	以 MB 为单位的块大小。对于大的文档集合，向量化时无法将全部的词典装入内存，只有将词典分为特定大小的快，用多个步骤来执行向量化过程。	100
权重	String	-wt	所用的加权机制:tf 为基于词频的加权,tfidf 为基于 TF-IDF 的加权	tfidf
最小支持度	Int	-s	在整个集合中可放入词典文件的最小频率，低于该频率的词被忽略	2
最小文档频率	Int	-x	可放入词典文件的词所在文档的最大个数，这种机制用于去掉高频词，所在文档比例大于该值的词都会被忽略	99
n-gram 大小	Int	-ng	文档集合中选出的 n-gram 的最大长度	1
最小对数似然比	LLR,float	-ml	这个标志仅当 n-gram 大于 1 时生效；当 LLR 小于 1.0 时 n-gram 通常无意义	1.0
归一化	Float	-n	归一化值用于 L_p 空间，默认的策略时对权重不做归一化。	0
reducer 个数	Int	-nr	并行执行的 reduce 任务的个数。当基于目录的向量化程序运行在 Hadoop 集群上时，这个标志会生效。将它设置为集群的最大节点数时会获得最高性能。如果把这个值设置得比集群节点个数更大，会导致性能略微下降	1
生成顺序访问的稀疏向量	Bool	-seq	如果这个标志被设置，那么，输出向量就会被创建为 SequentialAccessSparseVector。在默认情况下，基于目录的向量化程序创建的是 RandomAccessSparseVector。前者在某些算法（如 K-means 和 SVD）上可获得更高性能，原因在于向量操作的连续访问特征。在默认情况下，这个标志不被设置	N/A

（2）聚类

为了取得新闻中的有效字符，首先需要对数据进行预处理，过滤掉新闻中的非字母字符，可以创建一个自定义分析器用于这项工作，代码如下：

```
1.  public class MyAnalyzer extends Analyzer {
2.      private final Pattern alphabets = Pattern.compile("[a-z]+");
3.      @Override
4.      public TokenStream tokenStream (String fieldName, Reader reader) {
5.      //使用 Lucene 过滤器
6.      TokenStream result=new StandardTokenizer (
7.              Version.LUCENE_CURRENT, reader);
8.      result=new StandardFilter(result);
9.      result=new LowerCaseFilter(result);
10.     result=new StopFilter (true, result, StandardAnalyzer.STOP_WORDS_SET);
11.     TermAttribute termAtt=(TermAttribute) result.addAttribute(
12.         TermAttribute.class);
13.      StringBuilder buf=new StringBuilder ();
14.      try {
15.          while (result.incrementToken()){
16.                 //过滤短词条
17.              if (termAtt.termLength () < 3) continue;
18.              String word=new String (termAtt.termBuffer(), 0,
19.                 termAtt.termLength());
20.              Matcher m = alphabets.matcher (word);
21.              //过滤非字母词条
22.               if(m.matches()){
23.                  buf.append(word).append(" ");
24.               }
25.          }
26.      } catch(IOException e){
27.          e.printStackTrace();
28.      }
29.      return new WhiteSpaceTokenizer (new StringReader(buf.toString()));
30.     }
31. }
```

上述代码创建了一个简单的分析器，它可以将非字母字符从数据中删除，接下来便可以开始使用 Mahout 提供的 KMeansDriver 进行聚类分析代码如下所示：

```
1.  public class NewsKMeansClustering{
2.      public static void main(String args[]) throws Exception{
3.          int minSupport = 2;
4.          int minDf=5;
5.          int maxDFPercent=95;
6.          int maxNGramSize=2;
7.          int minLLRValue=50;
8.          int reduceTasks=1;
9.          int chunkSize=200;
10.         int norm=2;
11.         boolean sequentialAccessOutput=true;
12.         String inputDir="inputDir";
13.         Configuration conf=new Configuration();
14.         FileSystem fs=FileSystem.get(conf);
15.         String outputDir="newsClusters";
16.         HadoopUtil.delete(new Path(outputDir));
17.         Path tokenizedPath = new Path (outputDir,
18.             DocumentProcessor.TOKENIZED_DOCUMENT_OUTPUT_FOLDER);
19.         //自定义 lucene Analyzer
```

```
20.        MyAnalyzer analyzer=new MyAnalyzer();
21.        //文本词条化
22.        DocumentProcessor.tokenizeDocuments(new Path(inputDir), analyzer.
23.            getClass().asSubclass(Analyzer.class), tokenizedPath, conf);
24.        DictionaryVectorizer.createTermFrequencyVectors (tokenizedPath,
25.            new Path(outputDir), conf, minSupport, maxNGramSize, minLLRValue,
26.            2, true, reduceTasks, chunkSize, sequentialAccessOutput, false);
27.        //计算 TF-IDF 向量
28.        TFIDFConverter.processTfIdf (newPath(outputDir,
29.            DictionaryVectorizer.DOCUMENT_VECTOR_OUTPUT_FOLDER),
30.            newPath(outputDir), conf, chunkSize, minDf, maxDFPercent,
31.            norm, true, sequentialAccessOutput, false, reduceTasks);
32.        Path vectorsFolder=new Path (outputDir, "tfidf-vectors");
33.        Path canopyCentroids=new Path (outputDir, "canopy-centroids");
34.        Path clusterOutput=new Path(outputDir,"clusters");
35.        //执行 Canopy 算法生成初始聚类中心
36.        CanopyDriver.run(vectorsFolder,canopyCentroids, new
37.            EuclideanDistanceMeasure(), 250,120,false,false);
38.        //运行 K-means 算法
39.        KMeansDriver.run(conf, vectorsFolder, new Path(canopyCentroids,
40.            "clusters-0"), clusterOutput, new TanimotoDistanceMeasure(),
41.            0.01, 20, true, false);
42.        SequenceFile.Reader reader=new SequenceFile.Reader(fs, new Path (
43.            clusterOutput + Cluster.CLUSTERED_POINTS_DIR +"/part-00000"),
44.            conf);
45.        IntWritable key =new IntWritable();
46.        WeightedVectorWritable value =new WeightedVectorWritable();
47.        //读取 vector 做聚类映射
48.        while (reader.next(key,value)){
49.            System.out.println(key.toString()+"belongs to cluster"+
50.                value.toString());
51.        }
52.        reader.close();
53.    }
54. }
```

这个 NewsKMeasClustering 类逻辑简单，首先从输入目录中读取文档，使用自定义分析器和向量化工具创建仅包含字母的一元和二元组向量，再使用生成的 Vector 作为聚类算法的输入，运行 Canopy 算法生成初始聚类中心供 K-means 驱动器使用。在聚类结束后，读取结果，并将其打印出来。

2. 使用模糊 K-means 聚类算法对新闻进行聚类

如果允许簇之间有部分重叠，那么，相关文章的功能显然会更丰富。重叠的分值有助于用户获得相关文章和簇的关联性，进而对它们进行排序。下面，对 K-means 算法的代码稍加修改，就可以很方便地实现模糊 K-means 算法，代码如下所示。

```
1. public class NewsFuzzyKMeansClustering{
2.    public static void main(String args[]) throws Exception {
3.        //省略与 K-means 算法相同部分代码
4.        //定义文件路径
5.        String vectorsFolder = outputDir+"/tfidf-vectors";
6.        String canopyCentroids = outputDir+"/canopy-centroids";
7.        String clusterOutput=outputDir+"/cluster/s";
8.        //使用 Canopy 聚类预处理
```

```
9.      CanopyDriver.run(conf,new Path(vectorsFolder), new Path(
10.         canopyCentroids), new ManhattanDistanceMeasure(), 3000.0,
11.         2000.0, false, false);
12.     //运行模糊 K-means 聚类
13.     FuzzyKMmeansDriver.run(conf, new Path(vectorsFolder), new Path(
14.         canopyCentroids, "clusters-0"), new Path(clusterOutput), new
15.         TanimotoDistanceMeasure(), 0.01, 20, 2.0f, true, true, 0.0, false);
16.     SequenceFile.Reader reader = new SequenceFile.Reader(fs, new Path(
17.         clusterOutput+Cluster.CLUSTERED_POINT_DIR+ "/part-m-00000"),conf);
18.     IntWritable key= new IntWritable();
19.     WeightedVectorWritable value = new WeightedVectorWritable();
20.     //打印簇和概率
21.     while(reader.next(key, value)){
22.         System.out.println("Cluster: "+ key.toString() + " " +
23.             value.getVector().asFormatString());
24.     }
25.     reader.close();
26.   }
27. }
```

通过模糊 K-means 算法可以知道一个点在多大程度上与一个簇相关，有了这个信息就能找到最相关的簇，并且根据相关程度确定相关文章的带权分值。相对于传统的 K-means 算法，这种方式可以避免过于严格的限制，为处于簇边缘的文档识别出更好的相关文章。

7.4 分类

本节介绍 Mahout 中学习算法的最后一个部分——分类算法。本节由三小节构成，我们首先要明确分类的概念，再对常用的专用名词、分类程序运行的基本过程进行了解。随后介绍一些在 Mahout 中的常见的训练分类器的算法。对于使用 Mahout 进行分类器训练，我们并不需要了解太多算法底层的数学原理与推导过程，因此，我们仅对不同的分类算法的特点进行描述。最后我们使用实例来展示如何将一个数据集进行处理、模型训练和分类应用。

7.4.1 分类的基本概念

分类是使用特定信息（输入）从一个预定义的潜在回应列表中做出单一选择（输出）的过程。在上述定义中，很容易混淆的一点就是回应列表的固定性，生活中有很多例子，比如，顾客去超市购买商品，对于某件商品而言，它的属性（类别、品牌、质量和颜色等）作为输入，购买与否（是和否）作为输出，这个一个分类的例子，因为它的可能性只有两种，购买或者不买，这构成了一种分类回应列表。但是，如在评论一件商品时，对于同样的输入（类别、品牌、质量和颜色等），得到的输出却可能有很多（很不错、质量好和面料柔软，等等），此时由于输出列表的不确定性，不能构成分类。对于计算机来说，尽管不能完成人类在某些情况下的思维过程，但是可以模拟人的决策过程，高效地进行分类，分类是预测分析（Predictive Analytic）的核心，它的目标就是实现以自动化的系统取代人类做出决策的功能。

和聚类算法不同，分类算法是一种有监督的学习，需要准备一些正确决策的样本供机器进行前期训练，而聚类算法则不需要进行训练。相对于前面所说的推荐算法，分类算法会从有限的输出集合给出确定的一个答案，而推荐算法会选择很多可能的答案，并按照可能性对它们进行排序；同时，它们的输入数据也不一样，推荐系统更倾向于使用用户的历史行为数据，对用户本身和物品本身的特征数据则不太关心，分类系统则更关心用户和物品本身的属性。

建立一个分类系统，主要分为两个阶段，第一个阶段是通过某种学习算法对已知数据（训练集）进行训练建立一个分类模型，第二个阶段是使用该模型对新数据进行分类。其中涉及的概念和术语主要有以下几个。

训练样本是具有特征的实体，将被用作学习算法的输入。通常，将训练样本分为**训练数据**和**测试数据**，训练数据是训练样本的一个子集，带有目标变量值的标注，用作学习算法的输入以生成模型；测试数据则是存留的部分训练样本，隐藏其目标变量值，以便于评估模型。

特征是训练样本或新样本的一个已知特性，特征与特性是等同的。**变量、字段和记录**：在分类这一节中，变量指一个特征的值或一个关于多个特征的函数，不同于计算机编程中的变量。在分类过程中，一般涉及预测变量和目标变量。记录是用来存放样本的一个容器，由多个字段构成，每个字段存储一个变量。对于分类问题而言，目标变量必须有一个类别型的值，而预测变量的值可以是连续的/类别型/文本/单词等。在实际应用中，目标变量常常是二值类别型的，例如，在垃圾邮件分类问题中，每个邮件要么是垃圾邮件要么不是，不存在中间状态或者非两者之间的状态。当目标变量具有两个以上的可能时，称之为多分类问题，这种问题在分类算法中也有相应的研究。变量值常见的四种类型（对于目标变量而言，只能存在类别型）如表 7.2 所示。

表 7.2　　　　　　　　　　　　分类算法变量的四种类型

值的类型	描述
连续型	通常是一个浮点值，可能是任何具有具体数值大小的量，比如价格、重量、时间、长度等，而且这个数值大小是这个值的关键属性
类别型	通常类别型数据从一个已知的集合中进行取值，无论这个集合有多大（但不能为无穷集合），常见的集合只有两个元素，例如，布尔型数据{0，1}，也有可能是多个数据的集合
单词型	单词型值类似于类别型的值，但是它的取值集合是无穷集合，即所有单词
文本型	文本型值是多个单词型值的序列，例如，邮件地址或者一篇文章

在实际应用中，往往会混淆连续型和类别型变量，如与数字有关的值，如邮政编码，容易识别为连续型变量，但是其中每个值都取自于预先指定的集合（所有邮政编码），在此将其识别为类别型值会更合适。如果将其错误归类，在机器学习的过程中会严重影响分类精度，常见的计量单位都是连续型；反之，若两个值相加/减/开方后就失去意义，它往往是一个类别型变量。

模型和训练：在分类中，训练算法的输出就是一个模型。训练就是使用训练数据生成模型的学习过程，随后该模型可将预测变量作为输入来估计目标变量的值。训练过程的输出就是模型，也可以视作一个函数，该函数可以用于新样本生成输出，模仿原始样本上的决策，这些决策就是分类系统的最终产出。

实际上，我们常常将训练样本分为两部分，其中一部分用作训练数据，约占总样本数量的 80%到 90%，用于提供给训练算法进行训练产生模型；剩下的数据用作测试数据，将其隐藏目标变量后提供给模型进行模拟决策，通过比较其决策结果和真实结果来对训练出的模型进行评估。通常，模型做出的决策不会完全正确，但是只要满足一定的性能需求，该模型便可投入生产，在使用的过程中，模型预测的准确率应该与评估过程的准确率相同。

为了提升模型的效率和准确性，一个通常的做法是随着时间的推移，对生产环境中的样本进行采样并加入训练数据中，重新对模型进行校正，形成不断更新的模型版本。特别是当外部条件随时间逐渐改变而使得模型质量不断下降时，这种方法显得尤为重要。

预测变量和目标变量：在分类过程中，预测变量为模型提供线索或者经验，以便模型能够判断各个样本目标变量应该是什么样的变量。需要注意的是，分类学习不一定会用到所有特征，某些特征可能是其他特征按某种规则进行组合的结果。而目标变量是可分类的，决定其值就是分类系统的目标。正如在本节开始时举出的购买商品的分类例子，将商品的属性（价格、颜色、类别、质量和品牌等）用作模型的输入，购买与否（是和否）作为模型输出。在这个例子中，商品的各个属性就类似于分类器中的预测变量，决策目标就是一个二值的目标变量购买（是和否），每个商品对应且只对应一个选择。

值得注意的是，在训练过程中，预测变量和目标变量都会被使用，而在模型建立以后，用作测试和实际应用时，模型仅能使用预测变量进行工作。在测试阶段，通常使用部分训练样本数据，隐藏其目标变量后作为模型的输入，让模型进行决策；然后，通过比较模型给出的输出与实际目标变量的差异来评价分类模型的效果，一个典型的分类系统的结构如图7.4所示。

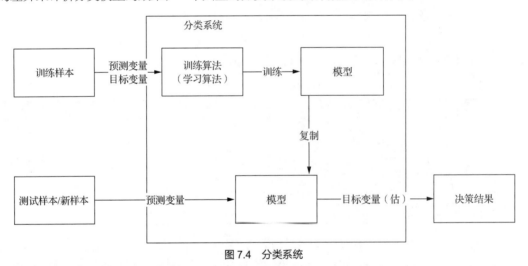

图7.4　分类系统

有监督学习和无监督学习：前面提到过分类算法和聚类算法的不同，分类算法是一种有监督学习，因为其处理的数据均带有一个特定的期望值（目标变量），而聚类算法属于无监督学习，没有一个期望的确切答案，只需要给出数据聚类的合理解释即可。同时，无监督学习中使用的训练样本也是没有目标变量的，有监督学习则需要提供目标变量进行模型构建。

可以将这两种学习方式结合起来，得到更好的模型，通常采用聚类算法对原始数据进行处理，生成一些特征供分类算法使用；或者反之使用多个分类器进行处理，得到的输出作为特征供聚类算法使用。这种结合的方式能够大大提高数据分析的合理性与有效性。

7.4.2　Mahout中一些常见的训练分类器算法

1．SGD算法

随机梯度下降（Stochastic Gradient Descent，SGD）算法是一个非并行的算法，主要的思想是靠每个训练样本对模型进行微调，然后逐步接近样本正确答案的学习算法。这一递增模式在多个训练样本上重复执行，尽管 SGD 算法很难实现并行计算，但由于它是一个线性的时间复杂度算法，处理大多数应用的速度也很快，所以也没有必要采用并行计算方式。

Mahout 中关于 SGD 算法的实现主要有以下几个类 OnlineLogisticRegression、CrossFoldLearner 和 AdaptiveLogisticRegression。

2. SVM 算法

支持向量机（Support Vector Machine，SVM）是一种二分类模型，其基本模型定义为特征空间上的间隔最大的线性分类器，其学习策略便是间隔最大化，最终可转化为一个凸二次规划问题的求解。

从几何性质上看，如图 7.5 所示给出了三种分类方式。可以看出，第三张图的分割超平面分割效果最好。能够容忍更多噪声就需要所有样本与分割超平面的距离尽可能远。为了求得这个尽可能远的分割超平面，就需要我们求得每个点到超平面的距离之和，并求得当取得这个最小距离和时的超平面。

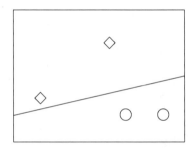 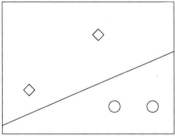 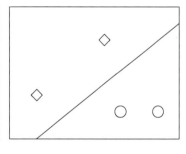

图 7.5　三种不同的分类方式

3. 朴素贝叶斯算法和补充朴素贝叶斯算法：

朴素贝叶斯分类器（Naive Bayes Classifier，NBC）发源于古典数学理论，有着坚实的数学基础，以及稳定的分类效率。同时，NBC 模型需要估计的参数很少，对缺失数据不太敏感，算法也比较简单。理论上，NBC 模型与其他分类方法相比具有最小的误差率。但是实际上并非总是如此，因为 NBC 模型假设属性之间相互独立，这个假设在实际应用中往往是不成立的，这给 NBC 模型的正确分类带来了一定影响。Mahout 实现的朴素贝叶斯仅限于基于单一文本型变量进行分类，对于很多问题来说，包括典型的大规模数据问题，影响不是很大。但如果需要基于连续变量，并且不能将其量化为单词型对象从而和其他文本数据一并处理时，可能就没办法使用朴素贝叶斯一系列的算法。

此外，如果数据中含有不止一类的单词型或文本型变量，可能需要把这些变量拼接到一起，并以一种明确的方式添加前缀以消除歧义。这样做可能会损失重要的差异信息，因为所有单词和类别的统计数据都混到一起了。但大多数文本分类问题，基本上都可以使用朴素贝叶斯或补充朴素贝叶斯算法解决。

4. 随机森林算法

随机森林是一种多功能的机器学习算法，能够执行回归和分类的任务。之所以命名为随机森林，是因为它是由很多的决策树构成，并且采用了随机的方式形成决策树。这些决策树在训练中被构造出来，所有的树在训练过程中都是使用同样的参数，但是训练集是不同的（Bagging）。因此，随机性主要体现在以下两个方面。

（1）构造每颗决策树时，都通过随机方式从 N 个全部样本中选择 N 个随机样本（可能会有重复）。

（2）在其中的每个节点中，也是通过随机的方式选取所有特征的子集来计算最佳分割方式，这是第二个随机性所在。

随机森林的错误估计采用的是 OOB（Out Of Bag）的办法。当判别一个新的对象的类别时，通过投票的方式，每棵树均给出自己的判别，最后输出的票最多的一项；回归问题则会稍有不同，它采用的是输出平均值的方式给出预期结果。表 7.3 列出了这几种训练算法的不同与适合场景。

表 7.3　　　　　　　　　　　不同分类算法对比与适用场景

数据集大小	Mahout 算法	执行模型	特性
小到中型（数据样本数在千万级以下）	随机梯度下降（SGD）：OnlineLogisticRegression CrossFoldLearner AdaptiveLogisticRegression	串行、在线、增量式	使用全部类型的预测变量，在数据规模合适的情况下十分高效
	支持向量机（SVM）	串行	在数据规模合适的情况下十分适合、高效
中到大型（训练样本数量在百万到上亿之间）	朴素贝叶斯	并行	适合于文本型数据；需要中等到很大的训练开销；处理对于 SGD 和 SVM 来说过大的数据集实用有效
	补充朴素贝叶斯	并行	比朴素贝叶斯的训练成本高一些；处理对于 SGD 来说过大的数据集实用有效，但有和朴素贝叶斯类似的局限性
小到中型（训练样本数量在千万以内）	随机森林	并行	使用全部类型的预测变量；训练开销高；成本高，能够实现复杂的分类，比其他技术更擅于处理数据中非线性和条件关系

7.4.3　应用实例：使用 SGD 训练分类器对新闻分类

20 newsgroups 数据集是机器学习研究中常用的标准数据集，来自于 20 世纪 90 年代早期 20 个 Usenet 新闻组上几个月消息的副本。这个数据集的结构比较复杂，可从以下几个方面对其进行解析和训练。

1. 数据集预览

在进行分类之前，要对数据集进行一个预览，以便确定哪些特征可以帮助将样本分到选定目标变量的类别中，将下载好的数据集解压，查看其中的某一个文件，可以看到类似于以下内容。

```
From: Jim-Miller@suite.com
Subject: Certifying Authority question answered.
Organization: Suite Software
Lines: 12
Reply-To: Jim-Miller@suite.com
NNTP-Posting-Host: nimrod.suite.com

>>If you have access to FTP, try FTPing to rsa.com, login as anonymous.
>>There are several documents there, including a "frequently asked questions
>>about today's cryptography" document.  It has FAQ in its name.
>>I believe this document explains the idea behind the certifying authorities.
```

```
>>
>>Good luck
>>
>>--John Kelsey, c445585@mizzou1.missouri.edu

Thanks.  I've ftp'ed the FAQ file and it is just what I was looking for.

Jim-Miller@suite.com
```

每一个文件都由一个文件头开始，描述了该消息的属性（由谁发送、长度、主题和组织等），然后是由一个空白行分隔，接着是消息的主要内容，每个文件的文件头不完全一样，根据文件头中出现次数最多的特征可以帮我们确定那些特征是最可能影响分类结果的字段。经过统计，该数据集最常出现的文件头字段是 Subjects、From、Lines、keywords 和 Summary 五个，分别代表该新闻的主题、源头、长度、关键词、总结。

2. 数据训练

在 SGD 算法中，Mahout 常用的由三个类，本次采用 OnlineLogisticRegression 类进行训练分类器，首先要将文本和数字转化为向量值，代码如下所示。

```
1.  Map<String,Set<Integer>> traceDictionary=new TreeMap<String, Set<Integer>>();
2.  FeatureVectorEncoder encoder=new StaticWordValueEncoder("body");
3.  encoder.setProbes(2);
4.  encoder.setTraceDictionary(traceDictionary);
5.  FeatureVectorEncoder bias=new ConstantValueEncoder("Intercept");
6.  bias.setTraceDictionary(traceDictionary);
7.  FeatureVectorEncoder lines=new ConstantValueEncoder("Lines");
8.  lines.setTraceDictionary(traceDictionary);
9.  Dictionary newsGroups=new Dictionary();
10. Analyzer analyzer=new StandardAnalyzer(Version.LUCENE_31);
```

接下来，采用 OnlineLogisticRegressionL 类配置 Logistic 回归学习算法，代码如下：

```
OnlineLogisticRegression learningAlgorithm = new OnlineLogisticRegression(
    20, FEATURES, new L1()).alpha(1).stepOffset(1000).decayExponent(0.9).
    lambda(3.0e-5).learningRate(20);
```

这个函数中的参数包括：指定的目标变量类别的个数、特征向量的大小及正则化项。此外，学习算法中还有一些配置方法。其中，alpha、decayExponent 和 stepOffset 方法可以指定学习率、衰减率以及衰减方式。Lambda 用来指定正则化的权重，learningRate 用于指定初始学习率。接下来我们需要获得所有训练数据文件的清单，代码如下所示。

```
1.  List<File> files=new ArrayList<File>();
2.  for (File newsgroup: base.listFiles()){
3.      newsGroups.intern(newsgroup.getnName());
4.      files.addAll(Arrays.addList(newsgroup.listFiles()));
5.  }
6.  Collections.shuffle(files);
7.  System.out.printf("%d training files\n",files.size());
```

这段代码将所有新闻组的名字放入词典中，这样有助于在多次训练结果之间进行比较。

下一个阶段是将可分类数据转换为向量。在这个数据集中，除了 Lines，所有数据字段都是文本型或单词型，其格式可以用标准的 Lucene 词条化工具轻松完成。Lines 字段是数字，也能用 Lucene 词条化工具解析。看起来这个字段对于区分某些新闻非常有价值，因为有些媒体喜欢发长新闻而有些媒体喜欢发短新闻，代码如下。

```
1.  double averageLL=0.0;
2.  double averageCorrect=0.0;
3.  double averageLineCount=0.0;
4.  int k=0;
5.  double step=0.0;
6.  int[] bumps=new int[]{1,2,5};
7.  double lineCount;
8.  for(File file:files){
9.      BufferedReader reader= new BufferedReader(new FileReader(file));
10.     //识别新闻组
11.     String ng=file.getParentFile().getName();
12.     int actual=newsGroups.intern(ng);
13.     Multiset<String> words=ConcurrentHashMultiset.create();
14.     String line= reader.readLine();
15.     while(line!=null&&line.length()>0){
16.         //检查行数文件头
17.         if(line.startWith("Lines:")){
18.             String count=Iterables.get(onColon.split(Line),1);
19.             try{
20.                 lineCount=Integer.parseInt(count);
21.                 averageLineCount += (lineCount-averageLineCount)/
                        Math.min(k+1,1000);
22.             }catch(NumberFormatException e){
23.                 lineCount=averageLineCount;
24.             }
25.         }
26.         boolean countHeader = (line.startWith("From:")||
                line.startWith("Subject:")||
                line.startWith("Keywords:")||
                line.startWith("Summary:"));
27.         do{
28.             //计算文件头中单词数量
29.             StringReader in=new StringReader(line);
30.             if(countHeader){
31.                 countWords(analyzer,words,in);
32.             }
33.             line=reader.readLine;
34.         }
35.         while(line.startWith(" "));
36.     }
37.     //计算文件主体中单词的数量
38.     countWords(analyzer,words,reader);
39.     reader.close();
40.}
```

通过上述代码可以确定文件的四个特征，即新闻组、行数、文件头中单词数和文档主体中单词数，接下来将所收集到的特征并入一个特征向量中，以供分类器的学习算法使用，代码如下。

```
1. Vector v=new RandomAccessSparseVector(FEATURES);
2. bias.addToVector(null, 1, v);
3. lines.addToVector(null,lineCount/30, v);
4. logLines.addToVector(null, Math.log(lineCount+1), v);
5. for(String word: words.elementSet()){
6.     encoder.addToVector(word, Math.log(1+words.count(word)), v);
7. }
```

在上述代码中，bias 的值始终是 1，学习算法利用该值作为阈值，这个值使得 Logstic 回归算法得以顺利进行，对于行数（LinCount）来说，除以 30 可以将该数量压缩到和其他变量一致的区间，可以加快学习进程。文档主体的编码中每个单词的权重进行了频率的对数转换而不是直接使用频率，这一点是考虑到单词在单篇文章中出现多次的频率要比单词出现的预期整体频率高，所以采用对数频率作为单词的权重。

在训练分类器前，还需要定义一个指标，用于衡量分类器的准确度，这里采用对数似然值和正确分类的平均比例来进行衡量，进行计算的代码如下。

```
1. double mu = Math.min(k+1,200);
2. double ll = learningAlgorithm.logLikelihood(actual, v);
3. averageLL = averageLL+ (ll-averageLL)/mu;
4. Vector p=new DenseVector (20);
5. learningAlgorithm.classifyFull(p,v);
6. int estimated=p.maxValueIndex();
7. int correct = (estimated == actual?1:0);
8. averageCorrect = averageCorrect + (correct - averageCorrect)/mu;
```

在上述代码中，计算的对数似然值的均值存放在变量 averageLL 中，然后利用比例最高的新闻组确定变量 estimated，并与正确的值进行比较。对比较结果取均值，得出正确结果的平均百分比，存入变量 averageCorrect 中。

有了上述工具和向量后就可以开始训练 SGD 模型了，下面代码描述了使用变步长方式的训练模型，使得训练器可在逐渐变长的时间间隔上输出进度反馈。

```
1. learningAlgorithm.train(actual,v);
2. k++;
3. int bump=bumps[(int)Math.floor(step)%bumps.length];
4. int scale=(int)Math.pow(10,Math.floor(Step/bumps.length));
5. if(k%(bump*scale)==0){
6.    step+=0.25;
7.    System.out.printf("%10d %10.3f %10.3f %10.2f %s %s\n",
8.    k,ll,averageLL,averageCorrect*100,ng,newsGroups.values().get(estimated));
9. }
10. learningAlgorithm.close();
```

样本数量每次达到 bump*scale 时，都会输出一行学习算法当前状态的语句。随着学习的不断进行，状态报告的频率会逐步递减，也就是说，准确性的变化越快，状态更新越频繁。

习题

1. 数据挖掘中常用的方法有哪些，基本流程是什么？

2. 查准率和查全率的含义是什么，它们有什么关系，理论上有可能实现这样一个算法使得推荐结果的查准率和查全率都达到 100%吗？

3. 在使用 Mahout 的推荐程序中，在什么情况下使用基于用户的推荐算法，又在什么情况下使用基于物品的推荐算法，为什么？

4. 聚类算法和分类算法的区别是什么？在 Mahout 中如何实现一个 K-means 聚类，请自行拟合一个数据集并使用 KMeansDriver 类进行聚类分析。

5. 在 7.4.3 节中我们使用 SGD 算法对 20 newsgroups 数据集进行了分类，分别使用 SVM 算法、朴素贝叶斯算法和随机森林算法训练相应的分类器。

08 第8章 Spark分布式内存计算框架

虽然 Hadoop MapReduce 能够处理大规模的数据集，但是由于 MR 任务需要频繁地读写磁盘，这使得在一些场景下效率受到严重影响，因此发展出了基于内存计算的 Spark 计算框架。相比于需要使用磁盘的复杂计算场景，Spark 通常比 Hadoop MapReduce 计算框架更为高效，也更加适合进行迭代计算、交互式查询和流数据处理等。

本章将立足实战，重点介绍 Spark 的编程模型和 RDD 统一抽象模型、Spark 的工作和调度机制，以及以 Spark 为核心衍生的生态系统——Spark SQL、流式计算、机器学习、图计算等，最后对 Zeppelin 数据分析工具进行简要介绍。

8.1　Spark 简介

    Spark 是一种基于内存的、用以实现高效集群计算的平台。准确地讲，Spark 是一个大数据并行计算框架，是对广泛使用的 MapReduce 计算模型的扩展。Spark 有着自己的生态系统，但同时兼容 HDFS、Hive 等分布式存储系统，可以完美融入 Hadoop 的生态圈中，代替 MapReduce 去执行更为高效的分布式计算。两者的区别如图 8.1 所示，基于 MapReduce 的计算引擎通常会将中间结果输出到磁盘上进行存储和容错；而 Spark 则是将中间结果尽量保存在内存中以减少底层存储系统的 I/O，以提高计算速度。

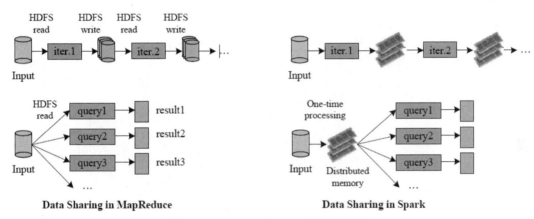

图 8.1　MapReduce 与 Spark 计算数据载体

    促进 Apache Spark 迅速成长为大数据分析核心技术的主要原因有以下几个。

    （1）轻量级快速处理。在大数据处理中速度往往被置于首位，Spark 基于内存的模型使得传统的 Hadoop 应用程序能以 100 倍的速度在内存中运行。Spark 尽量将中间处理数据放在内存中减少磁盘 I/O，从而提升了性能。

    （2）易于使用、支持多语言。Spark 提供了 Java、Scala、Python 和 R 等多种语言的编程接口，这使得开发者可以在自己熟悉的语言环境下进行应用程序的编写和调试，普及了 Spark 的应用范围，它自带 80 多个高阶操作符，允许在 Spark Shell 中进行交互式查询，它具有多种使用模式的特点让应用更灵活。

    （3）具有良好的兼容性。Spark 可以独立地运行（使用 Standalone 模式），也可以运行在 YARN 管理的集群上，还可以运行在任何 Hadoop 数据源（如 HBase、HDFS 等）上，读取 Hadoop 中任何已有的数据，这个特性可以让用户比较容易地迁移已有的 Hadoop 应用。

    （4）活跃和不断壮大的社区。Spark 起源于 2009 年，当下已有超过 50 个机构 730 个工程师贡献过代码，现在作为 Apache 下的顶级项目，越来越多的企业和工程师参与到 Spark 社区中，每年举办的 Spark 技术峰会（Spark Summit），都有来自 AMPLab、Databricks、Intel、淘宝、网易等众多公司的 Spark 贡献者及一线开发者，分享在生产环境中使用 Spark 及相关项目的第一手经验和最佳实践方案。

    （5）完善的生态圈。Spark 打造了一条全栈式多计算范式的高效数据流水线，为不同的应用提供了一套完整的高级组件，包括 SQL 查询、流式计算、机器学习和图计算等，用户可以在同一工作流中无缝搭配这些组件。整个 Spark 生态系统也被称为伯克利数据分析栈（ Berkeley Data Analytics Stack，BDAS ），它是一个包含着众多子项目的大数据计算平台，以 Apache Spark 为核心，包含了流计算框架 Spark Streaming、结构化数据查询分析引擎 SparkSQL、图计算框架 GraphX、机器学习库 MLlib、随机梯度算法框架 Splash、分布式内存文件系统 Alluxio、资源管理框架 Mesos 等，图 8.2 展示了 Spark 生态体系中常见的组件。

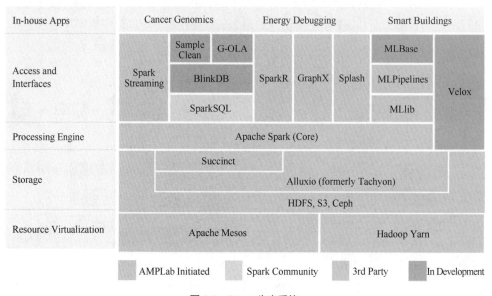

图 8.2　Spark 生态系统

（6）与 Hadoop 的无缝连接。Spark 可以使用 YARN 作为其集群管理器，并且可以完美地兼容 Hadoop 的其他组件，读取 HDFS、HBase 等一切 Hadoop 的数据。

8.2　Spark 的编程模型

8.2.1　核心数据结构 RDD

Spark 将数据抽象成弹性分布式数据集（ Resilient Distributed Dataset，RDD ），RDD 实际是分布在集群多个节点上数据的集合，通过操作 RDD 对象来并行化操作集群上的分布式数据。

RDD 有两种创建方式：（1）并行化驱动程序中已有的原生集合；（2）引用 HDFS、HBase 等外部存储系统上的数据集。RDD 可以缓存在内存中，每次对 RDD 操作的结果都可以放到内存中，下一次操作时可直接从内存中读取，相对于 MapReduce，它省去了大量的磁盘 I/O 操作。另外，持久化的 RDD 能够在错误中自动恢复，如果某部分 RDD 丢失，Spark 会自动重算丢失的部分。

8.2.2　RDD 上的操作

从相关数据源获取初始数据形成初始 RDD 后，需要根据应用的需求对得到的初始 RDD 进行必要的处理，来获取满足需求的数据内容，从而对中间数据进行计算加工，得到最终的数据。

RDD 支持两种操作，一种是转换（Transformation）操作，将一个 RDD 转换为一个新的 RDD。值得注意的是，转换操作是惰性的，这就意味着对 RDD 调用某种转换操作时，操作并不会立即执行，而是 Spark 在内部记录下所要求执行的操作的相关信息，当在行动操作中需要用到这些转换出来的 RDD 时才会被计算，表 8.1 所示为基本的转换操作。通过转换操作，可以从已有的 RDD 生成出新的 RDD，Spark 使用谱系（Lineage）记录新旧 RDD 之间的依赖关系，一旦持久化的 RDD 丢失部分数据时，Spark 能通过谱系图重新计算丢失的数据。

表 8.1 基本的 RDD 转换操作

函数名	目的	示例	结果
map()	将函数应用于 RDD 中的每个元素，将返回值构成新的 RDD	rdd.map(x => x + 1)	{2, 3, 4, 4}
flatMap()	将函数应用于 RDD 中的每个元素，将返回的迭代器的所有内容构成新的 RDD。通常用来切分单词	rdd.flatMap(x => x.to(3))	{1, 2, 3, 2, 3, 3, 3}
filter()	返回一个由通过传给 filter() 的函数的元素组成的 RDD	rdd.filter(x => x != 1)	{2, 3, 3}
distinct()	去重	rdd.distinct()	{1, 2, 3}
sample(withReplacement, fraction, [seed])	对 RDD 采样，以及是否替换	rdd.sample(false, 0.5)	非确定的

另一种是行动（Action）操作，行动操作会触发 Spark 提交作业，对 RDD 进行实际的计算，并将最终求得的结果返回到驱动器程序，或者写入外部存储系统中。由于行动操作会得到一个结果，所以 Spark 会强制对 RDD 的转换操作进行求值，表 8.2 所示为基本的行动操作。

表 8.2 基本的 RDD 行动操作

函数名	目的	示例	结果
collect()	返回 RDD 中的所有元素	rdd.collect()	{1, 2, 3, 3}
count()	RDD 中的元素个数	rdd.count()	4
countByValue()	各元素在 RDD 中出现的次数	rdd.countByvalue()	{(1, 1), (2, 1), (3, 2)}
take(num)	从 RDD 中返回 num 个元素	rdd.take(2)	{1, 2}
top(num)	从 RDD 中返回最前面的 num 个元素	rdd.top(2)	{3, 3}
takeordered(num)(ordering)	从 RDD 中按照提供的顺序返回最前面的 num 个元素	rdd.takeordered(2)(myordering)	{3, 3}
takeSample(withReplacement, num, [seed])	从 RDD 中返回任意一些元素	rdd.takeSample(false, 1)	非确定的
reduce(func)	并行整合 RDD 中所有数据（例如 num）	rdd.reduce((x, y) => x + y)	9
fold(zero)(func)	和 reduce() 一样，但是需要提供初始值	rdd.fold(0)((x, y) => x + y)	9
aggregate(zerovalue)(seqop, combop)	和 reduce() 相似，但是通常返回不同类型的函数	rdd.aggregate((0, 0))((x, y) => (x._1 + y, x._2 +1), (x, y) => (x._1 + y._1, x._2 + y._2))	(9, 4)
foreach(func)	对 RDD 中的每个元素使用给定的函数	rdd.foreach(func)	无

8.2.3　RDD 的持久化

由于 Spark RDD 是惰性求值的，因此，当需要多次使用同一个转换完的 RDD 时，Spark 会在每一次调用行动操作时去重新进行 RDD 的转换操作，这样频繁的重算在迭代算法中的开销很大。

为了避免多次计算同一个 RDD，可以用 persist() 或 cache() 方法来标记一个需要被持久化的 RDD，一旦首次被一个行动（Action）触发计算，它将会被保留在计算结点的内存中并重用。并且 Spark 对持久化的数据有容错机制，如果 RDD 的某一分区丢失了，通过使用原先创建它的转换操作，它将会被自动重算（不需要全部重算，只计算丢失的部分）。当需要删除被持久化的 RDD，可以用 unpersistRDD() 来完成该工作。

此外，每一个 RDD 都支持不同的持久化级别进行缓存（见表 8.3），可以选择将持久化数据集保存在硬盘中，或者在内存作为序列化的 Java 对象缓存，甚至可以进行跨结点复制。这些等级选择，是通过将一个 org.apache.Spark.storage.StorageLevel 对象传递给 persist() 方法进行确认，在默认情况下会把数据以序列化的形式缓存在 JVM 的堆空间中。

表 8.3　　　　　　　　　　　　　　　　　RDD 数据持久化级别

级别	使用的空间	CPU 时间	是否在内存中	是否在磁盘上	备注
MEMORY_ONLY	高	低	是	否	
MEMORY_ONLY_SER	低	高	是	否	
MEMORY_AND_DISK	高	中等	部分	部分	如果数据在内存中放不下，则溢写到磁盘上
MEMORY_AND_DISK_SER	低	高	部分	部分	如果数据在内存中放不下，则溢写到磁盘上。在内存中存放序列化后的数据
DISK_ONLY	低	高	否	是	

8.2.4　RDD 计算工作流

图 8.3 描述了 Spark 的工作原理以及 RDD 计算的工作流。包括对 Spark 系统的输入、运行转换、输出和对 RDD 中数据进行转换和操作。

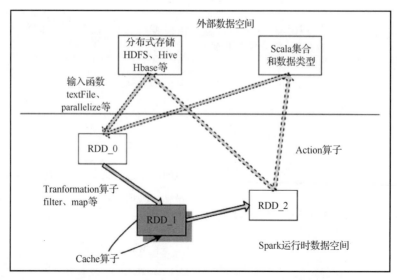

图 8.3　RDD 计算工作流图

RDD 计算的具体流程如下：

（1）输入：定义初始 RDD，数据在 Spark 程序运行时从外部数据空间读取进入系统，转换为 Spark 数据块，形成最初始的 RDD；

（2）计算：形成 RDD 后，系统根据定义好的 Spark 应用程序对初始的 RDD 进行相应的转换操作形成新的 RDD；然后，再通过行动操作，触发 Spark 驱动器，提交作业。如果数据需要复用，可以通过 cache 操作对数据进行持久化操作，缓存到内存中；

（3）输出：当 Spark 程序运行结束后，系统会将最终的数据存储到分布式存储系统中或 Scala 数据集合中。

8.3　Spark 的调度机制

Spark 的核心模块主要包括调度与任务分配模块、I/O 模块、通信控制模块、容错模块以及 Shuffle 模块。在任务流的操作上，Spark 从上到下划分为了四个层次，分别是应用、作业、Stage 和 Task，并在每个层次上分别管理和调度，包括经典的 FIFO 和 FAIR 等调度算法。

对于 Spark 的 I/O 模块管理，Spark 以块为单位来管理数据，数据块可以存储在内存、磁盘或者集群中的其他机器中。通过 Akka 框架进行集群消息通信来保证集群中命令和状态的传递。通过 Lineage 和 Checkpoint 机制来保证集群的容错性。

8.3.1　Spark 分布式架构

Spark 架构与 Hadoop 一样，采用 Master-Slave 分布式计算模型。图 8.4 为 Spark 架构示意图，主要包括驱动程序、集群管理器和工作节点三部分。驱动程序（Driver Program）负责提交应用，触发集群开始处理作业；集群管理器（Cluster Manager）作为主节点（Master）控制整个集群，负责集群的正常运行；工作节点（Worker Node）作为计算节点，负责接收主节点命令以及对进行状态的报告，其上的执行器（Executor）组件真正负责任务的执行、用于启动线程池等运行任务。

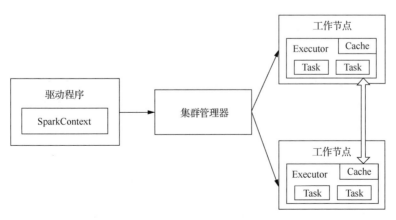

图 8.4　Spark 分布式架构图

每个 Spark 应用都由一个驱动器程序来发起集群上的各种并行操作。驱动器程序通过生成一个 SparkContext 对象来访问 Spark，这个对象代表着对计算集群的一个连接，shell 在启动时会自动创建一个叫作 sc 变量的 SparkContext 对象。一旦创建了 SparkContext 对象，就可以用它来创建 RDD。当然更多的是通过手动去初始化 SparkContext 对象，首先创建一个 SparkConf 对象来配置自己的应用程序，然后基于这个 SparkConf 对象创建一个 SparkContext 对象。

其中，初始化 SparkContext 对象需要传递两个参数：

（1）集群 URL：为 Spark 指定需要连接的集群，如果使用的是 local 值，可以让 Spark 运行在单机单线程上而无需连接到集群；

（2）应用名：在 Spark 中运行的应用程序的名字，当连接到一个集群时，这个值可以帮助用户在集群管理器的用户界面中找到自己的应用。

8.3.2 Spark 应用执行流程

Spark 任务执行流程如图 8.5 所示，Spark 应用提交后经历了一系列的转换，最后成为 Task 在每个 Worker 节点上执行。

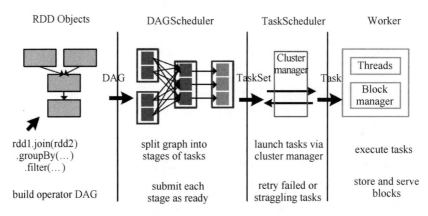

图 8.5　Spark 任务执行流程

Spark 应用转换如图 8.6 所示，RDD 的 Action 操作触发 Job 的提交，提交到 Spark 中的 Job 生成 RDD DAG（RDD 有向无环图），由 DAGScheduler 转换为 Stage DAG，每个 Stage 中产生相应的 Task 集合，TaskScheduler 将任务分发到 Executor 执行。每个任务对应相应的一个数据块，使用用户定义的函数处理数据块。

Spark 应用（Application）是用户提交的应用程序，执行模式有 Local、Standalone、YARN、Mesos。根据 Spark 应用的驱动程序是否在集群中运行，Spark 应用的运行方式又可以分为 Cluster 模式和 Client 模式。

应用的基本组件如下：

（1）Application：用户自定义的 Spark 程序，用户提交后，Spark 为 App 分配资源，将程序转换并执行；

（2）Driver Program：运行 Application 的 main() 函数并创建 SparkContext；

（3）RDD Graph：RDD 是 Spark 的核心结构，可以通过一系列操作进行操作，当 RDD 遇到 Action 操作时，将之前的所有操作形成一个有向无环图（DAG）。然后在 Spark 中转换为 Job，提交到集群执行，一个 App 可以包含多个 Job；

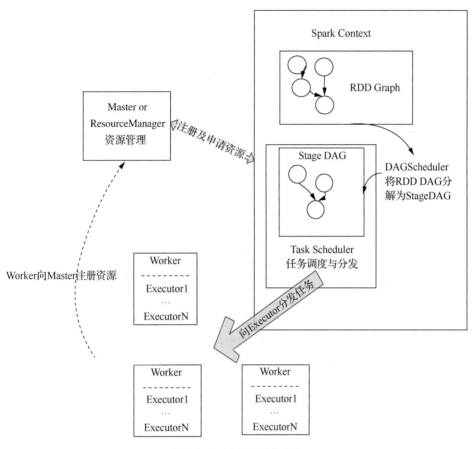

图 8.6　Spark 应用转换流程

（4）Job：一个 RDD Graph 触发的作业，往往由 Spark Action 操作触发，在 SparkContext 中通过
runJob 方法向 Spark 提交 Job；

（5）Stage：每个 Job 会根据 RDD 的宽依赖关系被切分成很多 Stage，每个 Stage 中包含一组相同
的 Task，这一组 Task 也被称为 TaskSet；

（6）Task：一个分区对应一个 Task，Task 执行 RDD 中对应 Stage 中包含的操作。Task 被封装好
后放入 Executor 的线程池中执行。

图 8.7 所示为 Spark 的底层实现，通过 RDD 对数据进行统一的管理，假如此时该 RDD 中有一组
数据块分布在不同节点上，当 Spark 提交应用对这个 RDD 进行操作时，调度器将包含操作的任务分
发到指定的机器上执行，Worker 节点接收到任务请求后，启动多个线程执行该任务。当一个操作执
行完毕，RDD 便转换为另一个 RDD，依次执行，中间结果不会再单独重新分配内存，而是在同一个
数据块上进行流水线操作。

在应用程序的实现上，Spark 将应用分解成任务，并分发到不同的节点实现了任务的分发、跟踪、
执行等工作，最终聚合结果，完成 Spark 应用的计算。

对于 RDD 中的数据块，Spark 在底层通过 BlockManger 完成，BlockManager 将数据抽象为数据
块，存储在内存或者磁盘中。如果数据不在本节点，则可以通过远端节点复制到本机进行计算。

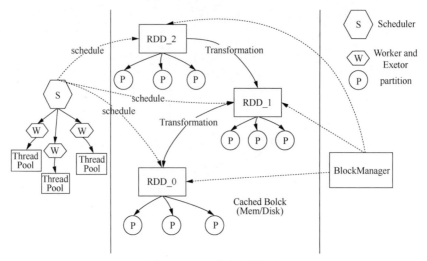

图 8.7　Spark 执行底层实现

8.3.3　Spark 调度与任务分配

系统设计中很重要的一环是资源调度。设计者将资源进行不同粒度的抽象建模，然后将资源统一放入调度器，通过一定的算法进行调度，最终达到高吞吐量和低访问延迟的目的。Spark 的调度器设计精良，扩展性极好，为它的后续发展奠定了很好的基础。

在 Spark 应用提交之后，Spark 启动调度器对其进行调度。从整体上看，Spark 的调度从上到下可以分为 Application 调度、Job 调度、Stage 的调度和 Task 的调度等四个级别。

Spark 上提交的每个应用都会对应生成一个 SparkContext 对象，用于维持整个应用的上下文信息，并且提供一些核心方法，如 runJob 可以提交 Job。然后将任务下发到 Worker 节点，通过主节点的分配获得独立的一组 Executor JVM 进程来执行任务。其中不同的应用拥有不同的 Executor 的空间，相互之间资源不共享，并且一个 Executor 在同一时间段只能分配给一个应用使用。

当 Spark 运行在 YARN 平台上时，用户可以在 YARN 的客户端通过配置--num-executors 选项控制为这个应用分配多少个 Executor，然后通过配置--executor-memory 及--executorcores 来控制被分到的每个 Executor 的内存大小和 Executor 所占用的 CPU 核数。这样便可以限制用户提交的应用不会过多地占用资源，让不同用户能够共享整个集群资源，从而提升 YARN 吞吐量。

Spark 的应用接收提交和调度的代码在 Master.scala 文件中，在 schedule()方法中实现调度。Master 先统计可用资源，然后在 waitingDrivers 的队列中通过 FIFO 方式为 App 分配资源和指定 Worker 启动 Driver 执行应用。

在 Spark 应用程序内部，用户通过不同线程提交的 Job 可以并行运行，这里的 Job 就是 Spark Action（如 count、collect 等）操作触发而生成的整个 RDD DAG，在实现上，操作的本质是调用 SparkContext 中的 runJob 提交了 Job。

Spark 的调度器是完全线程安全的，并且支持一个应用处理多请求的用例（如多用户进行查询）。

1. FIFO 模式

在默认情况下，Spark 的调度器以 FIFO（先进先出）方式调度 Job 的执行，如图 8.8 所示，每个 Job 被切分为多个 Stage。第一个 Job 优先获取所有可用的资源，接下来第二个 Job 再获取剩余资源。

222

以此类推，如果第一个 Job 并没有占用所有的资源，则第二个 Job 还可以继续获取剩余资源，就可以使得多个 Job 并行运行。如果第一个 Job 很大，占用所有资源，则第二个 Job 就需要等待第一个任务执行完，释放空余资源，再申请和分配 Job。

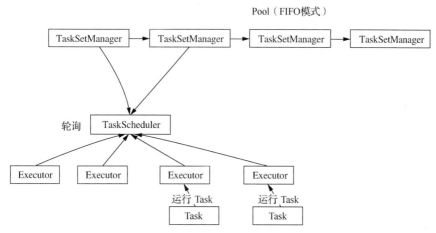

图 8.8　FIFO 模式调度示意图

2. FAIR 模式

Spark 还支持通过配置 FAIR 共享调度模式调度 Job，如图 8.9 所示，在 FAIR 共享模式调度下，Spark 在多 Job 之间以轮询（Round Robin）方式为任务分配资源，所有的任务拥有大致相当的优先级来共享集群的资源。这就意味着当一个长任务正在执行时，短任务仍可以分配到资源，能够提交并执行，并且获得不错的响应时间。用户可以通过配置 Spark.scheduler.mode 方式来让应用以 FAIR 模式调度。FAIR 调度器同样支持将 Job 分组加入调度池中调度，用户可以同时针对不同优先级对每个调度池配置不同的调度权重。这种方式允许更重要的 Job 配置在高优先级池中优先调度，这里借鉴了 Hadoop 的 FAIR 调度模型。

在默认情况下，每个调度池拥有相同的优先级来共享整个集群的资源。同样地，default pool 中的每个 Job 也拥有同样优先级进行资源共享，但是在用户创建的每个资源池中，Job 是通过 FIFO 方式进行调度的。例如，如果每个用户都创建了一个调度池，这就意味着每个用户的调度池将会获得同样的优先级来共享整个集群，但是每个用户的调度池内部的请求是按照先进先出的方式调度的，后到的请求不能比先到的请求更早获得资源。在没有外部干预的情况下，新提交的任务被放入 default pool 中进行调度。用户也可以自定义调度池，通过在 SparkContext 中配置参数 Spark.scheduler.pool 创建调度池。

3. 配置调度池

用户可以通过配置文件自定义调度池的属性，每个调度池支持三个配置参数，第一个参数是调度模式，用户可以选择 FIFO 或者 FAIR 方式进行调度；第二个参数是权重，这个参数控制着在整个集群资源的分配上，这个调度池相对其他调度池优先级的高低，例如，如果用户配置一个指定的调度池权重为 3，那么这个调度池将会获得相对于权重为 1 的调度池三倍的资源；第三个参数是 minShare，这个参数代表 CPU 核数，决定整体调度的调度池能给待调度的调度池分配多少资源就可以满足调度池的资源需求，剩余的资源还可以继续分配给其他调度池。

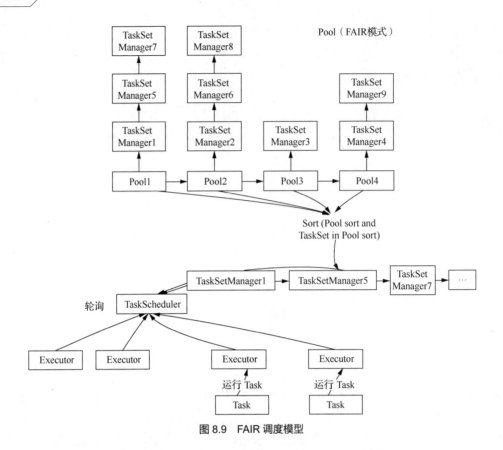

图 8.9　FAIR 调度模型

　　Stage 的调度是由 DAG Scheduler 完成的，由 RDD 的有向无环图 DAG 切分出了 Stage 的有向无环图 DAG。Stage 的有向无环图通过最后执行的 Stage 为根进行广度优先遍历，遍历到最开始执行的 Stage 执行，如果提交的 Stage 仍有未完成的父 Stage，则 Stage 需要等待其父 Stage 执行完才能执行。同时，DAG Scheduler 中还维持了几个重要的 Key-Value 集合结构，用来记录 Stage 的状态，这样能够避免过早执行和重复提交 Stage。

　　（1）waitingStages 中记录仍有未执行的父 Stage，防止过早执行。

　　（2）runningStages 中保存正在执行的 Stage，防止重复执行。

　　（3）failedStages 中保存执行失败的 Stage，需要重新执行，这里的设计是出于容错的考虑。

　　接下来，TaskScheduler 将每个 Stage 中对应的任务进行提交和调度。一个 Spark 应用对应一个 TaskScheduler，在这个应用中所有由 Action 行动算子触发的 Job，其 TaskSetManager 都是由同一个 TaskScheduler 调度。

　　其中，每个 Stage 对应着一个 TaskSetManager，它通过 Stage 回溯到最源头的 Stage，并提交到调度池中。先提交的 Job 的 TaskSetManager 优先调度。同一个 Job 内的 TaskSetManager ID 小的先调度，并且如果有未执行完的父 Stage 的 TaskSetManager，则不会提交到调度池中。

　　当在 DAGScheduler 中提交任务时，Spark 会分配任务执行节点，对任务执行节点的选择有以下三种情况。

　　（1）如果是调用过 cache() 的 RDD，数据已经缓存在内存，则读取内存缓存中分区的数据。

　　（2）如果直接能获取到执行地点，则返回执行地点作为任务的执行地点，通常 DAG 中最源头的

RDD 或者每个 Stage 中最开始的 RDD 会有执行地点的信息。例如，HadoopRDD 从 HDFS 读出的分区就是最好的执行地点。

（3）如果不是上面两种情况，将遍历 RDD 获取第一个窄依赖（窄依赖是指父 RDD 的每个分区只被子 RDD 的一个分区所使用，子 RDD 分区通常对应常数个父 RDD 分区）的父 RDD 对应分区的执行地点。获取到子 RDD 分区的父分区的集合，再继续深度优先遍历，不断获取这个分区的父分区的第一个分区，直到没有窄依赖关系。图 8.10 中的 RDD2 的 p0 分区位置就是 RDD0 中 p0 分区的位置。

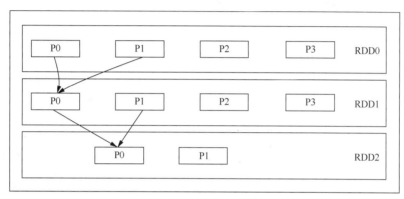

图 8.10　获取分区位置

如果是宽依赖（宽依赖是指父 RDD 的每个分区都可能被多个子 RDD 分区所使用，子 RDD 分区通常对应所有的父 RDD 分区），由于在 Stage 之间需要进行 Shuffle，而分区无法确定，所以无法获取分区的存储位置。这表示如果一个 Stage 的父 Stage 还未执行完，则子 Stage 中的 Task 不能够获得执行位置。

8.4　Spark 应用案例

通过前面几节的学习，读者应该对 Spark 的原理已经有了一个基本的了解，接下来会讨论几个应用案例。首先，介绍如何使用内置的 Spark Shell 工具进行交互式分析；然后，使用 Spark 实现经典的大数据案例 WordCount 程序；最后，基于 Youtube 视频数据完成两项分析，"统计用户视频上传数"和"查询 Top100 用户的上传视频列表"。

8.4.1　Spark Shell

在正式学习如何编写 Spark 应用之前，先介绍一个非常实用的工具：Spark Shell。Spark Shell 是 Spark 提供的一种类似于 Shell 的交互式编程环境，能够实时运行用户输入的代码，并返回/输出运行结果。Spark Shell 支持两种语言：Scala 和 Python，由于 Scala 版本更贴近 Spark 的内部实现，这里仅介绍前者。对于 Python 版本（pySpark Shell），读者可以查阅官方文档学习如何使用。在用户输入一行代码后，Spark Shell 会及时编译代码并执行，并将执行结果打印在屏幕上；如果代码中含有标准输出的语句（如 println），也会把标准输出的内容打印到屏幕上。不仅如此，Spark Shell 还会自动覆盖前面已经定义的重名变量，所以用户可以在 Spark Shell 中快速试错，而不必等待漫长的编译—提交一执行过程。

首先，在 Apache 的 Spark 官网（具体网址参考本书提供的网络资源），选择需要下载的版本，如图 8.11 所示。本书以 Spark-2.1.1 为例，下载后解压安装。

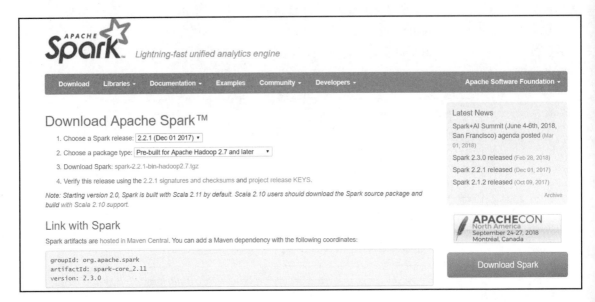

图 8.11　Spark 下载界面

在 Spark 的安装目录下执行./bin/Spark-shell 命令即可启动本地版本的 Spark Shell。启动之后，会输出一些日志。这里需要注意的是 Spark context（sc）和 Spark session（Spark）。一般来说，使用 Spark context 读取数据并将其转换为 RDD，使用 Spark session 读取数据并将其转换为 Dataset 和 DataFrame（见 8.5.1 小节）。图 8.12 所示为 Scala Shell 的启动界面。

```
scala>
```

意味着等待用户输入，其他为标准输出。

```
> $ ./bin/spark-shell
Using Spark's default log4j profile: org/apache/spark/log4j-defaults.properties
Setting default log level to "WARN".
To adjust logging level use sc.setLogLevel(newLevel). For SparkR, use setLogLeve
l(newLevel).
18/03/12 15:17:06 WARN NativeCodeLoader: Unable to load native-hadoop library fo
r your platform... using builtin-java classes where applicable
Spark context Web UI available at http://10.12.137.64:4040
Spark context available as 'sc' (master = local[*], app id = local-1520839027451
).
Spark session available as 'spark'.
Welcome to
      ____              __
     / __/__  ___ _____/ /__
    _\ \/ _ \/ _ `/ __/  '_/
   /___/ .__/\_,_/_/ /_/\_\   version 2.2.1
      /_/

Using Scala version 2.11.8 (Java HotSpot(TM) 64-Bit Server VM, Java 1.8.0_162)
Type in expressions to have them evaluated.
Type :help for more information.

scala>
```

图 8.12　Spark 中的 Scala Shell 启动界面

首先，从当前目录中读取 Spark 的 README.md 文件，并得到初始 RDD，注意此时的 RDD 数据是按行读入的：

```
1.  scala> val readme = sc.textFile("README.md")
2.  readme: org.apache.Spark.rdd.RDD[String] = README.md MapPartitionsRDD[3] at textFile
at <console>:24
```

然后，可以尝试在 readme 上进行一些简单的操作，如 count、take。

```
3.  scala> readme.count()   # 有103行数据
4.  res1: Long = 103
5.  scala> readme.take(3)   # 获取前3行
6.  res4: Array[String] = Array(# Apache Spark, "", Spark is a fast and general cluster
computing system for Big Data. It provides)
```

可以统计有多少行字符串长度超过了 10 个字符。

```
7.  scala> readme.filter( line => line.length > 10 ).count()
8.  res5: Long = 64          # 有64行长度超过10个字符的字符串
```

甚至可以用一行代码完成单词技术（具体原理见下一节）

```
9.  scala> readme.flatMap( _.split(" ") )
10.              .map((_, 1))
11.              .reduceByKey(_ + _).take(2)
12. res22: Array[(String, Int)] = Array((package,1), (this,1))
```

以上就是关于 Spark Shell 的介绍，后面在讲解 Spark SQL 的时候还会使用到它；读者在学习后面三个例子时，也可以把 Scala 版本的代码按行复制到 Spark Shell 中，观察运行结果是否与提交 Spark 应用的结果一样。总之，Spark Shell 是一个非常方便的尝试代码的"试验田"，用户可以在任何时候打开并尝试临时的想法。

8.4.2　单词计数

WordCount（单词统计程序）是大数据领域经典的例子，与 Hadoop 实现的 WordCount 程序相比，Spark 实现的版本要显得更加简洁。

1. 从 MapReduce 到 Spark

在经典的计算框架 MapReduce 中，问题会被拆成两个主要阶段：map 阶段和 reduce 阶段。对单词计数来说，MapReduce 程序从 HDFS 中读取一行字符串。在 map 阶段，将字符串分割成单词，并生成<word，1>这样的键值对；在 reduce 阶段，将单词对应的计数值（初始为 1）全部累加起来，最后得到单词的总出现次数。

在 Spark 中，并没有 map/reduce 这样的划分，而是以 RDD 的转换来呈现程序的逻辑。首先，Spark 程序将从 HDFS 中按行读取的文本作为初始 RDD（即集合的每一个元素都是一行字符串）；然后，通过 flatMap 操作将每一行字符串分割成单词，并收集起来作为新的单词 RDD；接着，使用 map 操作将每一个单词映射成<word，1>这样的键值对，转换成新的键值对 RDD；最后，通过 reduceByKey 操作将相同单词的计数值累加起来，得到单词的总出现次数。

2. Java 实现

```
1.  import scala.Tuple2;
2.  import org.apache.Spark.SparkConf;
3.  import org.apache.Spark.sql.java.JavaSparkContext;
4.  import org.apache.Spark.api.java.JavaPairRDD;
5.  import org.apache.Spark.api.java.JavaRDD;
```

```
6.  import java.util.Arrays;
7.  import java.util.List;
8.  import java.util.regex.Pattern;
9.
10. public final class JavaWordCount {
11. private static final Pattern kSpace = Pattern.compile(" ");
12. public static void main(String[] args) throws Exception {
13. # 创建配置文件和上下文
14. SparkConf conf = new SparkConf().setAppName("WordCount");
15. JavaSparkContext sc = new JavaSparkContext(conf);
16.
17. # 按行读取文件
18. JavaRDD<String> lines = sc.textFile(args[0]).javaRDD();
19. # 将行切割成词
20. JavaRDD<String> words = lines.flatMap(
21. s -> Arrays.asList(kSpace.split(s)).iterator());
22. # 将词映射成<word, 1>键值对
23. JavaPairRDD<String, Integer> ones = words.mapToPair(
24. s-> new Tuple2<>(s, 1));
25. # 将相同的词的计数累加起来
26. JavaPairRDD<String, Integer> counts = ones.reduceByKey((a, b)->a + b);
27. # 收集和打印结果
28. List<Tuple2<String, Integer>> output = counts.collect();
29. for (Tuple2<?,?> tuple: output) {
30. System.out.println(tuple._1() + ":" + tuple._2());
31. }
32. sc.stop();
33. }
34. }
```

（1）初始化

创建配置文件 SparkConf，这里仅设置应用名称；再创建 JavaSparkContext，在程序中主要通过 JavaSparkContext 来访问 Spark 集群。

（2）处理数据

① 根据参数使用 Spark.read().textFile()方法按行读取输入文件，并转换成 RDD lines；

② 使用 flatMap 操作将所有行按空格分割切割成词，并生成新的 RDD words；

③ 使用 map 操作（Java 中为 mapToPair），将词映射成<word, 1>键值对 RDD ones，其中 1 表示出现一次；

④ 使用 reduceByKey 操作将所有相同的 word 对应的计数累加起来，得到新的 RDD counts；

⑤ 使用 collect 操作将所有结果打印出来。

（3）关闭 JavaSparkContext

3. Scala 实现

```
1.  package cn.Spark.study.core
2.  import org.apache.Spark.SparkConf
3.  import org.apache.Spark.SparkContext
4.
5.  class WordCount {
6.     def main(args: Array[String]) {
7.  val conf = new SparkConf().setAppName("CountUploaders")
8.  val sc = new SparkContext(conf)
```

```
9.
10.    val lines = Spark.read.textFile(args(0))
11.    val words = lines.flatMap(line => line.split(" "))
12.    val pairs = words.map( word => (word , 1) )
13.    val wordCounts = pairs.reduceByKey{ _ + _ }
14.
15. wordCounts.foreach(
16.    word => println(word._1 + " " + word._2))
17.    }
    }
```

上述代码展现了 Scala 语言简洁的特性，若使用 Scala 版本的 Wordcount 实现，则还要更加简洁，由于逻辑相似，不再赘述。

8.4.3　统计用户的视频上传数

1. 场景分析

接下来使用 Spark 来统计 Youtube 的测试数据集中每个用户的视频上传数量。稍加分析，会发现统计每个用户的视频数量其实与 WordCount 中统计每个单词出现的次数的逻辑几乎一致，区别在于处理 Youtube 测试数据集的格式略为复杂一些。将给定的数据集按行划分，每一行代表一条记录，除了视频类别这一字段中间有可能出现空格之外，其他的字段都是用空格分割。可以考虑使用正则表达式来匹配记录，并提取所需的信息。

在测试数据集中，假定每行所代表的视频都是唯一的，所以仅仅需要用户 ID 这一条信息。在提取到用户 ID 之后，可以像 WordCount 一样，组成<ID, 1>这样的用来计数的键值对，这一步之后的逻辑便与 WordCount 相似了。

2. Java 实现

```
1.  import org.apache.Spark.SparkConf;
2.  import org.apache.Spark.api.java.JavaSparkContext;
3.  import org.apache.Spark.api.java.JavaPairRDD;
4.  import org.apache.Spark.api.java.JavaRDD;
5.  import scala.Tuple2;
6.
7.  import java.util.regex.Matcher;
8.  import java.util.regex.Pattern;
9.
10. public final class CountUploader {
11.    # 用来提取匹配和提取信息的正则表达式
12.    private static final Pattern EXTRACT = Pattern.compile("(\\S+)\\s+(\\S+)\\s+(\\d+)
       \\s+(\\D+[a-zA-Z])\\s+(\\d+)\\s+(\\d+)\\s+(\\d+\\.?\\d*)\\s+(\\d+)\\s+(\\d+)\\
       s+(.*)");
13.
14.    public static void main(String[] args) throws Exception {
15.       SparkConf conf = new SparkConf().setAppName("CountUploader");
16.       JavaSparkContext sc = new JavaSparkContext(conf);
17.    # 默认按行读取数据
18. JavaRDD<String> lines = sc.textFile(args[0]);
19. # 实现过滤出无效数据：即匹配不成功的数据
20. JavaRDD<String> filtered = lines.filter(
21. s -> EXTRACT.matcher(s).matches());
22.    # 使用 map 操作，对每条记录进行匹配，提取出用户 ID 信息，并组成键值对
```

```
23.      JavaPairRDD<String, Integer> ones = filtered.mapToPair((String s) -> {
24.        Matcher m = EXTRACT.matcher(s);
25.        boolean result = m.matches();
26.        return new Tuple2<>(m.group(2), 1);
27. });
28. # 与 WordCount 一样按用户 ID 进行累加求和
29.      JavaPairRDD<String, Integer> counts = ones.reduceByKey((a, b) -> a + b);
30. # 打印结果
31.      for (Tuple2<?, ?> t : counts.collect()) {
32.        System.out.println(t._1() + " -> " + t._2());
33. }
34. sc.stop();
35.    }
36. }
```

该程序预先声明了正则表达式 Pattern：EXTRACT，用来后续匹配和提取视频记录信息（若要了解正则表达式的知识请查阅相关资料）。由于该数据集比 WordCount 的场景要略微复杂，为了避免错误/失效的视频记录，还需使用 filter 操作将有效记录筛选出来组成新的 RDD。匹配和提取数据时，就不用再考虑数据失效的情况。针对过滤之后的数据，使用 map 操作提取用户信息，其他信息可以忽略，并组成键值对。

3. Scala 代码

```
1. import org.apache.Spark.sql.SparkSession
2. import org.apache.Spark.{SparkConf, SparkContext}
3.
4. object CountUploader {
5.   val pattern = """(\S+)\s+(\S+)\s+(\d+)\s+(\D+[a-zA-Z])\s+(\d+)\s+(\d+)\s+(\d+\.?\d*)\s+(\d+)\s+(\d+)\s+(.*)""".r
6.
7.   def main(args: Array[String]) {
8.     val conf = new SparkConf().setAppName("CountUploader")
9.     val sc = new SparkContext(conf)
10.
11.     val raw = sc.textFile(args(0))
12.     val filtered = raw.filter( pattern.findFirstIn(_).isDefined )
13.     val ones = filtered.map {
14.       case pattern(videoID, uploader, age, category, length, views, rate, ratings, comments, relatedIDs) => {
15.         (uploader, 1)
16.       }
17.     }
18.     val counts = ones.reduceByKey(_ + _)
19.     counts.colloct().foreach( println )
20.   }
21. }
```

Scala 版本程序与 Java 版本结构大体类似，需要注意的是调用 filtered.map()函数时，使用了 Scala 语言的偏函数和模式匹配的特性，使得程序更加简洁明了。

8.4.4 查询 Top100 用户的上传视频列表

1. 场景分析

统计 Top100 用户的上传视频列表，这个应用场景要比前两个都要复杂。仔细分析，其实可以分成如下三步：

第一步，将同一个用户的视频合并在一起；

第二步，计算每个用户上传的视频数量，按从多到少的顺序排序；

第三步，提取 Top100 的用户，并打印出他们上传的视频。

为了把同一用户上传的视频合并在一起，可以考虑使用 groupByKey 操作，groupByKey 操作能够将键相同的值分组到一起。视频排序操作可以考虑使用 sortBy 操作，sortBy 操作能根据给定的排序键函数进行排序。在明确应该使用什么操作之后，就可以开始编写代码了。

2. Java 实现

```
1.  import org.apache.Spark.SparkConf;
2.  import org.apache.Spark.api.java.JavaSparkContext;
3.  import org.apache.Spark.api.java.JavaPairRDD;
4.  import org.apache.Spark.api.java.JavaRDD;
5.  import scala.Tuple2;
6.
7.  import java.util.List;
8.  import java.util.ArrayList;
9.  import java.util.regex.Matcher;
10. import java.util.regex.Pattern;
11.
12. public class TopList {
13.    private static final Pattern EXTRACT = Pattern.compile("(\\S+)\\s+(\\S+)\\s+(\\d+)
       \\s+(\\D+[a-zA-Z])\\s+(\\d+)\\s+(\\d+)\\s+(\\d+\\.?\\d*)\\s+(\\d+)\\s+(\\d+)\\
       s+(.*)");
14.
15.    public static void main(String[] args) throws Exception {
16.      SparkConf conf = new SparkConf().setAppName("CountUploader");
17.      JavaSparkContext sc = new JavaSparkContext(conf);
18.
19.      JavaRDD<String> lines = sc.textFile(args[0]);
20. JavaRDD<String> filtered = lines.filter(
21.   s -> EXTRACT.matcher(s).matches());
22.    # 这里需要提取用户 ID 和视频 ID
23. JavaPairRDD<String, String> records = filtered.mapToPair(s -> {
24.        Matcher m = EXTRACT.matcher(s);
25.        boolean result = m.matches();
26.        return new Tuple2<>(m.group(2), m.group(1));
27.      });
28. # 将<用户 ID,视频 ID>按用户 ID 分组,并将结果转换成集合 List<String>
29. JavaPairRDD<String, List<String>> groups =
30. records.groupByKey().mapToPair(t -> {
31.          List<String> list = new ArrayList<>();
32.          t._2().forEach(list::add);
33.          return new Tuple2<>(t._1(), list);
34.        });
35.    # 由于 Java 版本没有 sortBy 操作，需要自己动手实现类似逻辑
36.      JavaRDD<Tuple2<String, List<String>>> tops =
37.        groups.keyBy(t -> t._2().size()).sortByKey(false).values();
38.    List<Tuple2<String, List<String>>> topList = tops.take(100);
39.    # 打印结果
40.      for (Tuple2<String, List<String>> t : topList) {
41. System.out.println("User: " + t._1() +
```

```
42.     ", Number of videos: " + t._2().size());
43.       for (String s : t._2()) {
44.         System.out.println(s);
45.       }
46.     }
47.     sc.stop();
48.   }
49. }
```

这个场景的信息提取与上一个场景略有不同，这里需要用到视频 ID 的信息，用以组成<用户 ID，视频 ID>键值对，然后使用 groupByKey 操作将视频分组在一起，注意分组结果并不是一个集合，而是一个可迭代的对象：Iterable<String>。这里再使用 map 操作将其手动转换成 List<String>。由于 Java 版本没有 sortBy 操作，首先，使用 keyBy 操作把视频集合的大小当成新的 key，原来的 RDD 数据元素成为新的 value；然后，使用 sortByKey 操作对数据进行排序，参数 false 代表降序（从多到少）；最后用 values 操作提取键值对中的 value，即原来的排序之前的数据；最后，使用 take 操作取前 100 的数据，并将其打印出来。

3. Scala 实现

```scala
1. import org.apache.Spark.sql.SparkSession
2. import org.apache.Spark.{SparkConf, SparkContext}
3.
4. object TopList {
5.   val pattern = """(\S+)\s+(\S+)\s+(\d+)\s+(\D+[a-zA-Z])\s+(\d+)\s+(\d+)\s+(\d+\
    .?\d*)\s+(\d+)\s+(\d+)\s+(.*)""".r
6.
7.   def main(args: Array[String]) {
8.     val conf = new SparkConf().setAppName("TopList")
9.     val sc = new SparkContext(conf)
10.
11.     val raw = sc.textFile(args(0))
12.     val filtered = raw.filter( pattern.findFirstIn(_).isDefined )
13.     val records = filtered.map {
14.       case pattern(videoID, uploader, age, category, length, views, rate, ratings,
        comments, relatedIDs) => {
15.         (uploader, videoID)
16.       }
17.     }
18.
19.     val groups = records.groupByKey().map {
20.       case (u, g) => (u, g.toSeq)
21.     }
22.     val tops = groups.sortBy(_._2.length, false)
23.     val topList = tops.take(100)
24.
25.     topList.foreach {
26.       case (u, g) => {
27.         println("User: " + u + ", Number of Videos: " + g.length)
28.         g.foreach(println)
29.       }
30. }
31. sc.stop()
32.   }
33. }
```

Scala 版本更加简洁一些，需要注意的是 case 关键字出现的地方使用了模式匹配特性，简化了程序编写。排序操作使用的是 sortBy 操作，比 Java 版本的更加简洁，第一个参数是一个函数，意为将键值对的值的长度作为比较的基准，第二个参数 false 同样为降序排序。

8.5　Spark 生态圈其他技术

8.5.1　Spark SQL

1. Spark SQL 简介

Spark SQL 提供在大数据上的 SQL 查询功能，是 Spark 用来操作结构化数据和半结构化数据的模型。结构化数据，是指存放数据的记录或文件带有固定的字段描述，Excel 表格和关系型数据库中的数据都属于结构化数据。而半结构化数据，则是不符合严格数据模型结构的数据，但也带有一些数据标记，如 XML 文件和 JSON 文件都是常见的半结构化数据。

相比于基础的 RDD 接口，Spark SQL 提供了数据的结构和计算过程等信息。利用这些信息，Spark 能与传统数据库一样，在具体执行查询和操作前做额外的优化，从而提升系统的整体性能。

Spark SQL 不仅支持在 Spark 程序中使用 SQL 语句进行数据查询，还提供了传统的 SQL 交互式查询功能，支持 JDBC/ODBC 等标准数据库访问接口。Spark SQL 还支持从各种结构化数据源（如 Hive、JSON、Parquet 等）中读取数据，并提供了统一的访问形式，使用起来非常方便。为了支持这些特性，Spark SQL 引入了新的数据抽象：DataSet 和 DataFrame。Spark 中 SQL 的执行结果一般为 DataSet 或 DataFrame，这是基于 SQL 和 DataSet API 的计算逻辑独立语言，这意味着用户即便在不同的语言中也能够使用相似的逻辑表达计算过程，这使得 DataSet 和 DataFrame 的概念更加通用。为了保持内容的简洁，本节主要通过 Spark-shell 举例。

2. DataSet 和 DataFrame

在 Spark Shell 中已经默认创建了名为 Spark 变量的 Spark session，一般通过 Spark 变量读取和操作 DataSet/DataFrame 数据。当然，也能通过一些转换函数把其他形式的数据转换过来。

DataSet 与 RDD 相似，是分布式数据的集合，同样支持 map、filter、group 等函数式操作，但 DataSet 带有固定的字段。在实现上与 RDD 的一个主要区别在于，RDD 使用 Java 的序列化，而 DataSet 则使用特定的编码器（Encoder）。这允许 Spark 执行一些操作（如 filtering/sorting/hashing）时不必把字节数据反序列化成对象，因此，DataSet 性能优于 RDD。此外，DataSet 能够由语言原生对象转换而来，在 Spark Shell 中可以使用 show()方法格式化打印数据：

```
scala> val ds = Seq(1, 2, 3).toDS()
ds: org.apache.Spark.sql.Dataset[Int] = [value: int]
scala> ds.show()
+-----+
|value|
+-----+
|    1|
|    2|
|    3|
+-----+
```

也可以基于 Scala 的 case class 使用自定义的字段：

```
scala> case class Person(name: String, age: Long)
```

```
scala> val caseDS = Seq(Person("Bob", 22)).toDS()
scala> caseDS.show()
+----+---+
|name|age|
+----+---+
| Bob| 22|
+----+---+
```

同时，还可以基于 JSON 文件创建 DataSet：

```
scala> val path = "examples/src/main/resources/people.json"
scala> val peopleDS = Spark.read.json(path).as[Person]
scala> peopleDS.show()
+----+-------+
| age|   name|
+----+-------+
|null|Michael|
|  30|   Andy|
|  19| Justin|
+----+-------+
```

而 DataFrame 则是组织成类似数据库表的 DataSet，概念上与数据库表等同。DataFrame 可以看作是组织成行的 DataSet，在 Scala API 中 DataFrame 是 DataSet[Row]的类型别名。其实，DataFrame 和 DataSet 的区别很小，简单来说，DataSet 是强类型的 API，而 DataFrame 是无类型的 API。囿于语言特性：在 Java API 中，没有 DataFrame 类型，需要用 DataSet[Row]替代；而在 R/Python API 中，因为没有编译器类型安全，所以没有 DataSet 类型。

DataFrame 可以从多种数据源中创建：结构化数据文件，Hive 中的表，外部数据库，或者已有的 RDD。

基于 JSON 文件创建（注意与 DataSet 的区别）：

```
scala> val path = "examples/src/main/resources/people.json"
scala> val df = Spark.read.json(path)
scala> df.show()
+----+-------+
| age|   name|
+----+-------+
|null|Michael|
|  30|   Andy|
|  19| Justin|
+----+-------+
```

DataFrame 能执行 SQL 中常用的操作，如 select、filter 和 groupBy 等：

```
scala> df.printSchema()
scala> val df = Spark.read.json(path)
scala> df.show()
+----+-------+
| age|   name|
+----+-------+
|null|Michael|
|  30|   Andy|
|  19| Justin|
+----+-------+
scala> df.select("name").show()
+-------+
|   name|
+-------+
|Michael|
|   Andy|
```

```
| Justin|
+-------+
scala> df.filter($"age" > 21).show()
+---+----+
|age|name|
+---+----+
| 30|Andy|
+---+----+
scala> df.groupBy("age").count().show()
+----+-----+
| age|count|
+----+-----+
| 19|    1|
|null|    1|
| 30|    1|
+----+-----+
```

创建视图之后，也可以使用 SQL 语句查询（连接 Hive 等存储后端后，也能使用 SQL 查询）

```
scala> df.createOrReplaceTempView("people")
scala> Spark.sql("select * from people").show()
+----+-------+
| age|   name|
+----+-------+
|null|Michael|
| 30|   Andy|
| 19| Justin|
+----+-------+
```

Spark SQL 的出现使 Spark 摆脱了 Hive 的限制，Spark SQL 编译时可以包含对 Hive 的支持，也可以不包含。相比于 Hive，Spark SQL 最大的特点就是 Spark SQL 的表数据在内存中采用内存列存储而不是采用原生态的 JVM 对象存储方式，即任何列都能作为索引，且查询时只有涉及的列才会被读取，大大提高了查询效率。

8.5.2　Spark Streaming

1.　Spark Streaming 简介

在一些大数据场景中，会有大量的实时数据产生，如电商用户的购买记录、搜索引擎中的搜索记录等。这些数据的分析反馈往往需要很高的实时性，所以采用传统 MapReduce 或者 Spark 的处理方式（被称为批量处理）分析这些数据时实时性不够，就需要采用一种被称作流式计算的方式，及时地处理小批量的数据。

Spark Streaming 是 Spark 系统中用于对实时数据进行流式计算的高吞吐量、高容错处理框架，能从多种数据源（如 Kafka、Flume、Kinesis、TCP sockets 等）中获取数据，并使用 map、reduce、join、window 等高阶函数处理数据，输出到文件系统、数据库中。Spark Streaming 带有容错机制，对于每一份数据，会恰好执行一次操作（Exactly-Once）。当出现错误时，它能像 RDD 一样重新计算并恢复数据。目前 Spark Streaming 仅支持 Scala、Java 和 Python API，不支持 R 语言。

2.　DStream

Spark Streaming 按照时间片将实时数据流划分成一系列连续的小规模数据，如图 8.13 所示，然后使用 Spark 引擎处理这些小规模数据，从而在整体上达到"流式处理"的效果。

图 8.13　Spark Streaming 处理数据流程

实际上，每一份小规模数据都是一个 RDD；相应地，数据流被划分成了一系列的 RDDs。在 Spark Streaming 中，这一系列的 RDDs 被抽象成离散化流（Discretized Stream，DStream）。所有对 DStream 的操作（如 map、reduce、join 和 window 等）最终都会转换成针对 DStream 中每一个 RDD 的操作。

每一个 RDD 的操作都会触发 Spark 引擎的驱动器进行计算，如图 8.14 所示，DStream 会将数据以时间片划分，根据需求将计算的中间结果进行迭代或者存储到外部设备中。

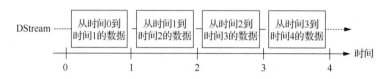

图 8.14　Spark Streaming 对数据流的分割

3. Spark Streaming 的转换模式

DStream 的转换操作与 RDD 的转换操作略有不同，分为无状态（Stateless）和有状态（Stateful）两种：在无状态转换操作中，每一次操作仅计算当前时间片的数据，与原始的 RDD 转换操作基本无区别；而有状态转换操作中，需要使用之前时间片的数据或者之前计算的中间结果。

有状态转换操作又有两种主要类型：基于滑动窗口的操作和 updateStateByKey() 的操作。滑动窗口可以看作是每隔一段时间（滑动步长）整合最近固定时长内（窗口大小）的所有数据的集合。如每隔 30 秒就针对最近 10 分钟之内的数据进行计算，这里的 30 秒就是滑动步长，10 分钟就是窗口大小。updateStateByKey() 则会维持一个键值对形式的 DStream，作为一直存在的状态。如为了统计商品的实时购买量，会维持一个<商品 ID,当前购买量>的键值对形式的 DStream。然后通过提供 update(event, oldState) 形式的函数，根据当前事件（数据）不断更新这些状态。

4. 数据源

Spark Streaming 内建了支持 Socket 套接字、文件流和 Akka actor 等基础数据源。因为 Spark 支持从任意 Hadoop 兼容的文件系统中读取数据，所以 Spark Streaming 也就支持从任意 Hadoop 兼容的文件系统目录中的文件创建数据流。针对日志数据，这种读取方法尤为实用。除基础数据源外，还可以通过附加的数据源接收器从一些大数据处理框架中获取数据。如 Kafka、Flume 和 Kinesis 等，为了使用这些数据源，需要在构建文件中添加各自的依赖。

8.5.3　MLlib

MLlib 是常用的机器学习算法的 Spark 实现库，同时包括相关的测试和数据生成器。机器学习算法通常涉及较多的迭代计算，而 Spark 的设计初衷正是为了高效地处理迭代式作业。作为 Spark 的机器学习组件，MLlib 继承了 Spark 先进的内存存储模式和作业调度策略，使得其对机器学习问题的处理速度大大高于普通的数据处理引擎，主要特征如下：

1. 速度快

机器学习算法通常需要在多次迭代后获得足够小的误差或者足够收敛才会停止。如果使用 MapRcduce 计算框架进行迭代式计算，每次计算都要读写磁盘，这会导致非常大的 I/O 和 CPU 开销。而 Spark 是基于内存的运算，将迭代的中间结果缓存在内存中，因此处理速度会有大幅提升。

2. 简单易用

用户不仅可以直接使用 MLlib 中提供的经典机器学习算法 API，还可以基于 RDD 中封装的算法开发自己的机器学习算法。因此，使用和开发基于 Spark 的机器学习算法非常方便和简洁。

3. 集成度高

Spark 中基于 RDD 构建起来的 MLlib 可以与 Spark 中的 SparkSQL、GraphX、Spark Streaming 等其他组件进行无缝连接。例如，可以借助 MLlib 对 SparkSreaming 接收到的实时数据流进行训练，这对一些复杂实时流计算场景非常有价值；MLlib 也可以与 GraphX 相结合进行深度的机器学习；MLlib 还可以直接对 SparkSQL 查询到的数据进行分析。

MLlib 在 Spark 平台上实现，它提供了很多能够在集群上运行良好的并行算法，包括聚类、分类、回归、协同过滤、数据降维等，还提供了模型评估、数据导入等额外的支持功能。

从架构上分析，MLlib 主要包括三个部分，如图 8.15 所示。

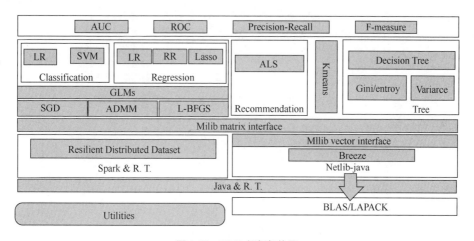

图 8.15　MLlib 组织架构图

底层基础：底层基础部分主要包括向量接口和矩阵接口，这两种接口都会使用 Scala 语言基于 Netib 和 BLAS/LAPACK 开发的线性代数库 Breeze。其中，MLlib 支持的向量接口包括本地的密集向量和稀疏向量，并且支持标量向量。而支持的矩阵接口主要包括本地矩阵和分布式矩阵，支持的分布式矩阵又分为 RowMatix、IndexedRowMatrix 和 CoordinateMatrix 等。

算法库：包括一些常用的算法，如决策树、SVM、ALS、KMmeans 以及评估的算法。表 8.4 列出了目前 MLlib 支持的主要的机器学习算法：

表 8.4　　　　　　　　　　　　　　MLlib 支持的主要机器学习算法

	离散数据	连续数据
监督学习	Classfication、 LogisticRegression(with Elastic-Net)、	Regression、 LinearRegression(with Elastic-Net)、DecisionTree、

	离散数据	连续数据
监督学习	SVM、DecisionTree、RandomForest、GBT、NaiveBayes、MultilayerPerceptron、OneVsRest	RandomFores、GBT、AFTSurvivalRegression、IostonicRegression
无监督学习	Clustering、KMeans GaussianMixture、LDA、PowerlterationClustering、BisectingKMeans	Dimensionality Reduction, matrix factorization、PCA、SVD、ALS、WLS

实用程序：包括测试数据的生成，外部数据的读入等功能。

下面通过一个案例简单的介绍如何利用 MLlib 在 Spark 上实现机器学习的步骤，首先给出机器学习对数据集进行操作的一般步骤。

（1）数据获取和数据预处理。在这个过程中，从要研究的方向获取大量数据，将数据分为训练集和测试集，分别提取数据的特征，并用 RDD 的形式表示；

（2）训练、评估和验证模型。对训练集的向量 RDD 调用 MLlib 库中的一个算法，得到一个模型对象，即训练模型；然后对模型进行评估，适当进行调参，找出最好的参数组合，从而获得最佳的预测模型，再用验证数据测试模型，确认模型的预测性能；

（3）预测和分析。用最优的模型对需要预测的数据进行预测，作出合理的分析。

基于以上步骤，本小节将采用 StumbleUpon 数据集基于决策树二元分类进行测试。StumbleUpon 是个性化的搜索引擎，它会按照用户的兴趣和网页评分等记录，为用户推荐感兴趣的网页。有些网页内容是暂时性的（Ephemeral），例如，季节菜单、当日股市涨跌新闻等。读者可能只是在某一段时间才对这些文章感兴趣。某些网页内容是长青的（Evergreen），例如，理财观念、育儿知识等，读者对这些文章长久都会感兴趣。现在要做的工作就是根据 StumbleUpon 数据集进行训练来创建一个模型，并使用这个模型去预测一个网页是属于暂时性或长青的内容。

（1）数据准备阶段

通过本书网络资源提供的网址将 train.tsv（训练数据）和 test.tsv（测试数据）下载完成后，得到原始数据。再将 train.tsv 做成训练集（用于训练模型，所占比例为 80%）、评估集（用于评估模型，所占比例为 10%），以及验证集（用于验证模型，所占比例为 10%）。

Scala 代码为：

```
1. def PrepareData(sc: SparkContext): (RDD[LabeledPoint], RDD[LabeledPoint],
   RDD[LabeledPoint],Map[String,Int])={                      #数据准备函数
2. #-------------导入/转换数据---------------
3. print("开始导入数据...")
4. val rawDataWithHeader= sc.textFile("data/train.tsv")       #导入 train.tsv
5. val rawData= rawDataWithHeader.mapPartitionsWithIndex
6.   {(idx, iter)=> if (idx== 0) iter.drop(1) else iter }     #删除第一行表头
7. val lines= rawData.map(_.split("\t"))                      #读取每一段的数据字段
8. println("共计: "+lines.count.toString()+ "条")
9. #-------------创建训练评估所需的数据RDD-------------
10. val categoriesMap = lines.map(fields => fields(3)).distinct.collect.zipWithIndex.toMap
11. #字段 0~2 忽略, 字段 3 为 Categorical fetures 分类特征字段, 字段 4~25 为 Numerical //features
```

数值特征字段，字段 26 为 label 便签字段

```
12.  val labelpointRDD = lines.map { fields =>                    #处理每一行数据
13.      val trFields = fields.map(_.replaceALL("\"", ""))        #删除双引号
14.      val categoryFeaturesArray = Array.ofDim[Double](categoriesMap.size)
15.      val categoryIdx = categoriesMap(fields(3))               #网页分类转换为数值
16.      categoryFeaturesArray(categoryIdx) = 1                   #设置 Array 相应的位置是 1
17.      val numericalFeatures = trFields.slice(4, fields.size - 1).map(d =>if (d== "?")
         0.0 else d.toDouble)
18.      val label = trFields(fields.size - 1 ).toInt
19.      LabeledPoint(label,
20.        Vectors.dense(categoryFeaturesArray ++ numericalFeatures))
21.  }       #创建 LabeledPoint 并且返回
22.  #------------随机将数据分为 3 个部分------------------
23.  val Array(trainData, validationData, testData) =
24.      labelpointRDD.randomSplit(Array(0.8, 0.1, 0.1))          #随机分为三个部分
25.      println("将数据份 trainData:"+trainData.count() +"validationData:" + validationData.
         count() +
26.      "testData:" + testData.count())                         #输出数据个数
27.  return (trainData,validationData, testData, categoriesMap)   #返回
28. }
```

在上述代码中，主要分为三个部分，第一部分是导入和转换数据，其主要目的就是将数据导入，删除非数据格式的内容和读取每一行的数据字段，为接下来创建数据 RDD 做准备；第二个部分是数据 RDD 的创建，在这个过程中，根据所需的特征、定义和修改数值特征字段，创建由特征和标签所组成的数据 RDD；第三个部分分割数据，将数据随机按比例分割为训练集、评估集和验证集。

（2）训练评估阶段

在这个阶段中，将使用训练集训练决策树模型，使用评估集评估模型和计算 AUC 评估模型。

Scala 代码：

```
1.   def trainEvaluate(trainData:RDD[LabeledPoint],
2.  validationData:RDD[LabeledPoint]): DecisionTreeModel ={
3.      print("开始训练…")
4.      val (model,time)=trainModel(trainData,"entropy",10,10) #训练模型
5.      println("训练完成，所需时间: "+time +"毫秒")             #显示训练所需时间
6.      val AUC=evaluateModel(model,validationData)            #评估模型
7.      println("评估结果 AUC="+AUC)
8.      return (model)                                         #返回训练完成的数据模型 model
9. }
10.
11. def trainModel(trainData: RDD[LabeledPoint],impurity: String,maxDepth: Int,maxBins:
    Int): (DecisionTreeModel, Double)={                        #训练 DecisionTree 模型 Model
12.    val startTime= new DateTime()                           #记录开始训练的时间
13.    val model =DecisionTree.trainClassifier(trainData,2,Map[Int,Int](),impurity,
       maxDepth,maxBins)                                       #进行 DecisionTree 训练
14.    val endTime=new DateTime()                              #记录完成训练的时间
15.    val duration =new Duration(startTime, endTime)          #计算训练所需的时间
16.    (model, duration.getMillis())                           #返回数据
17. }
18.
```

```
19.  def evaluateModel(model: DecisionTreeModel, validationData: RDD[LabeledPoint]):
     (Double) ={                                      #评估模型
20.    val scoreAndLabels = validationData.map {
21.      data =>
22.      var predict =model.predict(data.features)
23.      (predict, data.label)
24.      }                                 #scoreAndLabels 是由 score 与 Labels 组成
25.    val Metrics = new BinaryClassificationMetrics(scoreAndLabels)
26.    val AUC = Metrics.areaUnderROC              #计算 AUC
27.    (AUC)
28.  }
```

上述代码主要由三个函数组成，第一个函数是 trainEvaluate，它主要用于训练模型和评估模型，其中，它通过传入 trainData 和参数完成训练，通过计算训练的时间和 AUC 进行评估；第二个函数是 trainModel，它的作用是训练 DecisionTree 模型 Model；第三个函数是评估模型 evaluateModel，它的作用主要是通过传入 DecisionTree 模型和验证参数 validationData 计算 AUC 来评估模型。

（3）预测阶段

通过训练评估阶段，已经得到了一个预测模型，下面将通过这个模型，输入一组数据（测试数据），最终得到一个预测的结果。

Scala 代码：

```
1.  def PredictData(sc: SparkContext,model:
2.  DecisionTreeModel, categoriesMap:Map[String, Int]): Unit ={
3.                                                  #导入数据并转换数据
4.   val rawDataWithHeader = sc.textFile("data/test.txv")  #读取 test.txv
5.   val rawData = rawDataWithHeader.mapPartitionsWithInedx{ (idx, iter)=> if (idx=0)
     iter.drop(1) else iter}                        #删除表头
6.   val lines = rawData.map(_.split("/t"))          #读取每一行的数据字段
7.   println("共计: "+ lines.count.toString() + "条")
8.
9.  val dataRDD= lines.take(20).map {fields =>       #处理每一行数据
10.   val trFields = fields.map(_.replaceALL("/"", ""))  #删除双引号
11.     val categoryFeaturesArray = Array.ofDim [Double](categoriesMap.size)
12.     val categoryIdx = categoriesMap(filds(3))
13.     categoryFeaturesArray(categoryIdx) = 1 //转换"分类特征"字段为"数值特征"字段
14.     val numericalFeatures = trFields.slice(4, fields.size)
15.       .map(d => if (d == "?") 0.0 else d.toDouble)  #处理"数值特征"字段
16.     val label = 0
17.
18.     val url = trFields(0)                        #读取网址
19.     val Features =Vectors.dense(categoryFeaturesArray ++ numericalFeatures)
20.     val predict = model.predict(Features).toInt  #进行预测
21.     val predictDesc = { predict match {
22.       case 0 => "暂时性网页（ephemeral）";case 1 => "长青网页（evergreen）";}
23.       }
24.     println("网址: " + url + "==>预测: " +predictDesc)
25.     }                                            #显示预测结果
26.  }
```

上述代码主要分为三个部分，前两个部分与之前介绍的数据准备阶段一致，先导入数据，然后

进行必要的转换，最后创建所需的 RDD。第三个部分就是预测，通过得到的 RDD，用之前训练出来的模型进行预测，并显示结果。

（4）分析和调优参数阶段

如果要得到更加精确的预测模型，必须对这个模型进行分析，评估模型的一些参数，最终得到最精确模型的参数组合，然后修改参数。

Scala 代码：

```scala
1.     def parametersTunning(trainData:RDD[LabeledPoint],
2. validationData:RDD[LabeledPoint]):DecisionTreeModel={            #参数调校函数
3.       println("评估 Impurity 参数用 gini,entropy")
4.       evaluateParameter(trainData,validationData,"impurity",
5. Array("gini","entropy"),Array(10),Array(10))                     #评估 Impurity 参数
6.       println("评估 MaxDepth 参数使用（3,5,10,15,20）")
7.       evaluateParameter(trainData,validationData,              #评估 MaxDepth 参数
8. "maxDepth",Array("gini"),Array(3,5,10,15,20,25),Array(10))
9.       println("评估 maxBins 参数使用（3,5,10,50,100）")
10.      evaluateParameter(trainData,validationData,
11. "maxBins",Array("gini"),Array(10),Array(3,5,10,50,100,200))   #评估 MaxBins 参数
12.      println("所有参数交叉评估找出最好的参数组合")
13.      val bestModel = evaluateAllParameter(trainData,validationData,
14. Array("gini","entropy"),Array(3,5,10,15,20),Array(3,5,10,50,100))
15.                                                                 #所有参数交叉评估
16.      return (bestModel)
17.    }
18.
19.    def evaluateParameter(trainData:RDD[LabeledPoint],
20. validationData:RDD[LabeledPoint],evaluateParameter:String,
21.                          impurityArray:Array[String],maxdepthArray:Array[Int],
22. maxBinsArray:Array[Int])={                                      #单个参数评估函数
23.      var dataBarChart=new DefaultCategoryDataset()              #创建绘图数据集
24.      var dataLineChart=new DefaultCategoryDataset()
25.        for(impurity<- impurityArray;                            #评估参数
26.       maxDepth<- maxdepthArray;
27.       maxBins<- maxBinsArray){                                  #执行训练评估
28.           val (model,time)=trainModel(trainData,impurity,maxDepth,maxBins)
29.      val auc=evaluateModel(model,validationData)
30.        val parameterData ={
31.      case "impurity"=> impurity;
32.      case "maxDepth"=> maxDepth;
33.      case "maxBins"=> maxBins;
34.      }
35.      dataBarChart.addValue(auc,evaluateParameter,parameterData.toString())
36.      dataLineChart.addValue(time,"Time",parameterData.toString())
37.      }                                                          #设置绘图数据
38.      Chart.plotBarLineChart("DecisionTree evaluations"+evaluateParameter,
     evaluateParameter,
39. "AUC",0.58,0.7,"Time",dataBarChart,dataLineChart)
40.    }                                                            #开始绘图
41.
42.
```

```
43.        def evaluateAllParameter(trainData:RDD[LabeledPoint,
44.  validationData:RDD[LabeledPoint],impurityArray:Array[String],maxdepthArray:
     Array[Int],
45.      maxBinsArray:Array[Int]):DecisionTreeModel={      #交叉评估函数，找出最好的参数组合
46.      val evaluationsArray=                             #for循环交叉评估所有的参数组合
47.        for (impurity<-impurityArray;
48.            maxDepth<-maxdepthArray;
49.            maxBins<-maxBinsArray)yield {
50.         val (model,time)=trainModel(trainData,impurity,maxDepth,maxBins)
51.         val auc=evaluateModel(model,validationData = )
52.         (impurity,maxDepth,maxBins,auc)
53.        }
54.      val BestEval=(evaluationsArray.sortBy(_._4).reverse)(0)
                                                          #找出AUC最大的参数组合
55.      println("调校后最佳参数: impurity:"+BestEval._1 +",maxDeth:"+BestEval._2 +",
          maxBins:"+BestEval._3+" ,结果AUC:"+BestEval._4) #显示最佳参数组合和AUC
56.      val (bestModel,time)=trainModel(trainData.union(validationData),
57.  BestEval._1,BestEval._2,BestEval._3)                 #使用最佳参数组合进行训练
58.      return bestModel
59.    }
```

上述代码包含三个函数，第一个函数是 parametersTunning 函数，它的作用是在同一时间内只评估一个参数，所有的参数有三个：Impurity、maxDepth 和 maxBinsl；第二个函数是 evaluateParameter 函数，此函数主要评估单个参数，评估哪一个参数值具有比较好的准确率，并画出图形；第三个函数是 evaluateAllParameter，它将三个参数交叉评估，以找出最好的参数组合，得到一个预测精度最高的模型。

8.5.4 GraphX

1. GraphX 简介

在一些复杂的计算场景中，需要使用图的概念对现实世界进行抽象，如社交网络、知识图谱。在社交网络分析中，图的"点"代表人，"边"则代表人与人的关系。图计算就是在图上进行分析和计算。GraphX 是 Spark 中含有用于图计算和图并行计算的程序库，它为图计算提供了丰富的接口，能轻松地基于 Spark 完成分布式图计算。

为了支持图计算，GraphX 将弹性分布式数据集（RDD）扩展成弹性分布式属性图（Resilient Distributed Property Graph）——一种点和边都带属性的有向多重图。有向多重图扩展了 Spark RDD 的抽象性，它有 Table 和 Graph 两种视图，而只需要同一个物理存储。两种视图都有自己独有的操作符，从而保证了操作的灵活性和执行的高效。

GraphX 提供了一系列关于图的基础操作：subgraph、joinVertices、aggregateMessages，以及一些常用的图算法。为了支持大规模图计算功能，GraphX 还提供了类似于 Pregel 的编程接口。

2. 属性图

属性图是一种有向多重图，即带重边的有向图，每条边和点都带有用户定义的对象。重边简化了一些有多重关系场景下的模型，如两个人可能同时是同事和朋友。每个点都有一个 64 位的标识符（VertexId），而边则对应了两个顶点的标识符。与 RDD 一样，属性图也是不可变、分布式、带容错的。改变图的结构或者图中的值会产生一个新的图。为了减少函数式数据结构的开销，未改变的部

分图结构和数据会被新图和旧图共享。

属性图是带点类型（记为 VD）和边类型（记为 ED）的参数化类型。在逻辑上，属性图包含了边 RDD 和点 RDD，其定义如下：

```
class Graph[VD, ED] {
  val vertices: VertexRDD[VD]
  val edges: EdgeRDD[ED]
}
```

其中，VertexRDD[VD]和 EdgeRDD[ED]分别是 RDD[(VertexId, VD)]和 RDD[Edge[ED]]针对图计算的优化版本。

3. 图的创建和操作

下面用一个简单的例子介绍属性图的创建（在 Spark-shell 中运行）：

```
val users: RDD[(VertexId, (String, String))] = sc.parallelize(Array(
      (3L, ("rxin", "student")), (7L, ("jgonzal", "postdoc")),
      (5L, ("franklin", "prof")), (2L, ("istoica", "prof"))))
val relationships: RDD[Edge[String]] = sc.parallelize(Array(
      Edge(3L, 7L, "collab"), Edge(5L, 3L, "advisor"),
      Edge(2L, 5L, "colleague"), Edge(5L, 7L, "pi")))
val defaultUser = ("John Doe", "Missing")
val graph = Graph(users, relationships, defaultUser)
```

在上述代码中，使用了自带的 Edge 类构建了一个简单的图，每一条边对应起始点和终止点，并关联了一个字符串属性。接下来，可以对这个图进行如下操作：

```
# 统计用户中 posdoc 的数量，结果为 1
graph.vertices.filter { case (id, (name, pos)) => pos == "postdoc" }.count
# 统计边中满足 srcId < dstId 的数量，结果为 3
graph.edges.filter(e => e.srcId < e.dstId).count
```

GraphX 内置了很多图论中的常用属性和算法，比如：

```
graph.numEdges                          # 4
graph.numVertices                       # 4
graph.inDegrees                         # 57
graph.reverse                           # 生成反向图
```

由于图的操作和算法都比较复杂，这里就不再详细描述，更多关于 GraphX 的说明请参考官方文档。

8.6　Zeppelin：交互式分析 Spark 数据

8.6.1　Zeppelin 简介

Apache Zeppelin 是一个基于网页的交互式数据分析工具，它提供了数据分析、数据可视化等功能。Zeppelin 支持多种语言、多种数据处理后端：包括 Apache Spark、Python、JDBC、Markdown 和 Shell 等。对于 Spark，更是提供了内建的支持，默认运行 Spark-Shell，可以如同使用 Spark-Shell 一样使用 Zepplin。详细的支持列表可以在官网查询。在使用 Spark 分析数据时，查询、处理所得到的结果往往不方便查看，而使用 Zeppelin 能够交互地将数据用图表的形式表现出来。

8.6.2　安装和启动

Zeppelin 官网提供两种安装包：内置所有解释器的安装包，解压安装包后可直接运行；需要网络安装解释器的安装包，用户可以根据自己需要选择安装部分或全部解释器。

在类 UNIX 环境下执行 bin/zeppelin.sh 即可运行 Zeppelin，Windows 环境下执行 bin\zeppelin.cmd。运行成功后，通过浏览器访问 localhost:8080 即可使用，如图 8.16 所示。Zeppelin 初始自带了教程，包含了 Spark、Python/PySpark、R/SparkR、Flink、Mahout 和 Pig 等常见处理后端的简要教程。

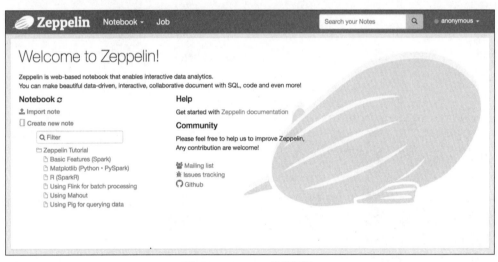

图 8.16　Zeppelin 欢迎界面

8.6.3　在 Zeppelin 中处理 YouTube 数据

下面通过几个简单的例子来说明 Zeppelin 的使用方法，这里用到了之前的 YouTube 的视频观看数据。首先，在 Zeppelin 中读取并处理 YouTube 数据，选择一个空白的段落输入如下代码。此处的处理逻辑和之前用 Spark 处理的逻辑类似，但是为了使用 Spark SQL，还需要为视频记录创建 case class。为了使代码简洁，这里仅定义和使用了部分字段。

```
1.  // 为了使用 Spark SQL
2.  case class Record(
3.    videoID: String, uploader: String, comments: Int, ratings: Int)
4.
5.  val pattern = """(\S+)\s+(\S+)\s+(\d+)\s+(\D+[a-zA-Z])\s+(\d+)\s+(\d+)\s+(\d+\.?\d*)
    \s+(\d+)\s+(\d+)\s+(.*)""".r
6.
7.  val textRecords = sc.textFile("/path/to/YouTube.txt")
8.  val records = textRecords.filter{
9.      pattern.findFirstIn(_).isDefined
10. }.map {
11.     case pattern(videoID, uploader, age, category, length, views, rate, ratings,
        comments, relatedIDs) => {
12.         Record(videoID, uploader, comments.toInt, ratings.toInt)
13.     }
14. }.toDF()
15. records.createOrReplaceTempView("video")
```

需要注意的是，这里需要使用 toDF() 方法将数据转换为 DataFrame，然后再使用 createOrReplaceView() 创建临时视图。完成后就可以在之后的段落中使用 SQL 语句查询。

按 Shift+Enter 键运行，结果如图 8.17 所示。

```
case class Record(videoID: String, uploader: String, comments: Int, ratings: Int)
val pattern = """(\S+)\s+(\S+)\s+(\d+)\s+(\D+[a-zA-Z])\s+(\d+)\s+(\d+)\s+(\d+\.?\d*)\s+(\d+)\s+(\d+)\s+(.*)""".r

val textRecords = sc.textFile("/Users/dyinnz/Code/spark-book-example/scala-toplist/youtube.txt")
val records = textRecords.filter{
    pattern.findFirstIn(_).isDefined
}.map {
    case pattern(videoID, uploader, age, category, length, views, rate, ratings, comments, relatedIDs) => {
        Record(videoID, uploader, comments.toInt, ratings.toInt)
}.toDF()
records.createOrReplaceTempView("video")


defined class Record
pattern: scala.util.matching.Regex = (\S+)\s+(\S+)\s+(\d+)\s+(\D+[a-zA-Z])\s+(\d+)\s+(\d+)\s+(\d+\.?\d*)\s+(\d+)\s+(\d+)\s+(.*)
textRecords: org.apache.spark.rdd.RDD[String] = /Users/dyinnz/Code/spark-book-example/scala-toplist/youtube.txt MapPartitionsRDD[774] at textFil
e at <console>:31
records: org.apache.spark.sql.DataFrame = [videoID: string, uploader: string ... 2 more fields]
Took 0 sec. Last updated by anonymous at March 11 2018, 5:23:55 PM. (outdated)
```

图 8.17　读取 Youtube 数据集

接下来展示的第一个例子是，查询 Top100 的用户列表，在新的段落中的第一行输入%sql，标记这是一个 Spark SQL 段落。然后输入 SQL 查询语句：

```
select uploader, count(videoID) as count from video
group by uploader order by count desc limit 30
```

这段代码的含义是，首先，将数据按 uploader 字段分组，并统计 videoID 的数量；然后，按统计结果降序排列；最后，选取前 100 条记录，运行并选择柱状图。运行后的效果如图 8.18 所示。

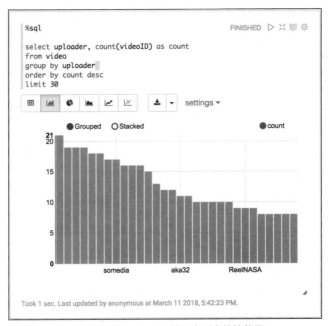

图 8.18　查询 Top100 的用户列表的柱状图

还可以尝试统计得到评论数最多的 10 位用户，在新的段落中输入，将数据按 uploader 字段分组，并对 comments 字段求和并按降序排列，取前 10 条记录，最后按求和结果进行降序排列：

```
select uploader, sum(comments) as num from video
group by uploader order by num desc limit 10
```

运行结果如下，此时的查询结果是无法用柱状图或者饼图展示的，所以这里选用了列表展示结果（见图 8.19）。

最后，统计评分值低于 10 分的视频各有多少。这里仅查询 ratings < 10 的记录，并按 ratings 分组求和，再按求和结果降序排列：

```
select ratings, count(ratings) as num from video where ratings < 10
group by ratings order by num desc
```

由于此次查询结果的数据比较少，可以采用图 8.20 所示的饼图查看结果。

图 8.19　统计得到评论数最多的 10 位用户

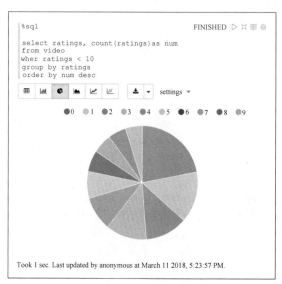

图 8.20　统计有评分值低于 10 分视频

习题

1. Hadoop 和 Spark 的都是并行计算，那么他们有什么相同点和不同点？
2. RDD 是 Spark 的灵魂，它有几个重要的特征，该如何理解？
3. RDD 的操作算子分为几类，最主要的区别是什么？
4. Spark 如何处理非结构化数据？
5. 对 Spark 进行数据挖掘计算，该如何理解？

09 第9章 数据可视化技术

通过图表可视化数据分析结果，不仅能让数据更加生动、形象，便于用户发现数据中隐含的规律与知识，而且这也是软件工程师与数据工程师合作的最终工作成果，有助于帮助用户理解大数据技术的价值。Hadoop 生态圈的核心部件（如 HDFS、Yarn 和 HBase 等）都提供可视化的管理功能，能帮助用户直观、快速地了解集群的运行状态；第 6 章 Kylin、Superset 及第 8 章的 Zeppelin 等 OLAP 工具的重要任务是为用户提供在线可视化分析功能。但在企业级应用开发中，在前面章节中提到的技术无法直接集成到应用系统，还需要使用基于桌面、Web 等的可视化组件进行定制开发。

本章简单介绍数据可视化的发展历史、可视化工具分类，重点结合 ECharts 介绍 Web 可视化组件生成方法，并给出 Java Web 开发与相关大数据组件的数据集成方法，以展现数据可视化结果。

9.1 数据可视化概述

数据可视化，是指将结构或非结构化的数据转换成适当的可视化图表，然后将隐藏在数据中的信息直接展现在人们面前，是一种关于数据视觉表现形式的科学技术研究。

数据可视化起源于 18 世纪，William Playfair 在《The Commercial and Political Atlas》一书中首次使用了柱形图和折线图表示国家的进出口量。19 世纪初，他还在《Statistical Breviary》一书里，又首次使用了饼状图。直到今天，柱状图、折线图和饼状图是至今最常用的数据可视化的表现形式。到了 19 世纪中叶，数据可视化主要被用于军事用途，用来表示军队死亡原因、军队的分布图等，其中，南丁格尔图是最为著名的例子。

南丁格尔图是一种圆形的直方图，它将战争中不同形式死亡的人数以图形式展现在人们眼前，南丁格尔图的背后有着一段为敬畏生命而存的历史。在 19 世纪 50 年代，英国、法国、土耳其和俄国进行了克里米亚战争，英国的战地战士死亡率高达 42%。当时，弗罗伦斯·南丁格尔女士在战争前线的战地医院服务。当时的野战医院卫生条件极差，资源极度匮乏，她竭尽全力排除各种困难，并悉心护理伤员。她每晚都手执风灯巡视，伤病员们亲切地称她为"提灯女神"，战争结束后，她被英国民众推崇为民族英雄。南丁格尔在分析士兵致死原因时发现，战地医疗卫生条件不足导致的致死率远高于战场直接致死率。为引起军方和决策者重视，她创造性地提出类似鸡冠花图的图表，也就是南丁格尔的玫瑰图（见图 9.1）。通过这种方式她成功地说服政府重视改善前方将士的卫生情况和做好食品与药品的保障工作。

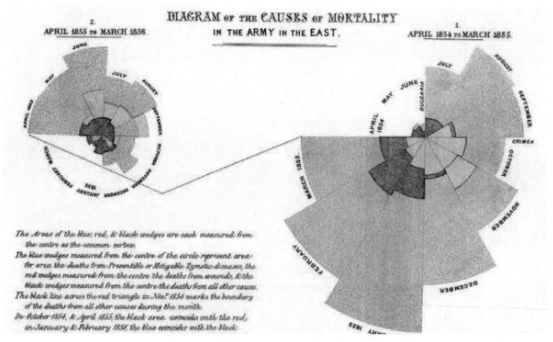

图 9.1 南丁格尔图

在南丁格尔图中，雷达轴分为 12 个区间，分别代表了从 1854 年 4 月至 1855 年 3 月共 12 个月份，最内层区域代表因受伤而死亡的人数，中间一层黑色区域代表因其他原因死亡的人数，最外层区域代表因患本可治愈疾病死亡的人数。通过该图可以很直观地发现，本可采用治疗避免死亡的人数远远大于战争的直接伤亡人数。

进入 20 世纪，数据可视化有了飞跃性的发展。数据可视化的方式可以分为面积与尺寸可视化、颜色可视化、图形可视化、地域空间可视化和概念可视化等。

（1）面积与尺寸可视化

对同一类图形（例如柱状、圆环图等）的长度、高度或面积加以区别，表达不同指标对应的指标值之间的对比。制作这类可视化图形需要用数学公式计算出准确的尺度和比例。

（2）颜色可视化

通过颜色的深浅来表达指标值的强弱和大小，是数据可视化的常用方法，用户可直观地发现数据的突出指标，例如，热力图。

（3）图形可视化

在设计指标及数据时，使用有对应实际含义的图形结合呈现数据，会使数据图表更加生动，便于用户理解图表要表达的主题。

（4）地域空间可视化

当指标数据要表达的主题与地域相关时，一般会选择用地图作为大背景。用户不仅可以直观地了解整体的数据情况，也可以根据地理位置快速地查看某一地区的详细数据。

（5）概念可视化

通过将抽象的指标数据转换成人们更熟悉、更容易感知的数据，用户便更容易理解图形要表达的意义。

9.2　数据可视化工具

根据可视化工具的使用方式使用用户的不同，可分为桌面数据可视化技术（如 Excel、R 可视化和 Python 可视化等）、在线数据可视化技术（Superset 等）和 Web 数据可视化技术（如 D3.js、ECharts等），下面就代表型的工具进行介绍。

9.2.1　桌面可视化技术

1. Microsoft Excel

Microsoft Excel 是一款常用的办公软件，它是具有直观的界面、出色的计算功能和图表工具的个人计算机上的数据处理软件。获取数据后，可先使用 Excel 进行数据预处理，采用手动或自动方式进行数据输入；接着进行格式设置，改变单元格区域外观等；对处理好的数据，可使用排序、筛选等方法进行数据分析与分类汇总；最后进行可视化处理，以更加直观地向用户展示数据。

Microsoft Excel 中的常用图表有柱形图、条形图、折线图、面积图、饼图和散点图等。作为一个入门级工具，Microsoft Excel 是快速分析数据的理想工具，也能创建供内部使用的数据图。通过 Microsoft Excel 绘制的图像可以方便地嵌入 Microsoft Word 和 Microsoft Powerpoint 中，是数据可视化的利器之一。

2. SPSS

统计产品与服务解决方案（Statistical Product and Service Solutions，SPSS），是最早采用图形菜单驱动界面的统计软件，其突出优势在于用户操作界面友好、美观。用户只需要具备一些基本的 Windows 操作知识，并掌握统计分析原理，就可以将 SPSS 运用在科研工作中，深受社会科学、统计学和医学领域研究者喜爱。SPSS 采用的是与 Microsoft Excel 类似的方式输入与管理数据，数据接口较为通用，能方便地从其他数据库中读入数据。其统计过程包括了常用的、较为成熟的统计过程，完全可以满足非统计专业用户的需求。

SPSS 输出结果十分美观，支持 HTML 格式和文本格式的转存。SPSS for Windows 可以直接读取 EXCEL 及 DBF 数据文件，易学、易用，与 SAS、BMDP 并称为国际上最有影响的三大统计分析软件。

3. R 可视化

R 是属于 GNU 系统的一个自由、免费、源代码开放的软件，它是一个集统计分析与图形显示于一体的用于统计计算和统计制图的优秀工具。及可运行于 UNIX、Windows 和 Macintosh 的操作系统上，而且嵌入了一个非常方便实用的帮助系统。

用户可以在 R 官方网站及其镜像中下载任何有关的安装程序、源代码、程序包及文档资料。R 还是一种编程语言，具有语法通俗易懂、易学易用和资源丰富的优点。大多数最新的统计方法和技术都可以在 R 中直接获取。

R 具有强大的用户交互性，它的输入/输出都是在同一个窗口进行，输出的图形可以直接保存为 JPG、BMP、PNG、PDF 文件，并提供与其他编程语言、数据库交互的接口。

ggplot2 是 R 语言中一个功能强大的作图软件包，源于其自成一派的数据可视化理念。当熟悉了 ggplot2 的基本方法后，数据可视化工作将变得非常轻松而有条理。用户只需要完成初始化、绘制图层、调整数据相关图形元素、调整数据无关图形元素几个步骤就能完成绘制。

4. 基于 Python 可视化

Python 有许多可视化工具，其中，Matplotlib 是用于创建出版质量图表的桌面绘图包。Matplotlib 的目的是为了构建一个 MATLAB 式的绘图接口。除图形界面显示外，它还可以把图片保存为 pdf、svg、jpg、png、gif 等格式。

Matplotlib 是一个 Python 的 2D 绘图库，它以各种硬拷贝格式和跨平台的交互式环境生成出版质量级别的图形。通过 Matplotlib，仅需要几行代码，开发者便可以生成直方图、条形图和散点图等。Matplotlib 中的基本图表包括的元素有 x 轴和 y 轴、水平和垂直的轴线、x 轴和 y 轴刻度、刻度标示坐标轴的分隔，包括最小刻度和最大刻度、x 轴和 y 轴刻度标签、表示特定坐标轴的值、绘图区域和实际绘图的区域。

Matplotlib 所绘制的图表中的每个绘图元素，例如，线条 Line2D、文字 Text、刻度等在内存中都有一个对象与之对应。为了方便快速绘图，Matplotlib 通过 pyplot 模块提供了一套与 MATLAB 类似的绘图 API，将众多绘图对象所构成的复杂结构隐藏在 API 内部。

Seaborn 基于 Matplotlib 提供内置主题、颜色调色板、函数、可视化单变量、双变量和线性回归等工具，使作图变得更加容易。

9.2.2　OLAP 可视化工具

1.　Oracle BI

Oracle BI Data Visualization Desktop 具备可视、自助、简单、快速、智能、多样的特性，为用户提供个人桌面应用程序，以便用户能够访问、探索、融合和分享数据可视化。Oracle BI 有着丰富的可视化组件，通过目前最流行的 JavaScript 技术可实现对颜色、尺寸、外形的创新性使用模式以及多种坐标系统，并通过 HTML5 进行渲染，还可以选择或制作个性化的色系。Oracle BI 新增了列表、平行坐标、时间轴、和弦图、循环网络、网络、桑基和树图等。Oracle BI 对大多数数据通过可视化方式进行整理、转换操作。可在面板和分析注释之间自由切换，为用户提供友好的数据源页面，还提供打印面板和分析注释页面，支持导出为 PDF 和 PowerPoint 格式。Oracle BI 向用户提供数据模式的自动检测，能更好地帮助用户了解数据及完成数据可视化。

2.　微软 Power BI

微软 Power BI 是一套商业分析工具，可连接数百个数据源，简化了数据准备流程并提供即席分析功能。Microsoft Excel 在很早以前就支持了数据透视表，并基于 Excel 开发了相关的 BI 插件，如用于数据获取和数据整理的 Power Query，用于建模分析 PowerPrivot，图表交互工具 Power View 和基于地图的数据可视化工具 Power Map 等。熟悉 Excel 报表和 BI 分析的用户可以快速上手，甚至可以直接使用以前的模型。Power BI 已经支持包括 Excel、CSV、XML、Json、文本文件等多种文件数据源及常见 Access、MSSQL、Oracle、MySQL 等关系数据库。

3.　Superset

Superset 是一款开源的 OLAP 及数据可视化前端工具，是由知名在线房屋短租公司 Airbnb 公司开源的一款数据探索及数据可视化工具。Superset 底层使用 Python 开发，整个项目的后端使用了 Flask、Pandas 和 SQLAlchemy，其中，Pandas 用于分析，SQLAlchemy 作为数据库的 ORM，Flask AppBuilder 用作鉴权、规则及数据库事物操作。

Superset 支持的数据源有：MySQL、Postgres、Presto、Oracle、sqlite、Redshift、MSSQL 以及 Druid。Superset 可以支持十几种可视化图表，用于将查询返回的数据做可视化展示，但是其可视化目前只支持每次可视化一张表，不支持 join 连接，且过于依赖数据库的快速响应，详见 6.4 节。

9.2.3　Web 可视化技术

1.　Flex

Flex 用于构建和部署基于 Adobe Flash 的跨平台互联网应用程序。Flex 允许在所有主流的浏览器、桌面、智能手机、平板电脑和智能电视中一致地部署应用。其目标是更快、更简单地开发富互联网应用程序（Rich Internet Application，RIA）。Flex 的基本架构包括四个部分：Adobe SDK、Adobe Flex Charting、Adobe Flex Data Services 和 Adobe Flex Builder。Flex 能让开发者在无需学习 Flash 情况下，直接进行 Flash RIA 编程。

Flex 采用 GUI 开发，使用 MXML 或 ActionScritp。MXML 是用来描述用户界面的遵循 W3C XML 标准的语言，可以使用任何文本编辑器进行编写。Flex 具有多种组件，主要包括控件、容器和图表，它们具备的共同特征包含了尺寸、事件、样式、行为和皮肤。通过组件可实现 Web Services、远程对象、Drag and Drop、列排序、图表等功能；FLEX 内建了动画效果和其他的简单互动界面等内容。Flex 的优势是源于 Adobe Flash，能做出其他应用无法完成的可视化效果。

2. Silverlight

Microsoft Silverlight 是一个跨浏览器跨平台的插件，为网络带来了下一代基于.NET Framework 的媒体体验和 RIA 应用程序。对开发设计人员而言，Silverlight 是一种融合了微软的多种技术的 Web 呈现技术，提供了一套开发框架，通过使用基于向量的图层技术，支持任何尺寸图像，并与 Web 开发环境实现了无缝连接。

Silverlight 不仅允许元素与内容的适应，提供预制控件等；而且还可以轻松地创建图形，然后使用它们去自定义控件，如滚动条样式等。对每个控件 Silverlight 都提供了相应的模板，可以在不必修改任何代码的情况下改变控件的布局和外观。

3. JavaScript 可视化技术

基于 JavaScript 的可视化技术是软件工程师的利器。常见的 JavaScript 数据可视化工具有 D3js、HighCharts 和 Echarts 等。

（1）D3.js

D3（Data Driven Documents）是支持 SVG 渲染的一种 JavaScript 库。D3 提供了各种简单易用的函数，大大简化了 JavaScript 操作数据的难度。D3 简化了使用 JavaScript 开发可视化组建的编码的工作量。D3 已经将生成可视化的复杂步骤精简到了少数几个函数，就能够将数据转换生成绚丽的图形。D3 还提供了大量的除线性图和条形图之外的复杂图表样式，例如，Voronoi 图、树形图、圆形集群和单词云等。

（2）Highcharts

Highcharts 是一个功能强大、开源、美观、图表丰富、兼容绝大多数浏览器的纯 JS 图表库。目前支持直线图、曲线图、面积图、曲线面积图、面积范围图等 18 种类型图表，并且可以在同一个图形中集成多个图表形成综合图。Highcharts 基于 jQuery 框架开发，能够很方便、快捷地在 Web 网站或 Web 应用程序中添加有交互性的图表，并且免费提供给个人学习、个人网站和非商业用途使用。

Highcharts 提供了用于数据比较的多轴支持功能，并且可以针对每个轴设置其位置、文字和样式等属性。结合 jQuery、MooTools、Prototype 等 JavaScript 框架提供的 Ajax 接口，Highcharts 可以实时地从服务器取得数据并实时刷新图表。

（3）ECharts

ECharts 是百度公司开发的开源数据报表插件，也是一个纯 JavaScript 的图表库，可以流畅地运行在 PC 和移动设备上，兼容当前绝大部分浏览器。Echarts 底层依赖轻量级的 Canvas 类库 ZRender，提供直观、生动、可交互、可高度个性化定制的数据可视化图表。ECharts3 除了提供了常规的折线图、柱状图，散点图、饼图、K 线图、盒形图、热力图、线图外，还提供了用于地理数据可视化的地图，用于关系数据可视化的关系图，用于 BI 的漏斗图、仪表盘等，并且支持图与图之间的混搭。

百度公司发布 ECharts 之后得到了业界的认可和好评，成为中国数据可视化领域的热门报表框架，并入选了 2013 年国产开源软件 10 大年度热门项目。中央电视台还曾通过百度地图的数据可视化定位功能来播报国内春节期间的人口迁徙情况。

9.3　可视化组件与 ECharts 示例

由于 ECharts 可视化基于 JavaScript 语言，因此读者掌握一定 JavaScript 语言的基本知识将有助于对本节内容的学习。对 JavaScript 不熟悉的读者，可以访问 JavaScript 在线教程进行学习。本节示例代码可以在图书配套网站下载，并对照学习。

9.3.1　ECharts 使用准备

1．获取 ECharts

为了使用 ECharts 进行数据可视化，需要先获取 ECharts。获取方式有以下四种。

（1）根据开发者功能和大小上的不同需求，从官网下载界面选择需要的版本进行下载。如果对文件大小没有要求，可以直接下载完整版本；开发环境建议下载源代码版本，该版本包含了常见的错误提示和警告。

（2）在 ECharts 的 GitHub 上下载最新的 release 版本，在解压出来的文件夹里的 dist 目录里找到最新版本的 ECharts 库。

（3）通过 npm 获取 ECharts。

（4）cdn 引入，可以在 cdnjs、npmcdn 或者国内的 bootcdn 上找到 ECharts 的最新版本。

2．引入 ECharts

只需要像普通的 JavaScript 库一样用 script 标签引入，如下述代码第 5 行。

```
1.  <!DOCTYPE html>
2.  <html>
3.  <head>
4.      <meta charset="utf-8">
5.      <script src="echarts.min.js"></script>
6.  </head>
7.  </html>
```

3．图表绘制

获取并引用 ECharts 后，还需要为 ECharts 准备一个具备高度和宽度的 DOM 容器，例如要获取一个宽度为 800px、高度为 400px 的容器。

```
1.  <body>
2.      <div id="a" style="width: 800px;height:400px;"></div>
3.  </body>
```

然后就可以通过 echarts.init 方法初始化一个 Echarts 实例并通过 setOption 方法生成一个需要的示例。

9.3.2 ECharts 示例

使用 ECharts，可以对数据进行不同形式的可视化处理，使用 YouTube 数据集可以展现出一些常见的数据可视化实例。

1. 柱状图

柱状图，是一种以长方形的长度为变量的表达图形的统计报告图，由一系列高度不等的纵向纹理矩形表示数据分布，主要用来比较两个或以上的不同时间或者不同条件值。柱状图也可横向排列，或用多维方式表达。柱状图简单明了且容易理解，主要反映数据的分布差异性。

可以使用 series[i]-bar 在 ECharts 中实现柱状图，ECharts 柱状图是通过柱形的高度来表现数据的大小，柱状图可以应用在直角坐标系上，该直角坐标系至少需要有一个类目轴或时间轴。图 9.2 用柱状图实例展示了在 YouTube 数据集中不同视频类别数量的对比。

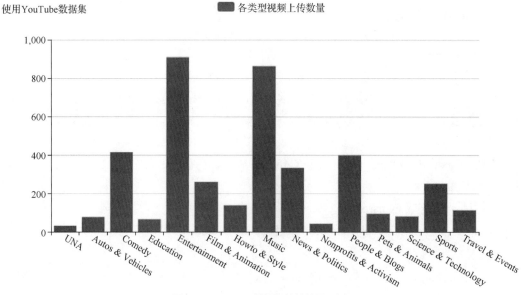

图 9.2　YouTube 数据集的柱状图示例

用柱状图可视化不同类型视频分布的代码如下。

```
1.  <!DOCTYPE html>
2.  <html lang="en">
3.  <head>
4.      <meta charset="UTF-8">
5.      <title>YouTube数据集条形图示例</title>
6.      <style type="text/css">
7.          #a{
8.              width: 800px;
9.              height: 400px;
10.             background: #ccc;
11.         }
12.     </style>
13. </head>
14. <body>
15.     <div id="a"></div>
```

```
16.        <button>点击查看 YouTube 数据集柱状图</button>
17.    #JS 文件引入
18.    <script type="text/javascript" src="/javascripts/ajax-1.0.js"></script>
19.    <script type="text/javascript" src="/javascripts/echarts.js"></script>
20.    <script type="text/javascript">
21.        #初始化操作
22.        var myChart = echarts.init(document.getElementById('a'));
23.        var btn = document.querySelector('button');
24.        #以单击按钮响应函数展现页面
25.        btn.onclick = function(){
26.            #通过 Ajax 请求数据:
27.            Ajax('JSON').get('/show-data',function(data){
28.            #数组声明用于接收数据:
29.          #d1 接收视频类型
30.            var d1 = [];
31.          #d2 接收上传数量
32.            var d2 = [];
33.           #接收数据存放在 d1 中:
34.           for(var a=0;a<data.length;a++){
35.                    d1.push(
36.                        data[a].type
37.                    );
38.                }
39.           #接收数据存放在 d2 中:
40.           for(var a=0;a<data.length;a++){
41.                    d2.push(
42.                        data[a].times
43.                    );
44.                }
45.          #指定图表配置项和相关数据
46.            var option = {
47.          #标题
48.          title: {
49.              text: '使用 YouTube 数据集'
50.          },
51.          #提示框
52.          tooltip: {},
53.          #图例
54.          legend: {
55.              data:['各类型视频上传数量']
56.          },
57.          xAxis:{
58.            data:d1,
59.            axisLabel:{
60.                    interval:0,
61.             #数据名称过长采用 rotate 将数据类型名以其数值角度倾斜
62.                    rotate:-20,
63.            }
64.          },
65.          yAxis: {},
66.          series: [{
```

```
67.                name: '各类型视频上传数量',
68.                #展现类型为柱状图
69.                type: 'bar',
70.                data:d2
71.            }]
72.        };
73.        # 使用刚指定的配置项和数据显示图表。
74.        myChart.setOption(option);
75.            });
76.        }
77.    </script>
78. </body>
79. </html>
```

第 7～11 行定义 CSS id 属性"a"，并在第 15 行<div id="a"></div>使用这个 id 属性。

第 19 行引入 echarts.js；第 20～78 行引入绘制柱状图的 JavaScript 代码。

第 22 行初始化在第 15 行设置的绘图区域，为后续绘制做准备。

第 25 行给单击按钮事件增加回调函数。

第 27～43 行通过 Ajax 的 get 方法请求 JSON 数据，并解析存储在两个数组中；本实例获取的 JSON 数据如下所示，其中 type 为视频类型，times 为各类型视频的上传数量。

```
{"type":"UNA","times":32},
{"type":"Autos & Vehicles","times":77},
{"type":"Comedy","times":414},
{"type":"Education","times":65},
{"type":"Entertainment","times":908},
{"type":"Film & Animation","times":260},
{"type":"Howto & Style","times":137},
{"type":"Music","times":862},
{"type":"News & Politics","times":333},
{"type":"Nonprofits & Activism","times":42},
{"type":"People & Blogs","times":398},
{"type":"Pets & Animals","times":94},
{"type":"Science & Technology","times":80},
{"type":"Sports","times":251},
{"type":"Travel & Events","times":112}
```

第 46～73 行设置绘制柱状图的属性，并在第 75 行通过 setOpetion 方法传递给在第 22 行已经初始化的 myChart 对象，Echarts 将完成图表的绘制。

以上绘制过程基本是所有 Echarts 绘图的通用过程，不同图的类型及数据的设置在第 46～73 行定义的 option 对象中。

第 46～73 行声明的 option 对象中包括 title、tooltip、legend、xAxis、yAxis 等属性，这些属性以键值对的形式表示，值也是一个对象；多个键值对之间用逗号分开。xAxis、yAxis 和 series 设置是图表的关键。在 xAxis 属性中设置 x 轴的数据以及标签显示属性。series 描述了在设置好的 x 轴和 y 轴约束的平面上绘制图形数据。series 的值是一个对象数组，对象与对象之间用都逗号分开；需要数字每个元素指定数据（第 70 行）和绘图类型为'bar'（第 69 行）。在此例中 series 数字只有一个对象元素，是绘制 d2 指定的柱状图。若此处指定多个对象，则在 x 轴指定数据标签上可以绘制多组数据，并且可以为它们指定不同绘图类型。

2. 折线图

折线图是用折线显示随某一变量（例如时间）而变化的连续数据的图例。非常适用于显示在相等时间间隔下数据的趋势变化，尤其是那些趋势比单个数据点更重要、需要多个二维数据集的比较的场合。在 ECharts 中给 option 对象 series 属性元素对象的 type 属性设置为 "line" 用于表示 ECharts 图表中的折线/面积图，折线/面积图是用折线将各个数据点标志连接起来的图表，在 ECharts 直角坐标系和极坐标系上的使用较为广泛。比较不同类别视频的上传时间和上传数量的关系时，可以使用折线图实现（见图 9.3）。

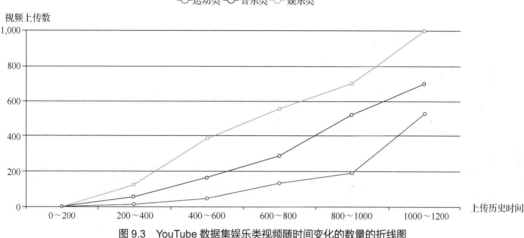

图 9.3　YouTube 数据集娱乐类视频随时间变化的数量的折线图

绘制折线图的代码与绘制柱状图的代码类似，请求服务器端 show-data2 数据，数据格式为：

```
{"age":"200-400","sum":9,"sum2":55,"sum3":123},
{"age":"400-600","sum":47,"sum2":166,"sum3":388},
{"age":"600-800","sum":134,"sum2":289,"sum3":555},
{"age":"800-1000","sum":190,"sum2":522,"sum3":698},
{"age":"1000-1200","sum":529,"sum2":699,"sum3":999}
```

其中 age 的值作为横坐标展现在 x 轴上，sum、sum2、sum3 分别表示三种类型的视频的上传数量。

将 x 轴和 y 轴数据分别存储在对象 d1、d2、d3 和 d4 中。option 设置代码如下：

```
1.          var option = {
2.          tooltip : {
3.              #trigger 为 axis 时显示该列所有坐标轴所对应的数据
4.              trigger: 'axis'
5.          },
6.          legend: {
7.              data:['娱乐类视频上传历史时间与数量关系图']
8.          },
9.          xAxis : [
10.             {
11.                 Name:'视频上传数',
12.                 data : d1
13.             }
14.         ],
15.         yAxis : [
16.             {
17.                 Name:'上传历史时间',
18.                 type : 'value'
```

```
19.              }
20.            ],
21.          series : [
22.              {
23.                  name:'运动类',
24.                  #数据展现形式为折线图
25.                  type:'line',
26.                  data:d2
27.              },
28.              {
29.                  name:'音乐类',
30.                  type:'line',
31.                  data:d3
32.              }
33.              {
34.                  name:'娱乐类',
35.                  type:'line',
36.                  data:d4
37.              }
38.
39.            ]
40.        };
```

与柱状图的关键区别在第 25 行，series 第一个元素 type 属性设置为'line'。本示例绘制了三种类型视频的上传数与上传历史时间关系，在 option 中设置提示框 tooltip 的触发方式为'axis',，即坐标轴触发。横坐标 xAxis 设置为视频的上传历史时间，纵坐标 yAxis 设置为视频的上传数。series 中的数据为三种不同类型的视频（第 22～37 行）。

3. 饼状图

饼状图，通过将圆形划分成几个扇形，来描述数量或百分比的关系，扇形的大小与数量的大小成比例，所有扇形正好组成一个完整的圆。饼状图适用简单的占比图，且在不要求数据精细的情况适用，尤其适合渠道来源等场景。

对于 YouTube 数据集，可以使用饼状图直观地看出视频类型和对应评论数之间的关系，如图 9.4 所示。

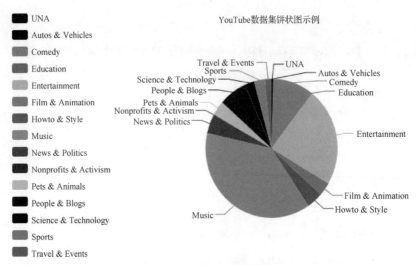

图 9.4　YouTube 数据集饼状图示例

Option 对象属性设置代码如下。

```
1.               option = {
2.                  title : {
3.                      text: 'YouTube 数据集饼状图示例',
4.                      x:'center'
5.                  },
6.                  tooltip : {
7.                      trigger: 'item',
8.                  },
9.                  legend: {
10.                     //图例布局方式 默认为水平 这里由于统计项较多 选择垂直显示
11.                     orient: 'vertical',
12.                     //将图例放在左侧显示
13.                     left: 'left',
14.                     //图例数据
15.                     data: d1
16.                 },
17.                 series : [
18.                     {
19.                         name: 'YouTube 类型评论数关系',
20.                         //选取图例为饼状图
21.                         type: 'pie',
22.                         //设置饼状图的大小
23.                         radius : '50%',
24.                         //设置饼状图显示位置
25.                         center: ['50%', '50%'],
26.                         //将获取的数据放在 data 中
27.                         data:d2,
28.                     }
29.                 ]
30.             };
31.
```

饼图不需要设置 xAxis 和 yAxis 属性，但 legend 属性则特别重要，根据数据项的数量，选择不同图例放置的位置以便体现图例的美观性。

第 9～16 行为 legend 设置，其 data 属性设置为获取的数据 d1，d1 为数据中的 name 字段对应值，作为图例数据显示。为了方便使用接收的数据我们可以自定义数组进行接收 d1，后面用到的 d2 同样可以采用类似得到方法完成。在 series 中 data 设置为 d2，其每一个数据项包含了一个 value 属性和一个 name 属性，value 为对应类型视频的评论数、name 为视频的类型名称，数据格式如下所示。

```
{"value":13206, "name":"UNA"},
{"value":2534, "name":"Autos & Vehicles"},
{"value":318602, "name":"Comedy"},
{"value":4724, "name":"Education"},
{"value":737023, "name":"Entertainment"},
{"value":101346, "name":"Film & Animation"},
{"value":125948, "name":"Howto & Style"},
{"value":1222444, "name":"Music"},
{"value":141840, "name":"News & Politics"},
{"value":3660, "name":"Nonprofits & Activism"},
{"value":110439, "name":"Pets & Animals"},
{"value":220878, "name":"People & Blogs"},
```

```
{"value":73580, "name":"Science & Technology"},
{"value":86272, "name":"Sports"},
{"value":51534, "name":"Travel & Events"}
```

在柱状图和折线图中，将其设置在 xAxis 对象中。对于饼状图，在 series 属性设置第一个对象的 type 为 pie，数据设置为接收的对应数据，以及半径、原点的值。其他部分与柱状图与折线图类似。

4. 散点图

散点图适用于显示若干数据系列中各数值之间的关系，类似 *xy* 轴，判断两变量之间是否存在某种关联。其优势在于处理数值的分布和数据点的分簇。如果数据集中包含非常多的点，那么散点图便是最佳图表类型，但散点图显示多个序列则看起来非常混乱。

如果需要查看 YouTube 中每种视频的评论数和评分关系时可以使用散点图，并把散点半径设定为观看数量，如图 9.5 所示。可以看出似乎视频的观看数量多的不一定是评分高和评论数多的。

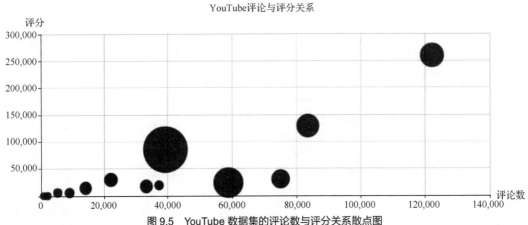

图 9.5　YouTube 数据集的评论数与评分关系散点图

实现的关键代码如下：

```
1.      btn.onclick = function(){
2.          #通过 Ajax 请求数据：
3.          Ajax('JSON').get('/show-data4',function(data){
4.           option = {
5.             title: {
6.                 text: 'YouTube 评论与评分关系',
7.                 x:'center'
8.             },
9.             xAxis: {
10.            },
11.            yAxis: {
12.            },
13.            series: [{
14.                data: data,
15.                #图表类型为散点图
16.                type: 'scatter',
17.                symbolSize: function (data) {
18.                #控制散点大小 使其完整地展现于用户眼前
19.                    return Math.sqrt(data[2]) / 1e2;
20.                },
21.                #鼠标悬停标签
```

```
22.                    label: {
23.                        emphasis: {
24.                            show: true,
25.                            formatter: function (youtubedata) {
26.                                #返回值设定为视频类型
27.                                return youtubedata.data[3];
28.                            },
29.                            #在散点上方显示标签
30.                            position: 'top'
31.                        }
32.                    },
33.                },]
34.            };
35.        # 使用指定的配置项和数据显示图表。
36.        myChart.setOption(option);
37.            });
38.        }
```

本示例中我们使用 Ajax 的 get 方法（第 3 行）从 show-data4 取回的数据有四列，接收到的数据格式形式如下所示：

```
[845,512,1762368, "Autos & Vehicles"]
```

对于每一个数据：数据第一项为评论数、第二项为评分数，第三项为观看数，最后一项为视频类型。第 16 行 type 设置为'scatter'，第 17～19 行设置散点半径，其中 1e2 代表将数据值缩小为原数据值 1/100 从而达到控制散点大小的效果。

第 22～32 行为散点图增加鼠标悬停标签，这里主要设置了散点对应的视频类型（第 27 行）和标签的显示位置为 top（第 30 行）。

第 36～38 行使用 myChart.setOption（option）完成图例的显示。

5. 热力图

热力图以特殊高亮的形式显示访客热衷访问的页面区域和访客所在的地理区域的图示。热力图可以显示不可点击区域发生的事件。

可以使用热力图查看 YouTube 数据集中各类型视频观看量排名前三的视频的评论数关系，如图 9.6 所示。

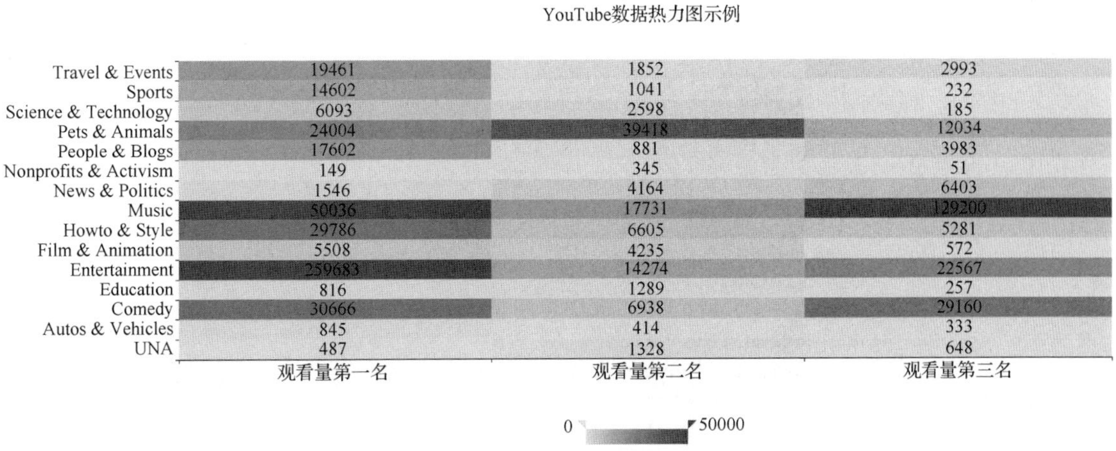

图 9.6　YouTube 数据集的热力图示例

核心代码如下。

```
1.              btn.onclick = function(){
2.               #通过Ajax请求数据:
3.               Ajax('JSON').get('/show-data5',function(data){
4.               console.log(data[0][0]);
5.           #数组声明用于接收数据:
6.           var type = [];
7.           var rank = [];
8.           #接收y轴数据:
9.           for(var a=0;a<data[1].length;a++){
10.                  type.push(
11.                      data[1][a]
12.                  );
13.              }
14.           #接收x轴数据:
15.           for(var a=0;a<data[2].length;a++){
16.                  rank.push(
17.                      data[2][a]
18.                  );
19.              }
20.           #指定图表配置项和相关数据
21.            data = data[0].map(function (item) {
22.            return [item[1], item[0], item[2] || '-'];
23.           });
24.           option = {
25.              title: {
26.                  #视图标题
27.                  text: 'YouTube 数据热力图示例',
28.                  x:'center'
29.              },
30.              animation: false,
31.              grid: {
32.                  height: '50%',
33.                  y: '10%'
34.              },
35.              #横坐标显示数据
36.              xAxis: {
37.                  data: rank,
38.              },
39.              #纵坐标显示数据
40.              yAxis: {
41.                  data: type,
42.              },
43.              #视觉映射器设置
44.              visualMap: {
45.                  min: 0,
46.                  max: 50000,
47.                  calculable: true,
48.                  orient: 'horizontal',
49.                  left: 'center',
50.                  bottom: '25%'
51.              },
52.              series: [{
```

```
53.                    #图表类型为热力图
54.                    type: 'heatmap',
55.                    data: data,
56.                    label: {
57.                       normal: {
58.                          show: true
59.                       }
60.                    },
61.                 }]
62.              };
63.       # 使用刚指定的配置项和数据显示图表。
64.       myChart.setOption(option);
65.              });
66.         }
```

在 option 对象中指定 xAxis 和 yAxis 的属性和数据，第 59 行设置 type 为'heatmap'。请注意查询数据类型。在热力图中通常需要设置一个视觉映射器 visualMap 反应数值范围对应的热力程度：颜色由浅到深，数值有小到大，本示例中的视觉映射器为第 44~51 行，设置最小值为 0，最大值为 50000，可计算性为 true，颜色默认为黄色到红色，位置为底部中心水平显示。

本示例中获取的数据可以分为三个部分，分别对应 x 轴显示数据、y 轴显示数据和热力图主体部分数据。

x 轴数据为视频观看量的排名：

```
["观看量第一名", "观看量第二名", "观看量第三名"]
```

y 轴数据为视频类型：

```
[
            "UNA",
            "Autos & Vehicles",
            "Comedy",
            "Education",
            "Entertainment",
            "Film & Animation",
            "Howto & Style",
            "Music",
            "News & Politics",
            "Nonprofits & Activism",
            "People & Blogs",
            "Pets & Animals",
            "Science & Technology",
            "Sports",
            "Travel & Events"
]
```

热力图主体部分的数据为核心部分，数据的格式为：

```
[
            [0,0,487],[0,1,1328],[0,2,648],
            [1,0,845],[1,1,414],[1,2,333],
            [2,0,30666],[2,1,6938],[2,2,29160],
            [3,0,816],[3,1,1289],[3,2,257],
            [4,0,259683],[4,1,14274],[4,2,22567],
            [5,0,5508],[5,1,4235],[5,2,572],
            [6,0,29786],[6,1,6605],[6,2,5281],
            [7,0,50036],[7,1,17731],[7,2,129200],
            [8,0,1646],[8,1,4164],[8,2,6403],
```

```
                [9,0,149],[9,1,345],[9,2,51],
                [10,0,17602],[10,1,881],[10,2,3983],
                [11,0,24004],[11,1,39418],[11,2,12034],
                [12,0,6093],[12,1,2598],[12,2,185],
                [13,0,14602],[13,1,1041],[13,2,232],
                [14,0,19461],[14,1,1852],[14,2,2993]
        ]
```

对于 x 轴和 y 轴数据的显示较为简单，可以使用数组接收后直接在 xAxis 和 yAxis 中设置即可完成。对于热力图主体部分的数据中每一个数据项来说：前两个数值决定了数据显示位置，第三个数值表示观看次数。例如，[2,0,30666]表示类别为 Comedy 的视频中观看量第一名的观看数为 30666 次。

6. 桑基图

桑基图，即桑基能量分流图，也叫桑基能量平衡图。它是一种特定类型的流程图，图中延伸的分支的宽度对应数据流量的大小，通常应用于能源、材料成分、金融等数据的可视化分析。可以使用桑基图表示 YouTube 数据集的构成，如图 9.7 所示。

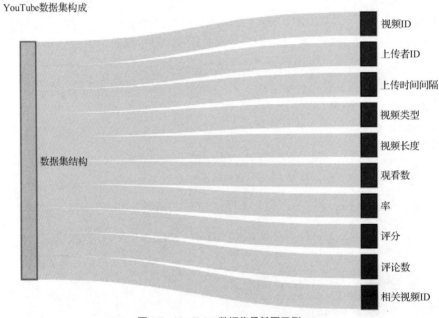

图 9.7　YouTube 数据集桑基图示例

核心代码如下。

```
1.          btn.onclick = function(){
2.              #通过 Ajax 请求数据:
3.              Ajax('JSON').get('/show-data6',function(data){
4.              #获取数据源名称
5.              var mydata = data[0].name;
6.          option = {
7.              title: {
8.              #视图标题
9.              text: 'YouTube 数据集构成',
10.             x:'left'
11.         },
12.         series: {
```

```
13.              #图表类型为桑基图
14.              type: 'sankey',
15.              layout:'none',
16.              data: data,
17.          #关联数据
18.          links: [{
19.              source: mydata,
20.              target: data[1].name,
21.              value: 1
22.          }, {
23.              source: mydata,
24.              target: data[2].name,
25.              value: 1
26.          }, {
27.              source: mydata,
28.              target: data[3].name,
29.              value: 1
30.          }, {
31.              source: mydata,
32.              target: data[4].name,
33.              value: 1
34.          }, {
35.              source: mydata,
36.              target: data[5].name,
37.              value: 1
38.          }, {
39.              source: mydata,
40.              target: data[6].name,
41.              value: 1
42.          }, {
43.              source: mydata,
44.              target: data[7].name,
45.              value: 1
46.          }, {
47.              source: mydata,
48.              target: data[8].name,
49.              value: 1
50.          }, {
51.              source: mydata,
52.              target: data[9].name,
53.              value: 1
54.          }, {
55.              source: mydata,
56.              target: data[10].name,
57.              value: 1
58.          }]
59.      }
60. };
61.      # 使用刚指定的配置项和数据显示图表。
62.      myChart.setOption(option);
63.          });
64. }
```

第 3 行使用 Ajax 的 get 方法获取数据, 请求 url 为 show-data6, 使用桑基图进行数据展示。

第 14 行, 在 series 中的 type 属性设置为'sankey'。

为了进行数据关联我们需要设置数据源，本示例在第 5 行获取，其值为数据集结构，并在第 18～58 行设置关联数据。每一次关联包含三个属性：source、target 和 value。其中 source 为出发点、target 为目标、value 为对应数值。

本示例中获取的数据格式为{"name": "数据集结构"}，name 属性为桑基图展示的各数据的名称。

7. 雷达图

雷达图，又称为戴布拉图、蜘蛛网图。雷达图适用于多维数据（四维以上），且每个维度必须可以排序，可以用来了解公司各项数据指标的变动情形及其好坏趋向。它的劣势为理解成本较高。

为了直观显示出 YouTube 数据集中不同类型视频的各项数据的平均值情况，可以选取雷达图进行数据可视化展示，如图 9.8 所示。由图 9.8 可以看出教育类视频相比其他两类视频并不怎么受到热捧。

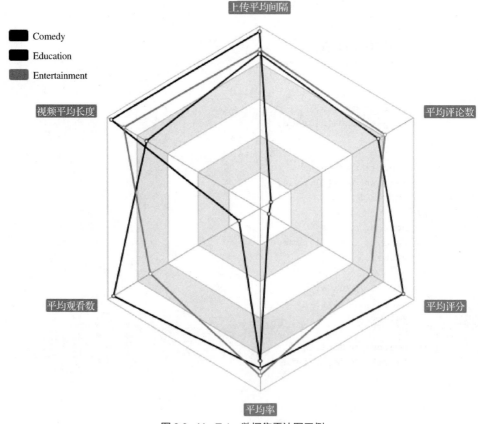

图 9.8　YouTube 数据集雷达图示例

核心代码如下。

```
1.        btn.onclick = function(){
2.        #通过 Ajax 请求数据：
3.        Ajax('JSON').get('/show-data7',function(data){
4.        option = {
5.         legend: {
6.            #垂直方式显示
7.            orient: 'vertical',
8.            #图例位置
```

```
9.          padding: 80,
10.           #将图例放在左侧显示
11.          left: 'left',
12.          data: ['Comedy', 'Education','Entertainment']
13.        },
14.      radar: {
15.        name: {
16.            #文本样式设置
17.          textStyle: {
18.            color: '#fff',
19.            backgroundColor: '#999',
20.            borderRadius: 2,
21.            padding: [2, 3]
22.          }
23.        },
24.        #指示器设置
25.        indicator: [
26.          { name: '上传平均间隔', max: 1100},
27.          { name: '视频平均长度', max: 260},
28.          { name: '平均观看数', max: 220000},
29.          { name: '平均率', max: 4},
30.          { name: '平均评分', max: 10},
31.          { name: '平均评论数', max: 1000}
32.        ]
33.      },
34.      series: [{
35.        #样式为雷达图
36.        type: 'radar',
37.        #使用 YouTube 数据集数据
38.        data : data
39.      }]
40.      };
41.      # 使用刚指定的配置项和数据显示图表。
42.      myChart.setOption(option);
43.        });
44.    }
```

第 3 行通过 Ajax 的 get 方法获取数据，请求 url 为 show-data7。

第 5～13 行进行图例设置，包括图例的显示位置和数据。

第 14～33 行进行雷达图的默认配置，其中 indicator（第 25～33 行）是雷达图特有的重要属性，作为指示器给出了数据的名称和最大值，针对不同数据的取值范围，可以选择不同的 max 值使图表更加直观，从而更好地完成数据可视化。

第 36 行设置图表类型为'radar'，并在第 38 行使用获取到的数据 data，本示例中获取的数据格式为：

```
{
    "value" : [935, 192, 211654, 3.5, 9.31, 769],
    "name" : "Comedy"
}
```

其中，value 表示雷达图各个属性的数值，name 表示对应的视频类型。即类型为 comedy 的视频的上传平均间隔为 935s、视频的平均长度为 192s、视频的平均观看数为 211654 次、视频的平均得分数为 9.31 分、视频的平均评论数为 769 个。

9.4　与大数据平台集成

在掌握了通过 ECharts 显示图标方法后，我们需要通过 Web 服务器与大数据平台对接，能够通过 Web 访问大数据平台的分析结果。本节介绍如何通过 Java 调用 Hive 提供的 API 对 Hive 数据集进行访问和操作，并把 Hive 里的数据提取、转换并加载到前端，前端页面通过数据可视化手段将数据展示出来。系统界面如图 9.9 所示。

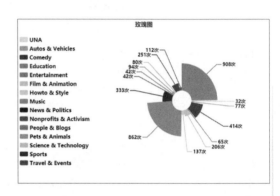
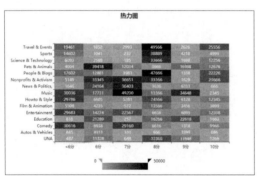
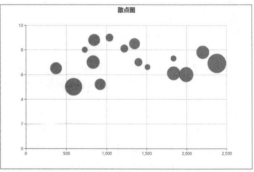

图 9.9　与大数据平台集成的可视化界面

编写 Java 程序调用 Hive API 进行数据可视化，主要分为获取对 Hive 数据库的连接，通过 Java 调用 Hive 提供的 API 操作数据与将数据提交到 Web 页面进行数据可视化三个步骤。

9.4.1　获取对 Hive 数据库的连接

Hive 以 Thrift 服务的服务器形式运行，允许使用不同的编程语言编写客户端，以对 Hive 进行访问。通过 Thrift、JDBC、ODBC 等连接器与 Hive 服务器通信，就像通常连接数据库一样方便，与 Hive 的连接后，再进行相关 API 的操作。

Hive 提供了 CLI、JDBC/ODBC 和 Web GUI 三种用户接口。

（1）CLI，即 Shell 命令行，通过 Hive 提供的命令来对 Hive 数据进行操作。

（2）Web GUI 通过浏览器访问 Hive 数据库，操作方式与传统数据库的客户端类似，通过图形界面可以直观快捷地操作数据库。

（3）JDBC/ODBC 是 Hive 的 Java 连接方式，与使用传统数据库 JDBC 的方式类似，更容易嵌入到 Java 程序中去，将数据从 Hive 中流转到前端页面进行数据可视化。

本小节主要介绍第三种通过 JDBC 连接 Hive 的方式，下面是获取 Hive 连接的 Java 代码。

```
1.  package com.hust.hadoop.hive;
2.
3.  import java.sql.Connection;
4.  import java.sql.DriverManager;
5.
6.  public class HiveJdbc {
7.      #配置 Hive 连接字符串
8.      private static String driverName = "org.apache.hive.jdbc.HiveDriver";
9.      private static String url = "jdbc:hive2://master:10000/default";
10.     private static String user = "hive";
11.     private static String password = "hive";
12.
13. public static Connection getConn() {
14.         Connection conn = null;
15.         try {
16.             #加载 JDBC 驱动
17.             Class.forName(driverName);
18.             #获取数据库连接
19.             conn = DriverManager.getConnection(url, user, password);
20.         } catch (ClassNotFoundException | SQLException e) {
21.             e.printStackTrace();
22.         }
23.         return conn;
24.     }
25. }
```

第 8～11 行，初始化连接 Hive 所需要的数据变量；第 13～25 行，创建 hive 数据库连接函数，返回 Connection 类型对象引用。

第 17 行使用 Java 反射机制，通过类名加载 JDBC 驱动，第 19 行获得数据库连接。

注意：新版本中的 Hive JDBC 驱动，driverName 由 org.apache.hadoop.hive.jdbc. HiveDriver 改为 org.apache.hive.jdbc.HiveDriver（第 8 行）。Hive 数据库连接 Url 中的 hive 也改为了 hive2I（第 9 行）。

9.4.2　通过 Java 调用 Hive 提供的 API 操作数据

通过 JDBC 获取到了数据库连接后，就可以对数据进行操作。可以将一些常用的 Hive API 封装成 Java 辅助类中的方法，便于在开发中调用。如下代码给出了创建表、删除表、查询数据和装载数据的实例代码。

```
1. package com.hust.hadoop.hive;
2.
3. import java.sql.ResultSet;
4. import java.sql.SQLException;
5. import java.sql.Statement;
6.
7. public class HiveAPI {
8.      #创建表
9. public static boolean createTable(Statement stmt, String tableName) {
10.     #Hive 创建表的语句
```

```
11.        String sql = "create table if not exists " + tableName + " (key int, value string)
           row format delimited fields terminated by '\t'";
12.        try {
13.            boolean result=stmt.execute(sql);
14.        } catch (SQLException e) {
15.            e.printStackTrace();
16.        }
17.        return result;
18.    }
19.
20. #删除表
21.    public static boolean dropTable(Statement stmt, String tableName) {
22.        String sql = "drop table if exists " + tableName;
23.        try {
24.            boolean result=stmt.execute(sql);
25.        } catch (SQLException e) {
26.            e.printStackTrace();
27.        }
28.        return result;
29.    }
30.
31.     #查询 Hive 数据
32.    public static ResultSet queryData (Statement stmt, String tableName) {
33.        String sql = "select * from " + tableName;
34.        try {
35.            #查询到的数据放入 ResultSet
36.            ResultSet resultSet = stmt.executeQuery(sql);
37.        } catch (SQLException e) {
38.            e.printStackTrace();
39.        }
40.        return resultSet;
41.    }
42.
43.    #从本地导入文件到 hive
44.    public static boolean loadData(Statement stmt, String tableName, String filepath)
   {
45.        String sql = "load data local inpath '" + filepath + "' into table " + tableName;
46.        try {
47.            boolean result = stmt.execute(sql);
48.        } catch (SQLException e) {
49.            e.printStackTrace();
50.        }
51.        return result;
52.    }
53. }
```

以上 Java 代码是封装的常用 Hive 数据库操作示例代码，包括新增 Hive 表的 createTable()、删除 Hive 表的 dropTable()、查询 Hive 表的 queryData()，最后封装了把数据加载到 Hive 的 loadData()。

第 9～18 行，createTable()方法封装了新建 Hive 表的语句，如果该表名不存在，则创建一张包含 key、value 两个字段的 Hive 表，并声明文件分隔符为'\t'，最后返回 boolean 值表示表是否创建成功；

第 21～29 行，dropTable()方法封装了删除 Hive 表的语句，如果表存在则删除该表，返回 boolean 值表示表是否删除成功。

第 32～41 行，queryData()方法封装了查询 Hive 表的语句，把返回的结果集用 ResultSet 保存，作为返回值。

第 44～52 行，loadData()方法封装了加载数据文件到 Hive 表的语句，将本地文件 filepath 路径下的数据文件加载到 tableName 表中，最后返回 boolean 值表示数据文件是否成功加载到 Hive 表中。

除了上面封装的这些 Hive 以外，还有很多的 Hive API，感兴趣的读者可以深入研究。

9.4.3　将数据提交到 Web 页面进行数据可视化

使用上节 queryData()方法把数据查询出来之后，就可以通过 JSON 方式把数据整合，并传输到前端展示。在本书的范例中，前端数据可视化是通过 ECharts.js 实现的，所以在 Java 传输数据到前端页面时，要将数据转换为 JSON 数据格式，ECharts 才能调用查询结果进行显示。

以下是 Java 数据转换为 Json 对象的代码。

```
1.  package com.hust.hadoop.hive;
2.  import org.json.JSONArray;
3.  import org.json.JSONObject;
4.  import java.sql.Connection;
5.  import java.sql.ResultSet;
6.  import java.sql.Statement;
7.  import java.util.HashMap;
8.  import java.util.Map;
9.
10. public class HiveToJson {
11.     private static void CreateJson(){
12.         Connection conn = null;
13.         Statement stmt = null;
14.         try {
15.             conn = HiveJdbc.getConn();
16.             stmt = conn.createStatement();
17.             HiveAPI.dropTable(stmt, "YouTube");
18.             HiveAPI.createTable(stmt, "YouTube");
19.             String path = "/hust/YouTube.txt";
20.             HiveAPI.loadData(stmt, "YouTube", path);
21.             #查询 Hive 数据
22.             ResultSet resultSet = HiveAPI.queryData(stmt, "YouTube");
23.             Map<String, String> youtubeMap = new HashMap<>();
24.             while (resultSet.next()) {
25.                 youtubeMap.put(resultSet.getInt(1), resultSet.getString(2));
26.             }
27.
28.             # 将 Map 转换为 JSONArray 数据
29.             JSONArray youtubeJsonArray = new JSONArray();
30.             youtubeJsonArray.put(youtubeMap);
31.
32.             # 将 JSONArray 放入 JSONObject
33.             JSONObject youtubeJsonObject = new JSONObject();
34.             youtubeJsonObject.put("List", youtubeJsonArray);
35.         } catch (Exception e) {
36.             e.printStackTrace();
37.         }
38.     }
39. }
```

第 15～16 行，获取 Hive 数据库连接。

第 17～18 行，调用之前封装好的 HiveAPI，先删除 YouTube 表，并重新创建 YouTube 表。

第 19～20 行，先确定要加载到 YouTube 表的数据文件路径，赋值到 path 变量，然后调用 loadData( ) 方法把数据文件加载到 YouTube 表中。

第 22～25 行，调用 queryData( )方法查询 YouTube 表数据，并把数据放入 youtubeMap 变量里。

第 29～30 行，把 Map 数据放入 JsonArray 对象。

第 33～34 行，将 JsonArray 对象放入 JsonObject 对象中，供前端调用。

这样数据通过 Java 调用 Hive API，把数据传输到前端，就可通过 ECharts 对数据进行多样化的展示。读者可以查阅本书随书源代码，学习通过 Phonix 和 HBaseJava API 两种方式访问 HBase 数据库，以及调用 Spark 的代码示例。

习题

1. 请查阅相关资料，进一步了解相关可视化技术。
2. 了解 R 可视化与 Python 可视化图例及其应用场景。
3. 下载本章示例代码分析视频数据格式，并修改、运行相关代码。
4. 修改 9.4 节代码，尝试将雷达图、折线图加入 Web 页面中，并部署 Web 服务器通过互联网访问。

10 第10章 大数据安全

当今社会信息化和网络化的发展导致数据爆炸式增长，国际数据公司（International Data Corporation，IDC）预计，到 2020 年，全球数据总量将达到 44ZB（1ZB=10^{21}Byte），并以每年 40% 的速度增长。大数据是需要高效新处理模式（提供更强的决策力、洞察发现力和流程自动化能力）的海量信息资产。大数据面临巨大的发展机遇，同时也将面对更多安全挑战：数据集中存储易成为网络攻击的目标；数据大量汇聚加大了隐私泄露风险；对现有的存储/安防措施提出了更高要求；攻击者可利用大数据将攻击很好地隐藏起来，使传统的防护策略难以检测出来。

10.1 大数据安全的挑战与对策

10.1.1 大数据安全与隐私的挑战

目前，大数据产业面临诸多问题，大数据安全与隐私问题是业界公认的关键问题之一。大数据安全涉及众多领域，包括数据安全、系统安全和网络安全。数据安全涉及数据加密和隐私保护，系统安全涉及操作系统安全和数据库安全，网络安全则涉及身份认证、访问控制和审计技术。大数据安全的核心技术主要包括加密技术、访问控制和认证机制。

大数据安全与隐私面临以下挑战。

1. 基础设施安全

基础设施安全主要体现在分布式计算和数据存储的保护方面。

一方面，在分布式编程框架下的计算安全性，面临着如何保证分布式数据映射的安全，以及在不可信任的数据映射下如何确保数据安全的挑战。具体包括：计算节点配置错误或篡改导致计算结果错误或重要数据泄露；计算节点间通信的重放攻击、中间人攻击或拒绝服务攻击等；以及伪造计算节点等方面的问题。

另一方面，在大数据系统中广泛使用的，以 NoSQL 为代表的，非关系型数据存储的安全性面临挑战。具体表现在：缺少完整性保护；弱认证技术和弱口令，易遭受重放攻击和暴力破解；缺少基于角色的访问控制和授权机制；防注入攻击的方案不成熟等。

2. 数据管理安全

数据管理安全是指针对分布式可扩展数据集的数据存储、审计和溯源安全方案。分布式可扩展数据集在大数据系统中广泛应用。由于数据所有者与物理存储的分离，以及不可信、不一致的存储和安全策略等原因，分布式可扩展数据集产生了新的漏洞。主要表现在：数据保密性和完整性无法保证、拒绝服务攻击风险、副本间一致性无法保证、数据篡改存在纠纷和抵赖等。上述漏洞对数据安全存储和事件日志技术的防御方案提出了挑战。

很多行业的合规性要求大数据系统提供细粒度的审计记录，而审计数据的完整性、实时性、准确性等关键因素面临未授权访问、数据清除和日志篡改等威胁，成为审计数据和过程的难题。

在大数据应用中，数据的起源信息变得十分复杂，同时也容易受到内、外部的伪造、篡改和重放等攻击。因此，大数据起源信息的可靠记录、安全集成、隐私保护和访问控制也是研究人员面临的挑战之一。

3. 数据隐私

大数据的挖掘和分析，为隐私的获取提供了可能。在数据挖掘过程中，可能存在侵犯或泄露隐私、侵入式营销、降低公民自由等风险。如何避免公司内部及合作伙伴对隐私数据的滥用，以及共享数据的匿名处理也是目前面临的难题。

在大数据环境下，传统的通过系统访问控制确保数据可见性的方法暴露了更大的系统安全性攻击面，如缓冲溢出、提权等。因此，基于加密的数据保护在大数据环境更为有效。提供更强的加密算法，并有效应用于大数据的保护，是大数据安全技术的发展方向之一。

大数据分析越来越侧重于处理不同来源的数据，而不同的数据来源对数据的法律和政策限制、隐私策略、共享协议等方面的要求各异。因此，如何进行更细颗粒度的访问控制也是大数据安全面临的挑战。

4. 安全验证和监控

多数大数据系统数据来源广泛，可能存在攻击者篡改或伪造数据源，甚至提供恶意输入的风险，这对输入数据的验证和过滤技术提出了挑战。

大数据对实时安全监视技术也提出了更高的需求。一方面，需要对大数据环境和应用本身进行监视，以保证大数据处理节点、通信和应用程序的健康；另一方面，通过大数据技术对其他安全设备产生的海量报警，以及系统事件、网络流量等海量数据进行挖掘，以提供实时的系统异常检测和保护。

除此之外，还包括如何建立形式化的威胁模型以覆盖大数据系统的网络攻击和数据泄露，并设计易用的基于威胁模型的分析方案，以及应对上述所有挑战的大数据安全和隐私保护解决方案如何在现有大数据系统实施的问题。

10.1.2　数据加密技术

密码技术是数据安全的基础，密码技术不仅服务于数据的加密和解密，还是身份认证、访问控制和数字签名等多种安全机制的基础。为此，这里先介绍简单的密码技术，为读者更好地理解大数据安全相关的内容打下基础。

传统的密码技术分为对称密码和非对称密码两大类。

1. 对称密码

对称密码的特征是加密密钥和解密密钥相同。对称密码不仅可用于数据加密，也可用于消息的认证，最有影响的对称密码是美国国家标准局颁布的 DES/AES 算法。对称密码系统的保密性主要取决于密钥的安全性，因此必须通过安全可靠的途径（如信使递送）将密钥送至接收端。这种如何将密钥安全、可靠地分配给通信对方，包括密钥产生、分配、存储和销毁等多方面的问题统称为密钥管理。

2. 非对称密码

非对称密码（公钥密码体制）的特征是加密密钥与解密密钥不同，而且很难从一个推出另一个。两个密钥形成一个密钥对，一个密钥用于加密，另一个密钥用于解密。非对称密码算法基于数学问题求解的困难性，而不再是基于代替和换位方法；另外，非对称密码使用两个独立的密钥，一个可以公开，称为公钥，另一个不能公开，称为私钥。

两个因素促进了双钥密码体制的产生：一个是密钥管理与分配的问题；另一个是数字签名的需求。双钥密码体制在数据加密、密钥分配和认证等领域都有重要的应用。

在非对称密码体制中，公钥是可以公开的，私钥是需要保密的。加解密算法都是公开的，用公钥加密后，只能用与之对应的私钥才能解密。

传统的密码技术在大数据领域有一定的局限性，在本书的 10.5.2 节中会介绍一种新的加密技术：内容关联密钥技术，它在大数据的隐私保护方面有独特的优势。

10.1.3　大数据安全保障体系

在大数据安全面临的挑战下，业界聚焦于基础设施安全、数据的隐私保护、数据管理安全和大数据安全分析等方面，推动大数据安全全球合规和准入认证，全面支撑客户数据安全运营。业界通行的大数据安全保障体系架构如图 10.1 所示，主要包括以下五个技术方向。

图 10.1　大数据安全保障体系架构

1. 基础设施安全

大数据部件的整体安全防护、认证和租户等安全特性，包括身份认证、访问控制、数据加密、日志审计和多租户安全等技术方向。

2. 数据管理安全

负责数据在采集、存储和分发使用过程的安全保障，包括数据生命周期管理、数据水印、数据溯源、访问校验、细颗粒度访问控制、完整性保护和数据管理安全策略等技术方向。

3. 隐私保护

支撑数据隐私保护的合法性原则、透明原则、数据主体参与原则、目的限制原则、最小化原则、准确原则、安全原则和可追溯原则，包括匿名化/假名化、隐私还原管理、隐私策略管理、校验与监控和隐私风险识别等技术方向。

4. 安全分析

利用大数据分析做安全态势感知，实现威胁的检测、响应和防御，包括智能监测、威胁预测、智能响应和可视化分析等技术方向。

5. 数据运营安全

通过运营管理策略，实现安全合规、风险管控和安全合作等。

10.1.4　华为大数据安全解决方案

华为大数据安全解决方案针对大数据安全，参考云安全联盟等业界通行的技术趋势和体系架构，结合华为大数据产品的安全特点。其功能和架构如图 10.2 所示。

华为大数据安全解决方案在大数据基础设施安全、数据管理安全、数据分析和隐私保护等方面提供支撑。

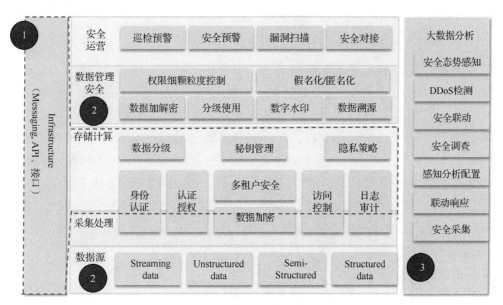

图 10.2　华为大数据安全解决方案

1. 基础设施安全

基础设施安全包括所有大数据部件的整体安全防护、认证、租户等安全特性，是大数据安全架构的基础。提供大数据 Hadoop 体系部件的身份认证、数据加解密和访问控制，大数据平台的安全日志审计、多服务实例与实例级资源隔离。

2. 数据管理安全

数据管理安全贯穿大数据安全架构中数据流的生命周期，负责数据在采集、存储和分发使用全过程的安全保障。

3. 大数据分析

利用大数据分析实现对威胁检测和响应，集成基于流采样的分布式拒绝服务（Distributed Denial of Service，DDoS）检测、基于多源复杂事件关联的安全态势感知和安全事件调查、基于软件定义网络（Software Defined Network，SDN）的安全联动响应等技术，并实现灵活的分析配置、智能数据分析以及高级可视化。

4. 数据隐私保护

以特性功能和场景规格实现隐私保护，并实现灵活的隐私策略管理和可度量的隐私风险评估。

后面的 10.2～10.5 节分别就大数据安全涉及的上述四个方面展开讨论。

10.2　基础设施安全

大数据是基于云计算环境运营的，云计算安全是以网络安全技术为基础的。网络安全技术主要包括物理安全技术，网络结构安全技术，系统安全和管理安全技术等。由于加密技术已经在前面的章节中讨论过，本节主要从认证技术、访问控制、公钥基础设施（PKI）和华为大数据解决方案这几个方面来分析。

10.2.1 认证技术

认证是阻止入侵者非法实施信息攻击的一种技术，其作用为：一是对消息的完整性进行认证，验证信息在传输或存储过程中是否被篡改；二是对身份进行认证，验证消息的收发者是否持有正确的身份认证符，如口令、密钥等；三是对消息的序号和操作时间（时间性）等进行认证，防止消息重放或会话劫持等攻击。

认证体制分为三个层次：安全管理协议、认证体制和密码体制。安全管理协议的主要任务是在安全体制的支持下，建立实施系统安全策略；认证体制在安全管理协议的控制和密码体制的支持下，完成各种认证功能；密码体制是认证技术的基础，它为认证体制提供数学方法支持。

安全管理协议包括公用管理信息协议 CMIP、简单网络管理协议 SNMP 和分布式安全管理协议 DSM 等；认证体制包括 Kerberos 体制、X.509 体制和 Light Kryptonight 等。下面介绍认证体制层的相关技术。

若要完善认证体制，必须考虑下列因素：

（1）接收者能够验证消息的真实性、完整性以及合法性；

（2）消息的发送者不能抵赖发出的消息，消息的接收者不能否认接收的消息；

（3）只有合法的发送者可以发送消息，其他人不能伪造消息发送。

认证体制基本模型如图 10.3 所示。发送者通过一个公开的无扰信道将消息送给接收者。接收者接收消息同时还要验证消息源是否合法以及是否经过篡改。攻击者可截收和分析信道中传送的消息，可能伪造消息发给接收者进行欺诈等。为了防止这种攻击，认证体制中通常会设置一个可信中心（Certificate Authority，CA）或可信第三方，用于对消息的验证和鉴别。

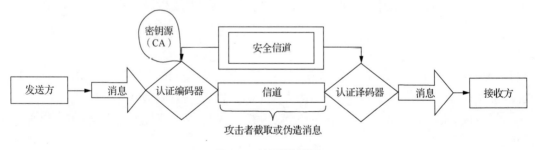

图 10.3 认证体制模型

认证体制相关技术包括数字签名、消息认证和身份认证。

1. 数字签名技术

一个完整的数字签名解决方案包括消息空间、签名及验证算法、安全参数、密钥生成算法等部分。数字签名可分为真数字签名和公证数字签名两大类。

（1）真数字签名

签名者直接把签名消息传送给接收者，接收者无须求助于第三方就能验证签名。

（2）公证数字签名

签名者把签名消息通过可信第三方（公证者）发送给接收者，接收者通过可信第三方（公证者）

作为媒介来验证签名的合法性。

2. 消息认证技术

消息认证通过对消息（及附加信息）进行加密或签名认证，其作用包括消息完整性认证（内容认证）、消息的身份认证（发送者和接收者的合法性），以及消息的发送时间和发送序列号认证等。

（1）消息完整性认证（内容认证）

消息完整性认证：消息发送者在消息中增加认证码，经加密后发送给接收者进行认证验算，接收者用约定的算法对解密后的消息进行验算，若通过，则接收；若未通过，则拒绝接收。

（2）消息的身份认证

在消息认证中，消息发送者和接收者的确认有两种方法：第一种是双方事先约定消息数据加密的密钥，接收者只需验证该密钥是否能把消息还原成明文就能认证发送者；第二种是双方事先商定发送消息的特征字，在发送消息时将特征字一起加密发送，接收者只需检验消息中解密的特征字是否与约定特征字相同就可认证发送者。

（3）消息的发送时间和发送序列号认证

消息的发送时间和发送序列号的认证用于防止消息的重放攻击，常用的认证信息包括：消息链接认证符、消息认证随机数和消息时间戳等。

3. 身份认证

身份认证是确认系统用户身份的过程，明确用户拥有对资源的访问和使用权限。身份认证是通过将一个证据与实体身份绑定来实现的，实体可能是用户、计算单元、程序或进程。以身份认证为基础，访问控制、安全审计、入侵检测等安全机制才能实施。

用户身份主要通过以下三种方式来确认。

（1）根据用户所知道的信息来确认用户的身份，如约定信息。

（2）根据用户所拥有的东西来确认用户的身份，如用户的身份信息。

（3）根据用户的特征来确认用户的身份，例如，生理特征（如 DNA、人脸等）。

仅通过一个条件来验证一个人的身份，称为单因子认证。由于仅使用一种条件判断用户的身份，很容易被伪造，存在很大的安全隐患，作为改进，我们可以通过组合多种不同的条件，来证明一个人的身份，如双因子认证。

目前有很多身份认证方法：用户名/密码方式、IC 卡认证、USB Key、生物特征识别、动态密码和数字签名等。

10.2.2　访问控制

认证、访问控制和审计共同保障计算机系统的安全，如图 10.4 所示。认证是用户进入系统的第一步，访问控制是在用户以合法的身份进入系统后，通过监控器控制用户对数据信息的访问动作。监控器通过查询权限库来判定用户是否有权限访问该数据，权限库由系统管理员根据系统安全策略的授权进行设置、管理和维护，用户也能修改权限库的部分内容，如设置用户文件的访问权限。审计通过监控和记录系统中相关的活动，进行事后分析。

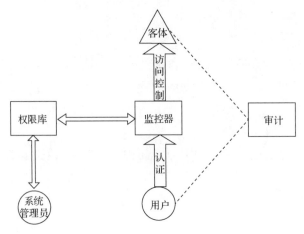

图 10.4　安全管理模型

1. 访问控制原理

认证服务建立用户的身份标识，访问控制必须结合审计来解决系统安全问题。审计监控和记录系统监控所有用户的请求和活动，并做事后分析。

访问控制按照安全策略实施，管理针对所有资源的访问请求。根据系统安全策略，访问控制对每个资源请求做出判断（许可或限制访问），防止用户非法访问和使用系统资源。

访问控制系统包括以下要素。

（1）主体：访问操作的主动方（用户、主机或应用程序），主体可以访问客体。

（2）客体：被调用的程序或访问的资源等（数据、处理器和存储单元）。

（3）安全访问政策：用于确定一个主体是否对客体拥有访问能力的一套规则。

在访问控制系统中，主体发起对客体的操作由系统的授权来决定，主体可以创建子主体，并由父主体控制子主体。主体与客体的关系是相对的，一个主体被另一主体访问时，就成为访问目标（客体）。

访问控制规定了主体可以访问哪些客体，以及拥有哪些访问权限，其原理如图 10.5 所示。

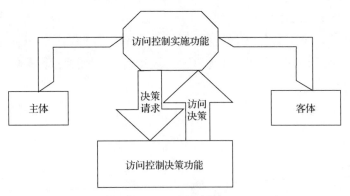

图 10.5　访问控制模型

2. 访问控制技术

访问控制技术是指为了实现访问控制所采取的管理措施。访问控制受操作系统指挥，按照访问控制规则决定主体是否可以访问客体，在系统工作的所有过程都有体现。

访问控制矩阵是实现访间控制技术的概念模型，用二维矩阵规定了主体和客体间的访问权限，矩阵中的行代表主体的访问权限，列代表客体的被访问权限，矩阵中的每一格表示行列访问授权关系（主体和客体）。访问控制的责任就是保证资源访问操作是按照访问控制矩阵的授权来进行的。在现实系统中一般不直接使用访问控制矩阵（因为矩阵太大），可采用在访问控制矩阵的基础上建立的简化访问控制模型。

（1）基于访问控制表的访问控制。

（2）基于能力关系表的访问控制。

（3）基于权限关系表的访问控制。

10.2.3　公钥基础设施

安全基础设施，为整体网络应用系统提供安全基本框架，它被系统中的用户按需使用。公钥基础设施（Public Key Infrastructure，PKI）是适用于多种环境的框架，它具有跨平台、跨应用和可管理的机制。

PKI 是一个根据公钥密码原理来提供公共安全服务支持的基础平台，用户可利用 PKI 平台提供的安全服务进行安全通信认证。PKI 按照密钥管理规则，为所有交互应用提供加密和数字签名等服务所需的密钥和证书管理。

公钥基础设施主要包括认证机构、证书库、密钥备份和 PKI 应用接口系统等，以下是 PKI 的几个特点。

1. 认证机构

公钥技术面临的一个基本问题是，发送方如何获得接收方的真实公钥。PKI 使用公钥证书来处理基本问题，公钥证书是接收方的身份标识与其持有公钥的结合，在生成公钥证书之前，由一个可信认证机构（CA）来证实用户的身份，然后 CA 对由该用户身份标识及对应公钥组成的证书进行数字签名，以证明公钥的有效性。

2. 身份强识别

本地安全登录启动系统，其操作过程是用户输入用户名和密码，计算机通过检查这两个输入来验证用户身份，确认登录的合法性。在远程登录时，口令在普通网络上传送，很容易被截取或监听，因此这种简单方法不安全。

PKI 采用公钥技术、高级通信协议和数字签名等方式进行远程登录，不需要建立共享密钥，不在网上传递密码等敏感信息。与简单的身份识别机制相比，PKI 的身份识别机制被称为身份强识别。

3. 透明性和一致性

PKI 对终端用户的操作是透明的，所有安全操作在后台自动进行，无须用户干预，也不会由于用户的错误操作对安全造成危害。除初始登录操作外，PKI 对用户是完全透明的。

PKI 的优势是在应用环境中使用单一可信的安全技术，如公钥技术，它能保证很多程序和设备高效协同工作，安全地进行数据通信和事务处理等操作。

10.2.4　华为大数据平台

大数据管理和分析平台作为一种新的数据平台，如何保障客户数据的机密性、完整性和可用性成为大数据急需解决的课题。本节将在分析大数据带来的安全风险和威胁的基础上，介绍华为大数据安全解决方案针对这些风险和威胁所采取的策略和措施，旨在为客户提供安全可信的大数据管理和分析的解决方案。

华为大数据平台 FusionInsight 包括 FusionInsight HD 和 FusionInsight Stream 两个组件：

（1）FusionInsight HD 包含了开源社区的主要软件及其生态圈中的主流组件，并进行了优化；

（2）FusionInsight Stream 是 FusionInsight 大数据分析平台中的实时数据处理引擎，它是以事件驱动模式处理实时数据的大数据技术，解决高速事件流的实时计算问题，提供实时分析、实时决策能力。

FusionInsight 增强了网络隔离、数据保密性等功能，进一步提高了系统的安全性。

① 网络隔离

整个系统网络划分为两个平面，即业务平面和管理平面。两个平面采用物理隔离的方式进行部署，保证业务、管理各自网络的安全性。业务平面通过业务网络接入，主要为用户和上层用户提供业务通道，对外提供数据存取、任务提交及计算的能力。管理平面通过运维网络接入，提供系统管理和维护功能，主要用于集群的管理，对外提供集群监控、配置、审计、用户管理等服务。

② 数据保密性

FusionInsight 分布式文件系统在 Apache Hadoop 版本基础上，提供对文件内容的加密存储功能，避免敏感数据明文存储，提升数据安全性。业务应用只需对指定的敏感数据进行加密，加解密过程业务完全不感知。在文件系统数据加密基础上，Hive 实现表级加密，HBase 实现列族级加密，在创建表时采用指定的加密算法，即可实现对敏感数据的加密存储。

从数据的存储加密、访问控制来保障用户数据的保密性。HBase 支持将业务数据存储到 HDFS 前进行压缩处理，且用户可以配置 AES 和 SMS4 算法加密存储。各组件支持本地数据目录访问权限设置，无权限用户禁止访问数据。所有集群内部用户信息提供密文存储。

1. 身份鉴别和认证

FusionInsight 支持用户使用浏览器、组件客户端的方式登录集群。浏览器登录方式，FusionInsight 提供了基于 CAS 的单点登录，用户在任意 Web 页面登录后，访问其他各组件 Web 页面时，无需再次输入用户口令进行认证。CAS 登录过程如图 10.6 所示。

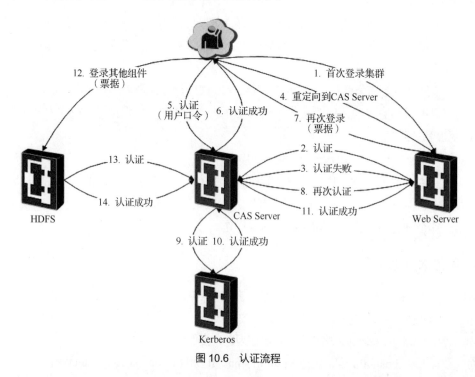

图 10.6　认证流程

组件客户端登录，FusionInsight 提供了基于 Kerberos 的统一认证，客户端访问组件服务时，需要经过 Kerberos 机制认证，认证通过后才能访问组件服务。Kerberos 认证基本流程如图 10.7 所示。

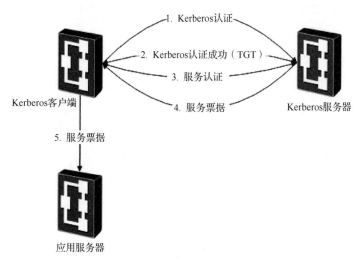

图 10.7　校验过程

校验过程说明如下。

（1）客户端使用密码向 Kerberos 进行身份认证。

（2）KDC 为此客户颁发一个特别的票证授予式票证（TGT）。

（3）客户端系统使用 TGT 访问票证授予服务。

（4）TGT 向客户端颁发服务票证。

（5）客户端向请求的网络服务出示服务票证，服务票证向此服务证明用户的身份，同时也向该用户证明服务的身份。

2. 用户和权限管理

FusionInsight 提供基于角色的权限控制，用户的角色决定了用户的权限。通过指定用户特定的角色赋予他相应的权限。每种角色具有的权限，根据需要访问的组件资源进行配置。权限管理中权限、角色和用户的关系如图 10.8 所示。

同时，FusionInsight 还提供了用户组用于用户管理，具有相同属性的用户可以划分到同一个用户组，同一用户可以归属于多个用户组。通过给用户组指定角色，可以批量地对用户组中的用户赋予权限。某一用户组中的单个用户，可以额外指定角色。

FusionManager 提供了如下几个默认角色。

（1）Manager administrator：具有 Manager 的管理权限，可创建、修改新的用户组，指定用户权限，以满足不同用户对系统的管理需求。

（2）Manager operator：具有系统操作权限，但不具备创建新用户、指定用户权限、扩容、减容、管理 license、创建集群等权限。

（3）Manager auditor：具有查看和管理审计信息的权限。

（4）Manager viewer：具有查看 Dashboard、服务、主机、告警、审计日志等信息的权限。

（5）System administrator：具有 Manager 的管理员权限及所有服务管理员的权限。

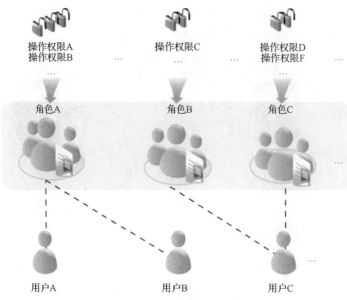

操作权限A
操作权限B
...

操作权限C
...

操作权限D
操作权限F
...

角色A

角色B

角色C

...

用户A

用户B

用户C

...

图 10.8　权限、角色和用户的关系

3. 审计安全

FusionInsight 支持记录审计日志，审计日志可用于安全事件中定位问题原因及划分事故责任，FusionInsight 审计日志中记录了用户操作信息，可以快速定位系统是否遭受恶意的操作和攻击。当前记录的审计日志内容和范围如表 10.1 所示。

表 10.1　　　　　　　　　　　　　　　　审计日志内容和范围

审计日志类别	审计日志内容
审计日志内容	1. 事件类型； 2. 事件的风险级别； 3. 事件发生的时间； 4. 用户； 5. 被操作的主机、服务或实例； 6. 事件的结果
审计日志范围（用户活动）	1. 登录和注销； 2. 增加、删除用户和用户属性（帐号、口令等）的变更； 3. 用户的锁定和解锁； 4. 角色权限变更
审计日志范围（操作指令）	1. 对系统配置参数的修改； 2. 对系统进行启动、关闭、重启、暂停、恢复、倒换； 3. 对服务的加载、卸载； 4. 软件的升级操作，包括远程升级和本地升级； 5. 对重要业务数据的创建、删除、修改； 6. 所有帐户的命令行操作命令

4. 多租户安全

大数据平台的安全在多租户环境中显得更为重要。当平台需要开放给多个部门或组织使用时，如何保证集群中数据的安全，如何对不同租户的资源和服务的访问进行控制，是大数据平台必须解决的问题。FusionInsight 提供企业级的安全平台，提供系统的安全解决方案。

（1）认证（Authentication）：FusionInsight 平台集成 Kerberos + Ldap 的认证方式，保证企业级的帐户安全。

（2）授权（Authorization）：基于用户和角色的认证统一体系，遵从帐户/角色 RBAC（Role-Based Access Control）模型，实现通过租户角色进行权限管理，对用户进行批量授权管理。

（3）审计（Auditing）：对登录 FusionInsight Manager 的用户的所有操作进行审计，及时发现违规操作和安全风险。

10.3　数据管理安全

数据管理安全主要指大数据平台数据治理领域的安全，从数据采集、数据存储、数据处理、数据交换、数据分发和数据归档等阶段保护数据安全和用户隐私。本节从数据管理层面涉及的安全技术要素出发，重点对数据溯源、数据水印、策略管理、完整性保护和数据脱敏等五个安全技术进行介绍。

10.3.1　数据溯源

数据溯源技术对大数据平台中的明细数据、汇总数据使用后中各项数据的产生来源、处理、传播和消亡进行历史追踪。大数据平台数据溯源的原则描述如下。

（1）大数据平台必须确保对个人数据操作的可追溯。例如，对用户数据的增、删、改和导入/导出，以及通过大数据挖掘分析进行标签化的事件操作日志记录。操作日志中禁止出现高影响个人数据，高影响个人数据须进行匿名化处理。

（2）要求跟踪并监控对大数据平台资源和持权限人数据的所有访问，记录机制和用户活动跟踪功能对防止、检测和最大程度地降低数据威胁很重要。

大数据平台在对个人数据溯源过程中需要防范因为长期保存超过存留期的个人数据而导致个人隐私受到威胁或泄露。因此，在数据溯源中，当追踪到数据超过存留期时要及时销毁数据，以减小数据泄露的风险。数据溯源对数据的整个历史过程进行追踪，首先必须根据其收集、使用目的来确定存储的个人数据的存留期，存留期等同于完成个人数据使用目的时间。

以下介绍几种针对超过存留期个人数据的处理方法。

（1）必须提供删除/匿名化机制或指导来处理超过存留期的用户数据。

（2）提供程序机制，根据个人数据存留期设置删除周期，存留期一到便由程序自动删除。

（3）在产品客户资料中描述删除或是匿名个人数据的方法，指导客户使用。

（4）对于备份系统中超过存留期的个人数据，应在客户资料中告知客户进行定期删除。

（5）对于设备供应者，应根据客户需求，或按照业界惯例，提供机制或指导来删除超过存留期的用户数据。

（6）对于法律有特殊要求的用户隐私数据可遵照当地法律所要求的规范进行保存和处理。

10.3.2　数字水印

数字水印技术指将特定的标识信息嵌入到宿主数据中（文本文件、图片和视频等），而且不影响宿主数据的可用性。数字水印分为可见水印和不可见水印两种，其中，可见水印所包含的水印信息和宿主数据可以被同时看见；而不可见水印将水印信息以隐藏的方式嵌入到宿主数据中，所嵌入的水印信息在一般情况下不可见，需要通过特定的水印提取方法进行提取。数字水印的设计应遵循以下原则。

（1）嵌入的水印信息应当难以篡改和伪造。

（2）嵌入的水印信息不能影响宿主数据（保护对象）的可用性，或者导致可用性大大降低。

（3）数字水印要求具有不可移除性，即被嵌入的水印信息不容易甚至不可能被黑客移除。

（4）数字水印要求具有一定的鲁棒性，当对嵌入后的数据进行特定操作后，所嵌入的水印信息不能因为特定操作而磨灭。

大数据平台采用数字水印提供对数据的版权保护，也可用于对信息非法泄露者进行追责。一方面，在大数据平台中，通过接口将一些原创的、有价值的宿主数据的所有者信息作为水印信息嵌入到宿主数据中，用于保护宿主数据的版权，以期达到避免或阻止宿主载体未经授权的复制和使用。另一方面，大数据平台在分发数据时，通过接口将数据接收者的信息嵌入到所分发的数据中，以期对信息非法泄露行为进行取证。当接收者将分发数据泄露给非授权第三人时，可以通过提取水印信息对接收者的泄露行为进行追责。

大数据平台通常以文件的形式分发数据，主要有 pdf 文件、Excel 文件和网页文件形式。文件的不可见水印技术根据嵌入方法，可以分为如下几种：

（1）基于文档结构微调的水印技术；

（2）基于文本内容的水印技术；

（3）基于自然语言的水印技术；

（4）基于数值型数据 LSB 的水印技术；

（5）基于数据集合统计特征的水印技术。

当大数据平台通过网页浏览、打印或导出文件的形式分发文件时，不可见水印技术无法对拍照、截屏和打印等行为进行取证和追责。因此，需要在所分发的文件中嵌入可见水印信息，以期达到对用户通过拍照、截屏和打印等非法泄露信息的行为进行取证和追责。文件的可见水印设计需要满足数字水印的设计原则，如难以伪造、不可移除、鲁棒性，以及不影响宿主文件可用性等。图 10.9 所示为文件水印添加和水印鉴权的参考流程。

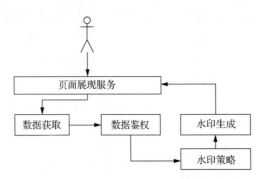

图 10.9　页面文件水印添加和鉴权的参考流程

数字水印可与密码技术相结合一起保护大数据平台中的数据，主要通过文件的操作权限，以防止用户通过文件特定功能操作来消除水印信息；还可以通过采用加密文件，防止无密码的非授权用户浏览文件信息。

10.3.3 策略管理

策略管理为隐私处理模块和隐私还原管理模块提供处理策略配置和版本管理，处理过程中所用密钥的版本和存储都由其统一管理，保存到特定的安全位置，一般只由去隐私处理模块和还原处理模块调用。

大数据平台中的安全策略管理主要涵盖三个部分：一是对安全密钥、口令保护进行统一定义与设置；二是对安全规则进行集中管理、集中修订和集中更新，从而实现统一的安全策略实施；三是安全管理员可以在中央控制端进行全系统的监控。大数据平台中安全策略管理的特性具体要求如下：

（1）大数据平台应具备对安全规则进行集中管理的功能，并且支持对安全规则的远程配置和修订；

（2）支持对密钥和口令相关的账户的集中化管理，包括帐户的创建、删除、修改、角色划分和权限授予等工作；

（3）对违反安全规则的行为发出告警消息，能够对整个大数据平台中出现的任何涉及安全的事件信息及时通报给指定管理员，并保存相关记录，供日后查询；

（4）提供单次登录服务，允许用户只需要一个用户名和口令就可以访问系统中所有被许可的访问资源；

（5）提供必要的手段能够对外网访问策略进行管理，加强外网接口服务器的访问策略管理工作。

10.3.4 完整性保护

大数据平台的数据完整性要求在数据传输和存储过程中，确保数据不被未授权的用户篡改或在篡改后能够被迅速发现。大数据平台的完整性保护，主要包含数据库关系完整性保护和数据完整性保护。数据库关系完整性是为保证数据库中数据的正确性和相容性，对关系模型提出的某种约束条件或规则，以期达到防止数据库中存在不符合语义规定的数据和防止因错误信息的输入/输出造成无效操作或出现错误信息。关系完整性通常包括域完整性、实体完整性、引用完整性和用户定义完整性，其中，域完整性、实体完整性和引用完整性，是关系模型必须满足的完整性约束条件。

大数据平台要尽可能地利用数据库系统提供的完整性保护机制来保护数据库中数据的完整性。然而，数据库完整性保护只能防止不满足规则约束的数据篡改，无法防范在满足规则约束以内的数据篡改。例如，某数据表对余额字段定义的取值范围是 0～100，攻击者将余额值从原来的 50 修改成 100，仍然满足字段的自定义完整性，因为这一修改操作并不违反数据库关系的完整性。

针对数据库字段中满足规则约束内的数据完整性保护，大数据平台需要满足以下安全特性。

（1）要求采用业界标准的哈希认证码算法 MAC 计算保护对象的哈希认证码。例如，HMAC-SHA256 标准算法。

（2）相同的字段值每次生成的认证码应该不尽相同。

（3）攻击者不能通过采用表中的一条记录覆盖另一条记录的方式来实施数据篡改。

10.3.5 数据脱敏

数据脱敏用于保护大数据平台中的敏感数据，主要涉及加解密算法的安全、加密密钥的安全、存储安全、传输安全以及数据脱敏后密文数据的搜索安全等。

1. 密码算法的安全

用于大数据平台敏感数据的加解密算法应该选择业界标准算法，严禁使用私有的、非标准的加解密算法用于加密和保护敏感数据。其原因是，如果不是具有密码学专业素养的专家设计的密码算法，这些算法难以达到密码学领域的专业性要求；此外，其技术上也未经业界分析验证，有可能存在未知的缺陷；另一方面其违背了加密算法要公开透明的原则。加解密算法在大数据安全平台的特性描述如下。

（1）在大数据平台中的安全策略中定义和设置管理加解密算法。

（2）在离线采集与实时采集中，要求对入库的数据进行统一敏感字段脱敏处理。

（3）对不需要还原的敏感数据采用不可逆加密算法加密，例如，用于身份认证的口令使用PBKDF2做单向不可逆加密存储。

（4）脱敏后的安全强度必须能够应对目前计算能力的破解，目前80比特的强度已经能够被目前的计算能力破解，而112比特的安全强度则可用到2030年。

（5）对需要还原使用的敏感数据采用可逆加密算法加密，禁止使用不安全的加密算法加密敏感数据。

2. 密钥的安全

密钥的安全管理对于整个大数据平台的安全性至关重要。如果使用不恰当的密钥管理方式，强密码算法也无法保证大数据平台的安全。一个密钥在其生命周期中会经历多种不同的状态，包含密钥生成、分发、使用、存储、更新、备份和销毁。密钥在其生命周期的各个阶段，都应满足一些基本的安全要求，以保障自身的安全性。大数据平台中加密密钥的主要安全特性描述如下：

（1）密钥分层管理至少选择两层结构进行管理；

（2）用于产生密钥的随机数发生器必须是安全随机数发生器；

（3）在非信任网络中传输密钥时需提供机密性、完整性保护；

（4）密钥的用途必须单一化，一个密钥只用于一种用途；

（5）密钥不可以硬编码在代码中，需要对密钥提供加密和完整性保护机制；

（6）在一般情况下，密钥必须支持可更新，并明确更新周期；

（7）不再使用的密钥应当立即删除或销毁。

用于加密保护工作密钥的根密钥可采用基于密钥组件的根密钥管理方法进行管理，以确保根密钥的安全性。

在大数据平台中，如果采用统一变更密钥的方法更新数据，首先需要将所有旧密文数据载入内存，然后采用旧密钥对旧密文数据进行解密，最后用新密钥统一对解密后的明文数据重新进行加密。然而，在大数据场景下，由于存储和处理的数据量往往比较庞大，解密和重新加密旧数据会消耗大量的计算时间和内存空间，特别是重新存储新密文时需要耗费大量的I/O操作。另外，该方法在重新加密旧数据时，由于需要先解密旧密文，所以内存中会出现用户的明文号码。一旦内存被攻击者控制，内存中的明文号码也将被攻击者窃取。

　　另一种密钥更新方法是按周期定期变更加密密钥，同时保持以往周期的旧密文数据和旧密钥不变。该方法考虑到旧密文数据一旦被攻击者窃取，对旧密文数据采用新密钥重新加密的意义不大。因为如果攻击者可以通过密文分析方法获得敏感信息，那么，攻击者拥有所窃取的旧密文数据就足够了，此时对已经被窃取的旧密文数据重新加密并不能阻止信息的泄露。为了在降低系统的性能消耗的同时保护新数据，该方法在密钥变更时只需要变更最新周期的密钥即可，无需解密和重新加密旧数据。另外，由于该方法在不同周期采用了不同的加密密钥，还可以防止敏感数据的大面积泄露。但是，不同周期的相同明文经加密之后的密文会不一样，这不利于识别跨周期相同的明文目标。为了识别跨周期相同的明文目标，需要对跨周期的密文数据做额外的归一化处理以便将相同的明文归一化到相同的密文形态。

3. 存储安全

　　在不同存储或打印场景，对敏感数据（例如，口令、银行账号、身份证号、通信内容、加密算法、金额、IV 值或密钥信息等）进行限制或保护处理，避免因为敏感数据泄露而导致大数据平台不安全或用户隐私受到威胁。大数据平台下敏感数据存储安全的特性描述如下：

（1）禁止在任何日志中打印明文的口令、银行账号、身份证号和通信内容；

（2）禁止在告警中包含明文的敏感数据；

（3）禁止在日志和告警信息中包含密文的敏感数据；

（4）禁止在 cookie 中以明文的形式存放敏感数据；

（5）禁止在隐藏域中以明文的形式存放敏感数据；

（6）禁止在 Web 页面缓存中以明文形式存放敏感数据；

（7）采用 HTTP-POST 方法提交敏感数据；

（8）在 BS 应用中，禁止 URL 存放会话标识。

4. 传输安全

　　对非信任网络之间传输中的敏感数据进行安全保护，防止敏感数据在传输过程中被嗅探或窃取。大数据平台中敏感数据安全传输的主要特性描述如下：

（1）非信任网络间的敏感数据必须采用加密通道传输；

（2）登录过程中的口令和账号需要采用加密通道传输；

（3）禁止使用不安全的传输协议传输敏感数据；

（4）使用安全的传输协议传输敏感数据。

5. 密文搜索安全

　　数据脱敏后的密文数据是以乱码的形式存在的，其失去了可搜索的特性。为了实现对密文的搜索，一般情况下需要先将所有密文数据载入到内存，然后对内存中的密文数据进行解密，最后再采用基于明文的搜索技术对解密后的密文进行搜索。以上提到的方法虽然可以间接地实现对密文的搜索，但是该方法需要花费额外的解密时间和内存空间。特别是在大数据平台中，由于其所存储的数据量通常比较庞大，间接搜索密文的方法将花费更多的解密时间和内存空间。因此，在大数据平台中实现直接对密文进行快速搜索的方法变得非常重要。基于关键词索引的密文搜索技术是目前流行的一种方法，它可以在不解密的情况下直接对密文进行搜索。

　　大数据平台密文数据搜索安全的特性描述如下：

（1）采用业界标准的安全密码算法加密目标敏感数据，如 AES-CBC 加密算法；

（2）采用业界标准的安全密码算法生成关键词的安全索引，如 HMAC-SHA256；

（3）在搜索过程中不需要解密敏感数据，内存中不出现敏感明文；

（4）直接在数据库中通过 SQL 脚本析取出目标密文，避免内存中出现大量密文数据；

（5）提供支持密文模糊搜索的功能，满足业务需求。

10.4 安全分析

大数据安全分析是利用大数据相关技术采集流量、日志和事件，通过基于行为和内容的异常检测方法，发现高级/未知威胁和 DDoS 攻击。

10.4.1 大数据安全分析架构

大数据安全分析的架构如图 10.10 所示。

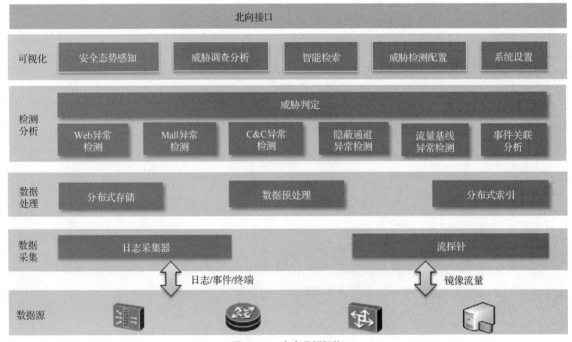

图 10.10　安全分析架构

1. 数据采集

数据采集包括日志采集和原始流量采集，日志采集器负责日志采集，流探针负责原始流量采集。日志采集流程包括日志接收、日志分类、日志归一化和日志转发；流量采集流程包括流量采集、协议解析、文件还原和流量元数据上报。

2. 数据预处理

数据预处理负责对采集器上报的归一化日志和流探针上报的流量元数据进行格式化处理，补充相关的上下文信息（包括用户、地理位置和区域），并将格式化后的数据发布到分布式总线。

3. 分布式存储

分布式存储负责对格式化后的数据进行存储，针对不同类型的异构数据（归一化日志、流量元数据和 PCAP 文件）进行分类存储，分布式存储的数据主要用于威胁检测和威胁可视化。考虑到可靠性和高并发性的要求，一般将分布式存储的数据保存在多个检测/存储节点，并且可以按需扩展存储节点。

4. 分布式索引

分布式索引负责对关键的格式化数据建立索引，为可视化调查分析提供基于关键字的快速检索服务。分布式索引采用了多实例自适应的索引技术和时间片抽取的分层索引结构，索引数据保存在多个检测/存储节点，提供了高可靠性和高并发索引能力，支持按需弹性扩展索引。

5. 事件关联分析

关联分析主要通过挖掘事件之间的关联和时序关系，从而发现有效的攻击。关联分析采用了高性能的流计算引擎，关联分析引擎直接从分布式消息总线上获取归一化日志装入内存，并根据系统加载的关联规则进行在线分析。

系统预置了一部分关联分析规则，用户也可以自定义关联分析规则。当多条日志匹配了某一关联规则，则认为它们之间存在对应的关联关系，输出异常事件，同时将匹配用到的原始日志记录到异常事件中。

6. 流量基线异常检测

流量基线异常检测主要解决网络内部的主机/区域之间（内外区域之间、内网区域与互联网之间、内网主机之间、内网主机与互联网之间、内网主机与区域之间）的异常访问问题。流量基线是指网络内部主机之间、区域之间或者内外网之间的访问规则，包括指定时间段内是否允许访问、访问的频次范围，以及流量大小范围等。

流量基线可以有两种来源：系统自学习和用户自定义配置。流量基线自学习，就是系统自动统计一段时间内（如一个月）网络内部各主机、区域以及内外网之间的访问和流量信息，以此访问和流量信息为基础（对于流量数据，还会自动设置合适的上下浮动范围），自动生成流量基线。用户自定义流量基线：用户手工配置网络内部各主机、区域以及内外网之间的访问和流量规则。

流量基线异常检测将自学习和用户自定义的流量基线加载到内存中，并对流量数据进行在线统计和分析，一旦网络行为与流量基线存在偏差，即输出异常事件。

7. Web 异常检测

Web 异常检测主要用于检测通过 Web 进行的渗透和异常通信，从历史数据中提取 HTTP 流量元数据，通过分析 HTTP 协议中的 URL、User-Agent、Refer 和上传/下载的文件 MD5 等信息，并结合沙箱文件检测结果，离线挖掘和检测下载恶意文件、访问不常见网站和非浏览器流量等异常。

8. 邮件异常检测

邮件异常检测主要从历史数据中提取邮件流量元数据，通过分析 SMTP/POP3/IMAP 协议中的收件人、发件人、邮件服务器、邮件正文和邮件附件等信息，并结合沙箱文件检测结果，离线挖掘和检测收发件人异常、下载恶意邮件、访问邮件服务器和邮件正文 URL 异常等。

9. C&C 异常检测

C&C 异常检测主要通过对 DNS/HTTP 协议流量的分析检测 C&C 通信异常。对于基于 DNS 流量的 C&C 异常检测采用机器学习方法,利用样本数据进行训练,从而生成分类器模型,并在客户环境利用分类器模型识别访问 DGA 域名的异常通信,从而发现僵尸主机或者 APT 攻击在命令控制阶段的异常行为。对基于 HTTP 流量的 C&C 异常检测则采用统计分析的方法,记录内网主机访问同一个目的 IP+域名的所有流量中每一次连接的时间点,并根据时间点计算每一次连接的时间间隔,定时检查每一次的时间间隔是否有变化,从而发现内网主机周期外联的异常行为。

10. 隐蔽通道异常检测

隐蔽通道异常检测主要用于发现被入侵主机通过正常的协议和通道传输非授权数据的异常,检测方法包括 Ping Tunnel、HTTP Tunnel、DNS Tunnel 和文件防躲避检测。

(1)Ping Tunnel 检测是通过对一个时间窗内同组源/目的 IP 之间的 ICMP 报文的载荷内容进行分析和比较,从而发现 Ping Tunnel 异常通信。

(2)HTTP Tunnel 检测是通过对一个时间窗内同组源/目的 IP 之间的 HTTP 报文协议字段进行分析和比较,从而发现 HTTP Tunnel 异常通信。

(3)DNS Tunnel 检测通过对一个时间窗内同组源/目的 IP 之间的 DNS 报文的域名合法性检测和 DNS 请求/应答频率进行分析,从而发现 DNS Tunnel 异常通信。

(4)文件防躲避检测通过对流量元数据中的文件类型进行分析和比较,从而发现文件类型与实际扩展名不一致的异常。

11. 威胁判定

威胁判定根据多个异常进行关联、评估和判定产生高级威胁,为威胁监控和攻击链路可视化提供数据。威胁判定按照攻击链的阶段标识/分类各种异常,并以异常发生的时间为准,通过主机 IP、文件 MD5 和 URL 建立异常的时序和关联关系,根据预定义的行为判定模式判定是否高级威胁,同时根据相关联的异常的严重程度、影响范围、可信度进行打分和评估,从而产生威胁事件。

10.4.2 大数据防 DDoS 攻击

随着网络服务逐渐渗透到人们生活中的每个角落,网络业务的安全问题日益凸显。DDoS(Distrubited Denial of Serverice,分布式拒绝服务)攻击作为一种易于开展又危害甚重的攻击手段,一直是困扰广大网络建设者和使用者的一个问题。网络安全首要解决的就是 DDoS 攻击问题。

1. DDoS 攻击概述

DDoS 全称分布式拒绝服务。攻击者以瘫痪网络服务为直接目的,以耗尽网络设施(服务器、防火墙、IPS 和路由器接口)性能为手段,利用网络中分布的傀儡主机向目标设施发送恶意攻击流量。由于傀儡主机数量巨大,所以 DDoS 攻击产生的流量经常会达到服务器甚至是电信级网络设备的性能上限。同时,由于傀儡主机呈现多地区分布的特点,导致攻击难以溯源,无法准确防范。而其简单的工作原理和攻击方式导致大量的不法之徒可以轻易的掌握某种 DDoS 攻击技术。基于以上几点,DDoS 攻击在当今社会呈现愈演愈烈之势。

现今世界范围内的的大规模 DDoS 攻击已经达到 100GB 以上级别。此级别攻击可以轻易瘫痪服务器或阻塞网络出口带宽，对广大网络服务提供者带来了巨大的挑战。而传统的专业的 DDoS 防护设备，只能在网络末端防护具体的保护对象，提供链路级保护，无法解决从攻击源头阻断攻击并对运营商的整个网络提供有效保护，也无法针对网络 T 级的流量实现全流量清洗。为了能够提供一个更加安全可靠的网络，全网的 DDoS 防护变得极为必要。运营商网络必须要能够防范大规模的 DDoS 攻击，同时保护正常业务的访问，要能够应对不断变化的 DDoS 攻击形式，保证网络服务的高可用性。这对运营商提出了更高的网络安全要求。

（1）攻击目的

从直接动机上来看，攻击者使用 DDoS 攻击的主要目标有以下三种：

① 耗尽服务器性能（包括内存、CPU 和缓存等资源），导致服务中断；

② 阻塞网络带宽，导致大量丢包，影响正常业务；

③ 攻击防火墙、IPS 设备等网络设施，占用其会话和处理性能，导致正常转发受阻。

但拒绝服务并非攻击者的真实意图，对多年的 DDoS 攻击防御记录进行分析后发现，现网大量攻击来源于恶意商业竞争，攻击者往往受雇于受害者的竞争对手，当前成熟的 DDoS 攻击产业链为这种恶意商业行为提供了渠道。而政治意见的表达也经常会引起 DDoS 攻击行为，此种攻击经常会伴随着社会事件发生，呈现出很强的突发性。部分攻击则可能来源于敲诈勒索或无意图的黑客技术炫耀，此种攻击呈现出很强的随意性和无规律性，受害者往往是知名网络服务。而一种易于被忽视的潜在意图是瘫痪安全防护系统，由于 DDoS 本身特点，它能轻易瘫痪 IPS、AV 等防护系统，这将提高后续入侵攻击成功率，使用户遭受重大的损失。

（2）攻击手段

目前的攻击流量主要分为两大类，传输层攻击和应用层攻击。同时，伴随这两类攻击经常会使用一些辅助行为来完善攻击效果。

传输层攻击：此类攻击使用大量的传输层报文进行 DDoS 攻击，分为 TCP、UDP、ICMP 和 TCP 连接耗尽型攻击。

① TCP-Flood：细化的分类主要有 SYN-Flood、SYN-ACK Flood、ACK-Flood、RST-Flood 和 FIN-Flood。这些攻击主要利用 TCP 的协议栈特点，一方面可以用 SYN 来耗尽服务器连接性能，另一方面可以让服务器回复大量 RST 报文。同时，RST-Flood 和 FIN-Flood 有可能会干扰正常的业务访问。

② UDP-Flood：主要通过大报文来达到拥塞网络的目的。

③ ICMP-Flood：主要通过 ICMP 来耗尽服务器的处理性能。

④ TCP 连接耗尽：主要是使用傀儡主机与目的服务器建立大量 TCP 连接，耗尽连接性能。

应用层攻击：此类攻击利用应用协议的自身设计缺陷发送精心构造的应用报文，或通过智能的应用交互来耗尽系统性能。目前易受攻击的应用服务器主要集中在 HTTP、DNS、HTTPS 和 SIP。著名的 SSL-DDoS 攻击就是以不断的 SSL 密钥重协商来耗尽 HTTPS 服务器性能。由于此类攻击发起者往往都支持完整的传输层协议栈，所以对攻击防范也提出了更多挑战。

攻击辅助行为：攻击者往往会使用一些手段来隐藏发起攻击的傀儡网络或防止攻击被轻易识别。于是，众多攻击辅助行为会伴随这前面两种攻击行为出现。主要包括以下几种。

① IP-spoof：伪造攻击报文源 IP，黑客的傀儡网络来之不易，希望尽可能的保存，所以在攻击时经常会使用伪造的源 IP，尤其是那些无需连接状态的传输层攻击。

② 代理：很多攻击者会利用网络中大量的代理服务器来作为 HTTP 攻击的中转站，这样可以隐藏傀儡网络。

③ 随机变化字段：这种行为主要有两个目的，一是耗尽系统处理性能，比如 DNS 的域名字段变化，可以轻易消耗掉 DNS 缓存服务器性能；二是隐藏攻击特征，让依靠特征过滤的防范变的更难。

2. 利用大数据平台实现 DDoS 攻击检测

目前的 DDoS 攻击方式和特性主要呈现为拟人化和多样化。

攻击拟人化：从当前的 DDoS 攻击趋势来看，攻击者在不断改进，攻击方式越来越拟人化，攻击流量越来越正常化，攻击手法越来越像真人操作，DPI 越来越难以识别；

攻击多样化：IP 环境在变，云、移动设备、多样化的网络服务……攻击者的手段日新月异，新攻击方法的出现速度远远超过以前，所以，基于攻击特征的检测远远不能满足当前的防护需求。

案例：利用视频 XSS 漏洞发动大规模 DDoS 攻击，如图 10.11 所示。

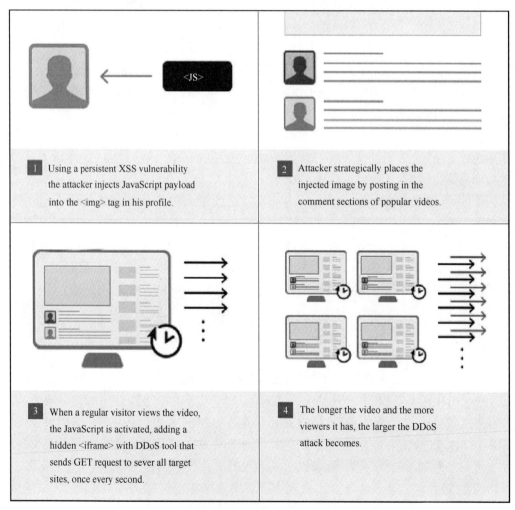

1 Using a persistent XSS vulnerability the attacker injects JavaScript payload into the <img> tag in his profile.

2 Attacker strategically places the injected image by posting in the comment sections of popular videos.

3 When a regular visitor views the video, the JavaScript is activated, adding a hidden <iframe> with DDoS tool that sends GET request to sever all target sites, once every second.

4 The longer the video and the more viewers it has, the larger the DDoS attack becomes.

图 10.11　利用视频 XSS 漏洞发动大规模 DDoS 攻击

（1）利用 XSS 漏洞在头像中注入 JavaScript 负载；

（2）对在热门视频进行评论，并在评论中也包含恶意代码；

（3）用户观看视频时，会触发 JavaScript，并以每秒一次的频率对指定目标发送 GET 请求；

（4）观看的用户量越大，攻击规模就越大。

特点：攻击成本很小；易于隐藏，无需部署。

解决方案

华为大数据平台采用业界主流的 Hadoop/Spark 技术，系统集群进行海量数据的并行处理，随着数据处理的规模的扩大，只需增加服务器，就可以实现处理能力的线性扩容，如图 10.12 所示。利用大数据平台的数据清洗和统计分析，结合离线训练系统和在线检测系统，跟踪攻击源、受害网络主机，发现未知攻击源，实现对 DDoS 攻击的检测。

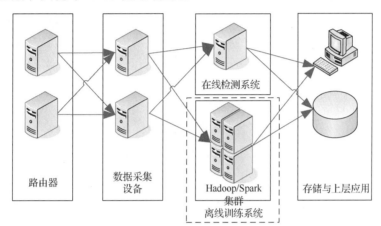

图 10.12　数据分析设备连接结构

攻击检测大数据平台的系统框架如图 10.13 所示。

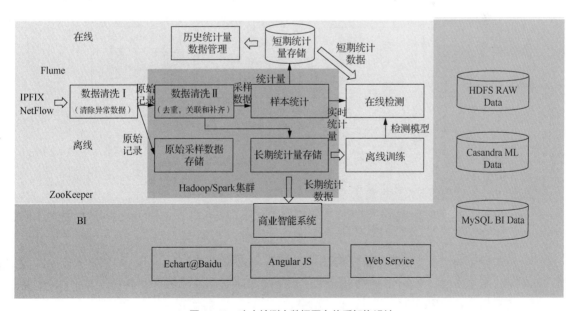

图 10.13　攻击检测大数据平台体系架构设计

攻击检测大数据平台支持功能如下。

（1）现网数据样本清洗和管理；

（2）样本数据的信息关联和扩展；

（3）样本流数据统计；

（4）流统计时序数据的存储和检索；

（5）实际流量估计；

（6）在线异常流检测基于机器学习的异常流检测模型训练。

3. 利用机器学习实现智能的 DDoS 攻击识别与检测

网络攻击越来越隐蔽化，检测的难度也越来越大，传统的采样检测方式精度有限，很难检测出未知攻击，亟需新的检测技术。

传统方式一般针对固定项数值采用阈值门限比较的方式，对网络运维能力要求的门槛很高。而且只能识别配置的已知类型攻击，阈值门限的判断种类有限，保护对象各自有配置经验值，相互之间不通用无法推广。再加上门限附近单位超过门限的攻击无法发现，针对业务突发适应性差。

解决方案

机器学习（Machine Learning，ML）是一门多领域交叉学科，涉及概率论、统计学、逼近论、凸分析和算法复杂度理论等多门学科。机器学习本质上就是一种对问题真实模型的逼近。机器学习从学习方式来分可以分成监督学习、无监督学习、半监督学习和强化学习。Feature 是机器学习输入的基本单位，同一个对象 Feature 的多少和价值，从根本上决定了机器学习的效果。智能的 DDoS 攻击检测系统框架如图 10.14 所示。

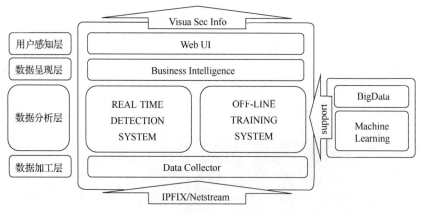

图 10.14　智能的 DDoS 攻击检测系统

智能的 DDoS 攻击检测系统框架主要包含以下内容：

（1）数据加工层：数据采集，主要进行海量 IPFIX/Netstream 数据的加工，补齐 DNS、GIS 等信息；

（2）数据分析层：在线检测系统和离线训练系统，主要通过大数据技术，对信息聚合分析，进行攻击检测。对攻击源、受害网络主机进行初步筛选，并通过机器学习训练模型，更智能地发现未知攻击，支持相关商业智能分析；

（3）数据呈现层：商业智能，主要根据攻击事件、攻击源、受害网络主机等信息，基于多种维度合并排序，生成客户化数据；

（4）用户感知层：Web 用户界面，主要根据客户化数据进行图形化显示。

在智能的 DDoS 攻击检测系统中，机器学习在数据分析层占有核心位置，对象建模时会使用监督和无监督学习。通过对保护对象正常流量行为的学习，可以有效识别出异常流量行为，深度发现未知攻击。

机器学习输入的 Feature 数据，是根据 IPFIX/NetStream 信息聚合后生成的，并可以根据多 Feature 生成新的 Feature，每个分析对象的总 Feature 数可以达到数万。聚合维度如下：

（1）源网段聚合统计；

（2）源地区聚合统计；

（3）目的地区聚合统计；

（4）目的网站（云、数据中心）聚合统计；

（5）源网站（云、数据中心）聚合统计；

（6）网站（云、数据中心）同源网段聚合统计；

（7）网站（云、数据中心）同源地区聚合统计；

（8）自治域至自治域聚合统计；

（9）地域间聚合统计；

（10）云、数据中心到网站聚合统计；

（11）网站所属 IP 同源网段聚合统计；

（12）……

10.4.3　攻击可视化与安全业务定制

安全的可视化是当前业界趋势，用户需求各有侧重，不同用户会有不同的安全业务定制需求。传统安全分析设备可视化界面与安全业务紧耦合，接纳新的安全定制需求，会导致软件整体需要重新开发，安全业务定制化周期较长。

如图 10.14 所示，华为攻击检测大数据平台采用分层解耦的架构，智能系统接收来自在线检测系统与离线训练系统两部分的统计结果，根据业务需求完成相关数据的筛选、合并、排序等操作，保存数据全集，Web UI 界面可以根据用户定制，进行数据呈现。

商业智能系统（以下简称 BI），主要包括攻击类别分析、攻击 TOP 排序、攻击历史数据呈现和网络安全态势计算四大模块。其中，攻击类别分析、攻击 TOP 排序和攻击历史数据呈现是对网络攻击事件的描述，网络安全态势，则着眼于对网络性能状态的监测。此外，BI 还需针对相关统计数据，完成区域维护以及时间维度的归并，并缓存以供给 WEB UI 查询。

系统具备的能力包括监控、检测和展示：

（1）安全监控功能：站点监控和疑似对象监控；

（2）检测功能：攻击检测和攻击溯源，评估被监控对象安全状况；

（3）攻击状况展示：攻击地理分布展示、TOP-N 攻击统计展示、攻击流量展示和运营商间攻击流量展示；

（4）流量历史回溯：区域间流量历史回溯、站点访问历史状态回溯和区域出流量历史状态回溯；

（5）流量展示：站点访问流量展示、运营商间流量展示和特定区域出流量展示。

10.5　隐私保护

随着大数据技术的逐渐成熟，全球电信运营商纷纷借助大数据技术实现从网络资产运营到数据资产经营的转型，并逐步开展大数据相关业务。随着这些业务的开展，如何解决大数据带来的安全与隐私问题也日益呈现。在大数据时代，如何做到在保护数据的安全和隐私的前提下，充分发挥电信数据的潜在价值，是电信运营商目前应对的挑战。

10.5.1　隐私保护面临的挑战

世界各国都在积极推进大数据安全与隐私的规范制定与完善，大数据隐私保护方案需要参考全球法规与业界通用隐私安全设计和个人数据隐私保护指导原则。在提供数据安全保护的基础上，对敏感信息采取适当的隐私保护技术手段，保证个人数据和用户隐私能够得到充分保护。

大数据技术正在推动各行业的创新，电信运营商在基于数据资产的运营中获得收益的同时，也产生了新的隐私问题与挑战。

（1）作为提供数据服务的电信运营商为了更好地开展大数据业务获取长期的商业利益，需要提高数据处理和数据服务的透明度，让消费者更清楚地知晓个人的哪些数据被收集、加工和使用，以及个人数据的使用目的和使用期限，并明确对使用的个人数据所采取的安全与隐私保护措施；

（2）电信运营商需要为用户提供对其个人数据的控制能力，方便用户随时查询、修改或取消运营商对个人数据的使用和处理；

（3）在大数据精准营销、数据变现等业务中，数据转移给第三方进行二次使用，将会使安全与隐私受到更高的挑战，需要建立个人数据的使用授权、技术保障和管理监控机制，对个人数据的二次使用进行授权，对敏感信息进行适当的隐私技术保护，并提供数据的跟踪溯源机制，在个人隐私得到充分保护的前提下，使人们能够从数据资产的重复使用中获利；

（4）随着大数据的技术及商业模式越来越成熟，政府将会进一步规范数据保护要求，同时大数据应用的形态呈现多样化，如何快速地匹配政府的法律法规及各行业标准的要求，并快速响应大数据的商业诉求，是大数据安全与隐私保护领域面临的新挑战。

10.5.2　内容关联密钥

大数据安全的基础是加密技术。但是，不论是基本的对称加密技术或非对称加密技术，还是密文访问控制技术，所依赖的密钥都是独立于加密的明文；而且都是有规律可寻的有限的几种加密算法。目前，随着超级计算的日益进步，密钥被暴力破解的问题就成为信息安全的一大隐患。

由于大数据系统要管理海量的用户数据，以计算复杂度为安全基础的传统加密技术面临一个两难的选择：更高的安全性需要更长的密钥，更长的密钥意味着更大的安全开销，这就导致更低的效率和更高的成本；同时，还需要比超级计算运行得更快，否则，在强力机构面前所有加密技术都无效。另外，传统加密技术由于算法模型的局限性，密钥之间存在一定的关联度，DVD的加密技术被破解就是由于部分密钥泄露，导致其整个加密体系的崩溃。在超级计算机速度越来越快的背景下，这个问题会变得越来越严重。

在大数据领域，传统加密技术还面临一个非技术方面的隐患：目前的大数据的数据安全技术都是由云服务商来组织实施的，加密技术的实施方（掌握密钥或加密系统设计者），有很大的机会获得解密技术。尽管密文访问控制技术在一定程度上可以保护用户的隐私，但是由于下面各种原因可能会导致隐私的泄露：

（1）系统效率问题（密文访问控制技术都会耗费更多的系统资源，如同态加密）；

（2）成本和利益问题（更多的加密技术需要更多的硬件支持，云计算系统服务商在进行数据分析后可以获益）。

所以，大数据系统服务商不一定能够很严密地保证用户隐私。用户数据，在系统管理方看来，基本都是明文。所以，采用传统加密技术的大数据系统实际上无法确保用户数据的隐私安全，这是目前大数据系统数据安全的一个亟需解决问题。

1. 内容关联密钥技术

内容关联密钥技术是一种新的云计算安全技术，区别于常见加密算法密钥多由随机数或其他与待加密明文本质上毫无关联的数据经过一定的算法所产生，内容关联密钥技术的密钥本身即为待加密明文的一部分。该加密算法按照原始待加密明文中数据的重要性（针对文件应用的重要性），将数据中数据量小但重要性或信息含量较高的那一部分数据抽取出来，作为原始待加密明文的密钥；而将待加密明文中剩余的那些数据量较大但重要性较低的部分，经过一定处理（如数据填充以保证文件的完整性）后作为算法的密文。

这种密钥的数据量不是由计算复杂度决定的，在可控性价比下，可以采用很长的密钥（数十 KB 或数十 MB），所以抗破解能力很好。而且，不同的文件的密钥没有任何关联性，即使一个文件的密钥被泄露，也不会影响到其他文件的密钥。

在大数据系统中，用户可以将这部分密钥留在本地，或者放在经过授权的密钥服务器，这样云端系统只拥有用户上传的密文部分，无法获取完整的文件数据，可以在不增加系统负载的情况下，保护用户隐私。用户或其他授权对象可以通过密钥解密密文，获得明文。

内容关联密钥技术的基本加解密过程具有用户自行为特征，这种新机理可以提高云计算系统的数据安全，特别是在保护用户数据的隐私方面。

2. 内容关联密钥技术的特点

（1）这种新机理的密钥的数据量不是由计算复杂度决定的，而是由其对数据文件应用的重要性决定的。

由于文件拆分速度很快，不会造成计算资源的重负载，因此也不会对文件的应用造成性能上的影响。在可控性价比下（终端资源和加密性能），可以采用很长的密钥（数十 KB 或数十 MB），所以抗暴力破解能力很强。

（2）由于文件数据的离散性，不同数据文件的密钥没有任何关联性

由于文件数据本身是离散的，密钥的抽取算法也可以做到随机性，所以不同文件的密钥之间没有关联性，即使一个文件的密钥被泄密，也不会影响到其他文件的密钥。这样，海量用户之间密钥模型的同质化问题就解决了。

（3）在隐私保护方面，这种新的安全机理不会增加大数据存储系统负载。

由于基本的加解密过程都是在用户端实施，不会增加大数据存储系统的负载。这个特点在需要处理海量数据的大数据存储系统中很有优势（不会因为需要增强隐私保护而增加系统成本）。

图 10.15 和图 10.16 所示为以视频文件为例的内容关联密钥的加、解密过程。

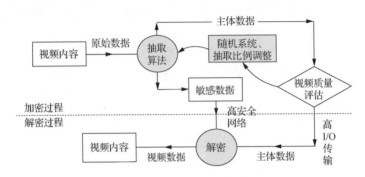

图 10.15　内容关联密钥加解密框架

图 10.16　内容关联密钥加密效果图

10.5.3　华为大数据隐私保护方案

华为在电信领域可靠性设计和安全设计方面具有丰富的经验积累，依靠专业法律咨询团队对全球 100 多个国家和地区法律法规的理解，华为大数据隐私保护方案采用合适的技术措施（例如，授权、加密、访问控制、匿名化、假名化及隐私策略管理），使得个人数据和用户隐私能够得到充分保护。

1. 用户授权管理

华为认为在电信运营商在开展精准营销、数据变现等业务时首先需要获得用户授权；个人数据的收集与使用的过程对用户来说应该是透明的，即用户可以方便地查询个人数据的收集与使用情况；用户还可以通过简单的操作取消授权，甚至可以自主选择哪些个人数据不允许被收集或使用。这种用户授权与取消授权机制，能在最大程度上尊重个人的隐私权，不但可以使电信运营商充分利用数据的价值，也可以提高用户的隐私权感知度，提升用户体验。大数据隐私保护方案通过用户授权管理，为电信运营商提供便利的用户授权管理工具，用户可以通过友好的操作界面，便捷地对自身数据进行控制。

2. 隐私策略管理

保证端到端的数据安全是保障用户隐私的前提，例如，通过认证授权、细粒度访问控制、安全传输、数据储存加密和数据安全删除等措施，保护敏感数据不被非法访问。

在保证数据安全的基础上，大数据隐私保护方案提供灵活的隐私策略管理，在数据生命周期过程中，结合隐私合规基线库、用户授权、细粒度访问控制，保证端到端的数据隐私安全。通过对全球多个国家和地区法律法规及行业标准的分析，将运营商大数据涉及的电信数据进行分类分级，区分出不同的敏感等级，并为数据的收集、处理和使用提供标准的隐私合规基线库，以满足不同国家的政策要求及不同客户的业务需求。隐私策略提供丰富的隐私保护方法，例如，使用哈希、K-anonymity、L-diversity、T-closeness 等技术对个人数据进行匿名化，或使用差分隐私等技术对敏感数据进行加噪，在满足业务应用要求的同时，使个人数据和敏感信息的泄露风险降到最低。

华为大数据隐私保护方案提供灵活的隐私策略管理能力，如图 10.17 所示，主要包括：

（1）提供多种隐私保护法规的适配能力，满足不同国家、地区或行业应用的隐私保护合规要求；

（2）基于用户授权、白名单（敏感用户）提供差异化的隐私策略；

（3）结合用户权限控制、应用权限控制，提供细粒度数据访问控制及隐私处理策略；

（4）提供多种去隐私处理能力，满足不同业务应用的需要：实时流处理、批处理和人机交互处理；

（5）提供多种隐私保护方法库，包括哈希、K-anonymity、差分隐私等假名化和匿名化方法；

（6）提供覆盖整个数据生命周期的隐私保护。

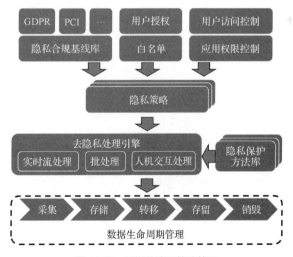

图 10.17　灵活的隐私策略管理

3. 隐私风险管理

华为大数据隐私保护方案依托大数据平台，提供灵活的自定义与集成能力，实现隐私智能巡检的集成，可以为运营商及时发现系统中存在的隐私威胁，自动评估存在的隐私风险，并给出建议的隐私风险消减措施。大数据平台还提供了数据溯源能力，当发生数据泄露事件时，数据控制者可以及时采取控制措施防止进一步影响的发生和损失的扩大，并对数据泄露事件进行追踪溯源，向政府监管部门提供证据，证明是什么业务、什么途径导致的数据泄露。

习题

1. 基本的数据加密技术有哪几种?
2. 大数据安全保障体系都包含哪些内容?
3. 简述数据安全分析的基本原理。
4. 什么是 DDoS 攻击? 在大数据场景如何防止 DDoS 攻击?
5. 在大数据场景下，数据隐私保护面临哪些挑战?

附录 《大数据技术基础》配套实验课程方案简介

编者免费向读者提供本书相应章节的虚拟机、源代码、授课 PPT 等资料，并非常乐意与采用本书的教师交流合作。读者可以通过 Email 咨询以下教师。

薛志东:zdxue@isyslab.org   吕泽华:lvzehua@hust.edu.cn

陈长清:1552379151@qq.com   黄　浩:thao@hust.edu.cn

此外，华为技术有限公司组织相关专家，针对本书内容开发了独立的配套实验课程，建议教师酌情采用，具体内容如下。

实验项目	实验内容	课时
华为云实验资源准备	集群部署与搭建 Hadoop 平台	8
Hadoop 分布式文件系统（HDFS）	HDFS 数据的读、写操作等	4
MapReduce 基础实验	MapReduce 过程	4
Hbase 基础实验	Hbase 创建表、删除表等	4
Hive 基础实验	Hive 创建表、修改表等	2
Spark 基础实验	Sparkwordcount 实验	2
Flume 基础实验	熟悉 source、sink 等	2
Kafka 基础实验	熟悉 topic、生产者、消费者等	2
综合实验	使用 YARN 进行 Spark 资源调度	4

详情请联系华为公司或发送邮件至 haina@huawei.com 咨询。

参 考 文 献

[1] Tom White. Hadoop The Definitive Guide[M]. 南京：东南大学出版社，2016.

[2] Lars George. HBase 权威指南[M]. 代志远，刘佳，蒋杰，译. 北京：人民邮电出版社，2015.

[3] 范东来. Haoop 海量数据处理：技术详解与技术实战[M]. 北京：人民邮电出版社，2016.

[4] 皮雄军. NoSQL 数据库技术实战[M]. 北京：清华大学出版社，2015.

[5] 张帜. Neo4j 权威指南[M]. 北京：清华大学出版社，2017.

[6] 董西成. Hadoop 技术内幕：深入解析 MapReduce 架构设计与实现原理[M]. 北京：机械工业出版社，2013.

[7] Steve Hoffman. Flume 日志收集与 Mapreduce 模式[M]. 张龙译. 北京：机械工业出版社，2015.

[8] Srinath Perera. Hadoop MapReduce 实战手册[M]. 北京：人民邮电出版社，2015.

[9] Steve Hoffman. Flume 日志收集与 Mapreduce 模式[M]. 张龙译. 北京：机械工业出版社，2015.

[10] Neha Narkhede. KafKa 权威指南[M]. 北京：人民邮电出版社，2018.

[11] 黄东军. Hadoop 大数据实战权威指南[M]. 北京：电子工业出版社，2017.

[12] 陈长清. 数据仓库与联机分析处理技术研究[D]. 武汉：华中科技大学，2002.

[13] Apache，Kylin 核心团队. Apache Kylin 权威指南[M]. 北京：机械工业出版社，2017.

[14] Edward Capriolo，Dean Wampler，Jason Rutherglen. Hive 编程指南[M]. 北京：人民邮电出版社，2013.

[15]（加）Jiawei Han；Micheline Kamber. 数据挖掘概念与技术[M]. 北京：机械工业出版社，2007.

[16] 丁世飞，齐丙娟，谭红艳. 支持向量机理论与算法综述[J]. 电子科技大学学报. 2011，40（1）：2-10.

[17] 王颖. 基于遗传算法的数据挖掘技术的应用研究[D]. 杭州：浙江理工大学，2012.

[18] 王家林. Spark 核心源码分析与开发实战[M]. 北京：机械工业出版社，2016.

[19] Holden Karau. Spark 快速大数据分析[M]. 北京：人民邮电出版社，2015.

[20] Mahmoud Parsian. 数据算法：Hadoop/Spark 大数据处理技巧[M]. 北京：中国电力出版社，2016.

[21] 郭景瞻. 图解 Spark：核心技术与案例实战[M]. 北京：电子工业出版社，2017.

[22] 吉根林，孙志挥. 数据挖掘技术[J]. 中国图象图形学报，2001，6（8）：715-721.

[23] Owen S, Anil R, Dunning T, et al. Mahout in Action[M]. Greenwich: Manning Publications Co. 2011.

[24] White T, Cutting D. Hadoop : the definitive guide[J]. O'reilly Media Inc Gravenstein Highway North, 2009, 215(11):1 - 4.

[25] Cui J. Parallelizing k-means with hadoop/mahout for big data analytics[J]. 2015.

[26] Cao L, Li Z, Liu Y. Research of text clustering based on improved VSM by TF under the framework of Mahout[C], Chinese Control and Decision Conference. 2017:6597-6600.

[27] 大数据安全解决方案技术白皮书. 华为技术有限公司.

[28] 冯登国，张敏，李昊. 大数据安全与隐私保护[J]. 计算机学报，2014，37（1）：246-258.

[29] 王玮. 基于内容关联密钥的视频版权保护技术研究[D]. 武汉：华中科技大学，2015.

[30] 赖溪松，韩亮，张真诚. 计算机密码学及其应用[M]. 北京：国防工业出版社，2000：77-80.

[31] S. William 著，刘玉珍等译. 密码编码学与网络安全——原理与实践[M]. 北京：电子工业出版社，2004.

[32] 梁亚声，汪永益，刘金菊等. 计算机网络安全教程[M]. 3 版. 北京：机械工业出版社，2016.